矿图识读与 CAD 应用

张 雯 胡海峰 等编

图书在版编目（CIP）数据

矿图识读与 CAD 应用 / 张雯等编. -- 北京：中央广播电视大学出版社，2016.7（2024.6 重印）

ISBN 978-7-304-07930-7

Ⅰ. ①矿… Ⅱ. ①张… Ⅲ. ①矿产分布图—AutoCAD 软件—开放教育—教材 Ⅳ. ①P617

中国版本图书馆 CIP 数据核字（2016）第 164550 号

版权所有，翻印必究。

矿图识读与 CAD 应用
KUANGTU SHIDU YU CAD YINGYONG
张 雯 胡海峰 等编

出版·发行：国家开放大学出版社（原中央广播电视大学出版社）
电话：营销中心 010-68180820　　总编室 010-68182524
网址：http://www.crtvup.com.cn
地址：北京市海淀区西四环中路 45 号　　邮编：100039
经销：新华书店北京发行所

策划编辑：邹伯夏　　版式设计：赵　洋
责任编辑：白　娜　　责任校对：宋亦芳
责任印制：武　鹏　马　严

印刷：固安县铭成印刷有限公司　　印数：6201~7000
版本：2016 年 7 月第 1 版　　2024 年 6 月第 9 次印刷
开本：787mm×1092mm　1/16　　印张：16.25　　字数：358 千字

书号：ISBN 978-7-304-07930-7
定价：26.00 元

（如有缺页或倒装，本社负责退换）
意见及建议：OUCP_ZYJY@ouchn.edu.cn

前 言

PREFACE

本教材坚持贯彻素质教育精神,根据煤炭行业特点和成人教育特点,遵照国家开放大学课程"一体化方案",在满足煤炭行业新形势对职业教育发展的需求的原则下,经多方考察论证后进行编写。

"矿图识读与 CAD 应用"课程的建设是为了培养掌握必要的煤矿生产与安全技术基础知识和实用技术,具备较强的煤矿各种事故防治能力,具备一定的煤矿安全隐患检查、排查、处理和管理能力,可在煤矿企业、安全监察部门、煤矿设计院所、安全中介服务机构等从事安全技术、安全管理、安全监察、安全工程设计、安全检测及安全评价等岗位工作的高技能型专门人才。

在编写过程中,本教材为满足专科教育和成人教育的特点,以方便学员自学为基本原则,加入二维码内容,增强教材的可读性,努力使之成为综合性突出、内容精练、实践性强,并具有一定的社会适应性、先进性和适合学员自主学习的立体化教学资源。

本书由太原理工大学张雯教授、胡海峰副教授和山西广播电视大学武继灵副教授、魏莉讲师共同编写完成。张雯教授主要负责书稿大纲编制和统稿,胡海峰副教授负责章节编写分工等工作。

本书编写过程中借鉴和参阅了有关专业资料和书籍,在此谨向原著作者表示衷心感谢。

由于时间局促,本书虽经编者再三审读,但很可能还会有错误和不妥之处,有待不断总结和提高,敬请广大读者和专家批评指正。

编 者
2016 年 1 月

目 录

第1章 矿图绘制基本知识 … 1
1.1 概述 … 1
1.2 矿图绘制基本规定 … 3
1.3 图的比例尺 … 13

第2章 矿图投影基本知识 … 17
2.1 投影的基本概念和方法 … 17
2.2 标高投影 … 19

第3章 井田区域地形图 … 27
3.1 概述 … 27
3.2 井田区域地形图的识读 … 28
3.3 井田区域地形图的应用 … 30

第4章 煤矿地质图 … 38
4.1 煤层底板等高线图 … 38
4.2 井田地形地质图 … 53
4.3 矿井地质剖面图 … 59

第5章 采掘工程设计图 … 68
5.1 井田开拓方式图 … 68
5.2 采区巷道布置图 … 71
5.3 采煤工作面布置图 … 74
5.4 井巷工程施工图 … 75

第6章 采掘工程生产管理图 … 80
6.1 采掘工程平面图 … 80
6.2 水平主要巷道布置平面图 … 88
6.3 井底车场平面图 … 90

第7章 井上下对照图 · 96

7.1 概述 · 96
7.2 井上下对照图的识读 · 96
7.3 井上下对照图的绘制方法 · 97
7.4 井上下对照图的应用 · 97

第8章 安全工程图 · 101

8.1 矿井通风系统图及网络图 · 101
8.2 安全管路系统图 · 105
8.3 矿井安全监测系统图 · 108
8.4 井下避灾路线图 · 110

第9章 AutoCAD 基础知识 · 115

9.1 AutoCAD 2007 的基本功能 · 115
9.2 软件的安装与启动 · 118
9.3 AutoCAD 2007 经典界面组成 · 119
9.4 图形文件管理 · 122
9.5 绘图环境设置 · 125
9.6 数据输入的方法 · 126
9.7 AutoCAD 的命令执行 · 127

第10章 基本二维图形绘制 · 130

10.1 绘制点 · 130
10.2 绘制直线 · 131
10.3 绘制圆 · 133
10.4 绘制圆弧 · 134
10.5 绘制椭圆 · 136
10.6 绘制正多边形 · 137
10.7 绘制矩形 · 138
10.8 绘制圆环 · 138
10.9 绘制多段线 · 138

第11章 辅助绘图工具 · 141

11.1 对象选择的方法 · 141

11.2	功能按钮	142
11.3	图形的显示控制	146
11.4	夹点编辑	147
11.5	查询命令	149

第12章　基本编辑命令　155

12.1	删除对象	155
12.2	复制对象	155
12.3	镜像对象	156
12.4	偏移对象	156
12.5	阵列对象	157
12.6	移动对象	159
12.7	旋转对象	159
12.8	缩放对象	160
12.9	拉伸对象	160
12.10	拉长对象	161
12.11	修剪对象	162
12.12	延伸对象	163
12.13	打断对象	163
12.14	创建倒角	164
12.15	创建圆角	164
12.16	分解	165

第13章　图案填充与图层管理　168

13.1	图案填充	168
13.2	线型设置	173
13.3	图层	176

第14章　尺寸标注　182

14.1	尺寸标注的规则	182
14.2	尺寸标注的组成	183
14.3	尺寸标注的类型	183
14.4	创建尺寸标注的基本步骤	185
14.5	标注样式的创建和设置	185
14.6	标注尺寸	190

14.7　编辑标注对象 ··· 195
　　14.8　采矿图形尺寸标注标准 ·· 197

第15章　创建文字和表格 ··· **200**
　　15.1　文字样式设置 ·· 200
　　15.2　单行文字创建 ·· 201
　　15.3　多行文字创建 ·· 203
　　15.4　表格样式的创建和管理 ·· 204
　　15.5　表格的创建 ··· 206
　　15.6　表格的编辑 ··· 206

第16章　块、属性块、动态块 ··· **209**
　　16.1　概述 ·· 209
　　16.2　定义内部块 ··· 210
　　16.3　定义外部块 ··· 211
　　16.4　块的插入 ·· 212
　　16.5　编辑和管理块的属性 ·· 213
　　16.6　动态块 ··· 215
　　16.7　外部参照 ·· 215

第17章　图形输出 ··· **220**
　　17.1　输出打印 ·· 220
　　17.2　创建和管理布局 ··· 221
　　17.3　使用浮动视口 ·· 222
　　17.4　打印图形 ·· 224

第18章　工程绘图 ··· **227**
　　18.1　采掘工程平面图绘制实例 ··· 227
　　18.2　巷道断面图绘制实例 ··· 234
　　18.3　回采工作面详图绘制实例 ··· 243

参考文献 ··· **249**

第1章　矿图绘制基本知识

导　言

　　了解矿图绘制的基本知识是学习矿图的基础。本章简要介绍图的比例尺、图号、绘图仪器及其用法以及绘图的标注等内容。

学习目标

1. 描述矿图的概念、特点、分类及图例。
2. 掌握矿图绘制的一般规定。

1.1　概述

　　煤炭是一种不可再生资源，蕴藏于地壳中。其开发的过程相当复杂，必须经过地质勘查、设计、建设、试生产4个阶段，才能实现正规生产。地质勘查是指地质部门采用遥感地质调查、地质填图、坑探工程、钻探工程和地球物理勘查等技术手段，完成一系列的地质勘查工作，诸如预查、普查、详查和勘探。在此过程中，查明煤炭资源的赋存情况，如地层、地质构造、煤层特征、煤层性能、水文地质、开采技术条件、煤炭资源（储量）等，绘制反映煤田、矿区和井田各种地质特征的相互关系、变化规律和勘查工程等相关资料的各种地质图件，即煤炭地质勘查图。设计是指煤矿设计部门根据地质资料，依据国家煤炭工业技术政策，完成对矿区或矿井设计。在此过程中，根据2015年最新工程建设国家标准，按照设计的不同阶段（矿井建设可行性研究、矿井初步设计、矿井施工图设计、矿井施工组织设计）绘制完成相应的工程设计图纸。建设是指施工单位根据矿井设计施工图纸进行施工，完成矿井达到设计规模时生产所需的全部工程。矿井经试生产成功后，由建设单位根据矿井设计的井田开拓方式、采区巷道布置、采煤方法等有关技术要求进行正规生产。由于地质勘查存在某些局限性，在矿井建设和生产过程中，实际揭露的煤层产状、地质构造、煤质和开采技术条件等情况往往与原地质勘查部门提供的地质图纸有差异，因而须对实际的地质状况进行补充测量，对原地质图进行修改。矿井实际生产中的采掘工程图受地质条件变化等诸多因素影响，也大多与原设计单位设计的开拓、开采布置图有较大差别，也须进行调整或重新规划设计。因此，在煤炭的勘查、设计、建设和试生产的各个阶段都离不开矿图，它是煤炭开发建设、生产管理的重要技术资料，是设计、施工和生产的主要技术依据。

1.1.1 矿图的概念与特点

1. 矿图的概念

矿图是反映矿井地质条件和井下采掘工程活动情况的煤矿生产建设图的总称。

2. 矿图的特点

（1）矿图的内容要随着采矿工程的进展逐渐增加、补充、修改。

（2）矿图的测绘区域随矿层分布和掘进巷道部署情况而定，通常是分水平测绘。

（3）矿图所反映的是井下巷道复杂的空间关系，以及矿体和围岩产状与各种地质被破坏情况，测绘内容多，读图较困难。

（4）采用实测与编绘的方法，以实测资料为基础，再辅以地质、水文、采掘等方面的技术资料绘制而成。

1.1.2 矿图的分类

矿图的种类很多，一个生产矿井必须具备的图纸一般可分为三大类：地质测量图、设计工程图和生产管理图。

1. 地质测量图

地质测量图分为矿井测量图和矿井地质图。

1）矿井测量图

矿井测量图是根据地面和井下实际测量的资料绘制而成的。由于矿井采掘情况的不断变化，矿井测量图是随着矿井的开拓、掘进和采煤等工作的进行，逐步测量并填绘的。

矿井测量图主要反映矿井地面的地貌、地物情况，井下各种巷道的空间位置关系，煤层产状和各种地质构造，井下采掘情况以及井上下相互位置关系等情况。

煤矿常用的测量图主要有井田区域地形图、工业广场平面图、井底车场平面图、水平主要巷道平面图、采掘工程平面图、井上下对照图和主要保护煤柱图等。

2）矿井地质图

在建井前根据勘查资料，对煤层的产状、地质构造和煤炭质量等已经基本掌握，绘制了各种地质图。在矿井建设和生产过程中，对煤层产状、地质构造和煤质等又会有新的发现，必须对原有地质图纸不断进行补充和修改。因此，矿井地质图一般是在矿井测量图的基础上，对生产过程中收集的地质资料和原有勘查资料进行分析，经过推断绘制而成的。

矿井地质图主要反映全矿煤层的产状、地质构造、地形地质、水文地质、煤层空间分布等情况。

煤矿常用的矿井地质图主要有井田地形地质图、煤层底板等高线图、各种地质剖面图、各种柱状图、煤岩对比图、井田水文地质图及资源（储量）计算图等。

矿井地质图和矿井测量图有着密切的联系，如果没有矿井测量图，矿井地质图就难于绘制；反之，矿井测量图如果不根据矿井地质图填绘可靠的地质资料，就说明不了煤层埋藏的真实情况，因而将大大降低矿井测量图的实际效用。

2. 设计工程图

由设计部门设计并绘制的一系列图纸，称为设计工程图。

煤矿设计包括矿井新井建设设计、矿井改扩建设计、矿井水平延深设计、采区设计和单项工程设计等。每种类型的设计都必须按其不同设计阶段的要求绘制一系列图纸，用于说明设计方案和设计内容。

3. 生产管理图

在矿井生产管理过程中，用于指导日常生产工作的主要图纸称为生产管理图，如采掘工程平面图、采掘计划图和各类安全生产系统图等。

1.2 矿图绘制基本规定

1.2.1 矿图绘制的一般规定

1. 图纸幅面及格式

1) 图纸幅面尺寸

根据《技术制图图纸幅面和格式》(GB/T 14689—2008)，图纸幅面尺寸规定如下：

(1) 绘制技术图样时，应优先采用表1-1所规定的基本幅面尺寸。

(2) 必要时也允许选用表1-2和表1-3所规定的加长幅面尺寸。这些幅面的尺寸是由基本幅面的短边乘以整数倍后得出的，如图1-1所示。

表1-1 图纸基本幅面尺寸　　　　　　　　　　　　　　　mm

幅 面 代 号	尺寸 ($B \times L$)
A0	841 × 1 189
A1	594 × 841
A2	420 × 594
A3	297 × 420
A4	210 × 297

表1-2 图纸加长幅面尺寸　　　　　　　　　　　　　　　mm

幅 面 代 号	尺寸 ($B \times L$)
A3 × 3	420 × 891
A3 × 4	420 × 1 189
A4 × 3	297 × 630
A4 × 4	297 × 841
A4 × 5	297 × 1 051

表 1-3　图纸加长幅面尺寸　　　　　　　　　　　　　　　　　mm

幅 面 代 号	尺寸（$B \times L$）	幅 面 代 号	尺寸（$B \times L$）
A0×2	1 189×1 682	A3×5	420×1 486
A0×3	1 189×2 523	A3×6	420×1 783
A1×3	841×1 783	A3×7	420×2 080
A1×4	841×2 378	A4×6	297×1 261
A2×3	594×1 261	A4×7	297×1 471
A2×4	594×1 682	A4×8	297×1 682
A2×5	594×2 102	A4×9	297×1 892

图 1-1 中，粗实线为基本幅面（第一选择）；细实线为表 1-2 所规定的加长幅面（第二选择）；虚线为表 1-3 所规定的加长幅面（第三选择）。

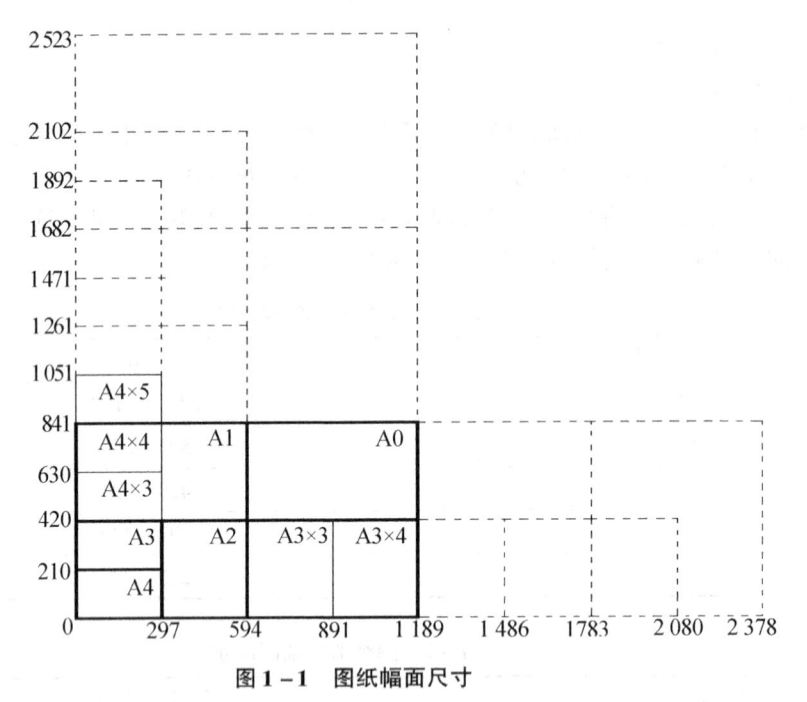

图 1-1　图纸幅面尺寸

2）图框格式

根据《技术制图图纸幅面和格式》（GB/T 14689—2008），图框格式规定如下：

(1) 在图纸上必须用粗实线画出图框，其格式分为不留装订边和留有装订边两种，但同一产品的图样只能采用一种格式。

(2) 不留装订边的图纸，其图框格式如图 1-2 和图 1-3 所示，尺寸按表 1-4 的规定。

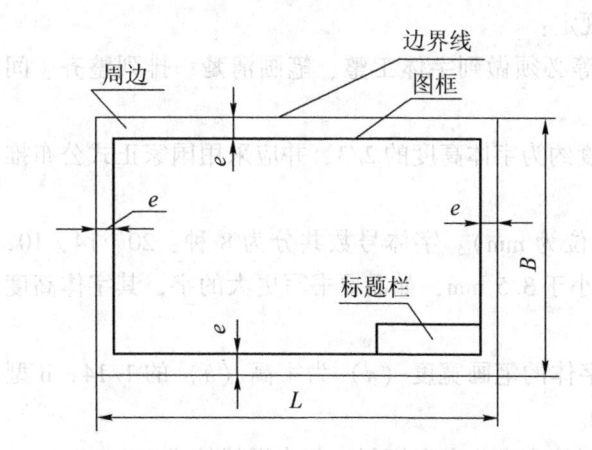

图1-2 不留装订边的图纸图框格式一 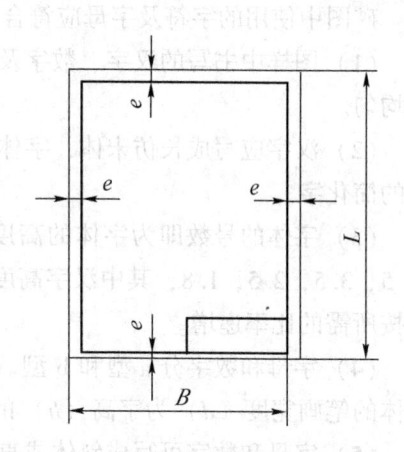　　　　图1-3 不留装订边的图纸图框格式二

表1-4 图框尺寸　　　　　　　　　　mm

幅面代号	A0	A1	A2	A3	A4
尺寸（$B \times L$）	841×1189	594×841	420×594	297×420	210×297
c		10		5	
a			25		
e	20		10		

注：a指装订一边的边宽尺寸；c指其余三边的边宽尺寸；e指不装订的四边的边宽尺寸。

（3）留有装订边的图纸，其图框格式如图1-4和图1-5所示，尺寸按表1-4的规定。

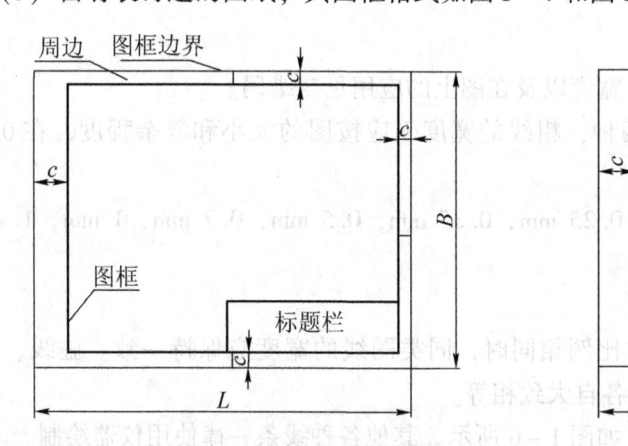

图1-4 留有装订边的图纸图框格式一 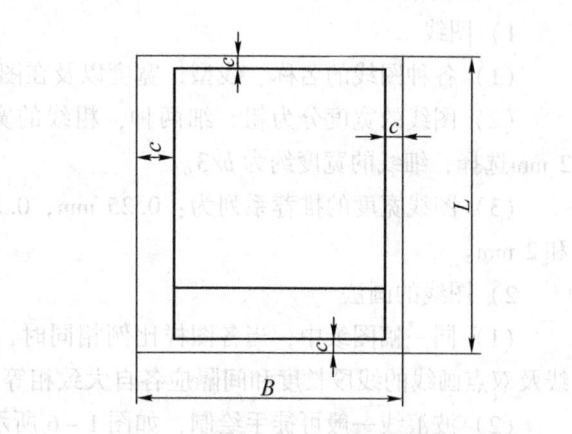　　　　图1-5 留有装订边的图纸图框格式二

（4）加长幅面的图框尺寸，按所选用的基本幅面大一号的图框尺寸确定。例如，A2×3的图框尺寸，按A1的图框尺寸确定，即e为20（或c为10）；A3×4的图框尺寸，按A2的图框尺寸确定，即e为10（或c为10）。

2. 字符及字母要求

矿图中使用的字符及字母应符合以下规定：

（1）图样中书写的汉字、数字及字母等必须做到字体工整、笔画清楚、排列整齐、间隔均匀。

（2）汉字应写成长仿宋体，字体的宽度约为字体高度的 2/3，并应采用国家正式公布推行的简化字。

（3）字体的号数即为字体的高度（单位为 mm）。字体号数共分为 8 种：20，14，10，7，5，3.5，2.5，1.8，其中汉字高度不应小于 3.5 mm，如需要书写更大的字，其字体高度应按所需的比率递增。

（4）字母和数字分 a 型和 b 型。a 型字体的笔画宽度（d）为字高（h）的 1/14，b 型字体的笔画宽度（d）为字高（h）的 1/10。

（5）字母和数字可写成斜体或直体。斜体字字头向右倾斜，与水平线约成 75°。

（6）用作指数、分数、注脚等的数字及字母，一般采用小一号的字体。

（7）在图纸中，对常用数量的名称，使用字母代号，见二维码。

常用字母代号　　　各种图线的名称、线型、宽度以及在图上的应用

3. 图线及画法

1）图线

（1）各种图线的名称、线型、宽度以及在图上的应用见二维码。

（2）图线的宽度分为粗、细两种，粗线的宽度 b 应按图的大小和复杂程度，在 0.7～2 mm 选择，细线的宽度约为 $b/3$。

（3）图线宽度的推荐系列为：0.25 mm，0.35 mm，0.5 mm，0.7 mm，1 mm，1.4 mm 和 2 mm。

2）图线的画法

（1）同一幅图纸中，当各图样比例相同时，同类图线的宽度应保持一致。虚线、点画线及双点画线的线段长度和间隔应各自大致相等。

（2）波浪线一般可徒手绘制，如图 1-6 所示。其他各种线条一律使用仪器绘制。

（3）虚线和虚线或者点画线和点画线应交于线段中间，两端应以短线收尾，并应超出物体轮廓界限之外 4～5 mm，如图 1-7（a）、（b）所示。

（4）直径小于 12 mm 的图，其中心线可画成实线，如图 1-7（c）所示。

（5）当虚线成为实线的连接线时，应留出一段空隙，但两者成某一角度相交时，结合处不应留出空隙，如图 1-8 所示。

图1-6 图线一

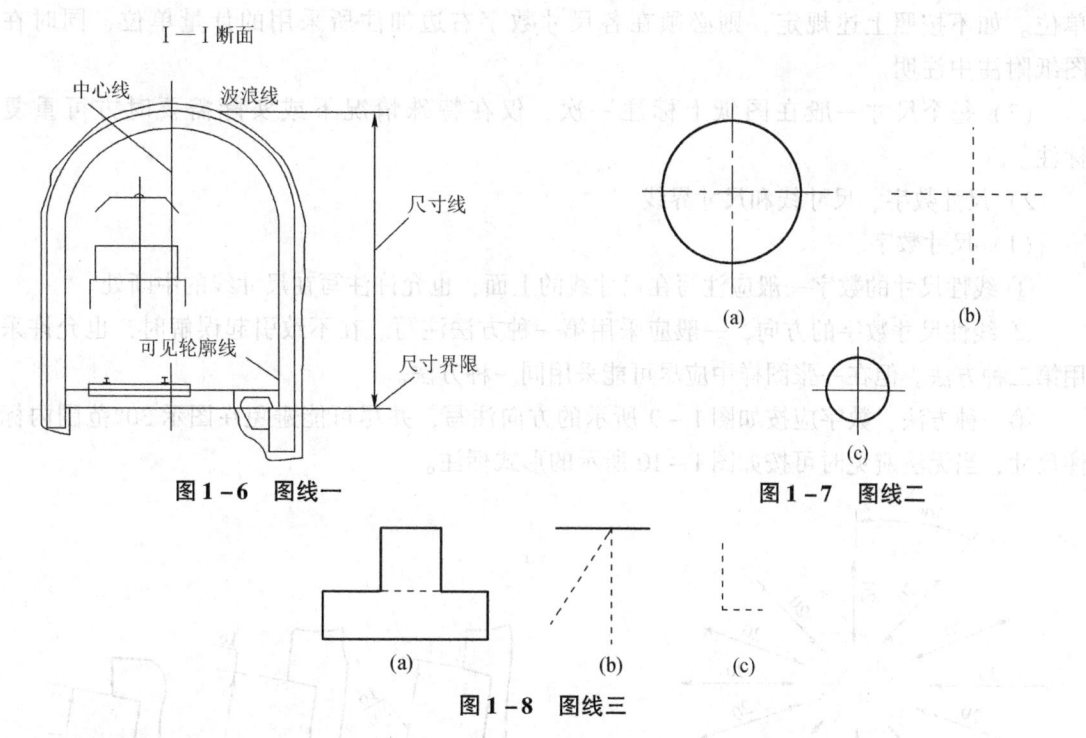

图1-7 图线二

图1-8 图线三

3) 剖面（断面）符号及画法

(1) 在剖视图和剖面图中，应采用规定的剖面符号。见二维码。

(2) 在同一幅金属零件图中，剖视图、剖面图的剖面线，应画成间隔相等，方向相同，而且与水平成45°的平行线。

在剖视图和剖面图中，应采用规定的剖面符号

(3) 当金属的断面较小时，也可以用涂色代替剖面符号。

(4) 沿井筒、巷道、硐室横向剖切的图形，按采矿专业习惯称断面；沿井筒、巷道、硐室纵向剖切的图形，以及沿井田、采区等剖切的图形，统称剖面。

(5) 剖切面剖切到的物体和能直接看到的物体用实线绘制，剖切面前方不能直接看到的物体需表示时，用虚线绘制；剖切面后方的物体需表示时，用双点画线表示。

剖切面的起讫处和转折处的剖切线用5~10 mm长的粗实线表示，并不得与图样的轮廓线相交，一般用罗马数字Ⅰ，Ⅱ，Ⅲ…编号，用短线段（2~4 mm）或箭头表示剖视方向。

4. 尺寸标注方法

1) 基本规则

(1) 图中所注尺寸数据是确定工程数量的唯一依据，必须与比例尺度量相符。

(2) 图纸上的尺寸数字，规定以 mm 或 m 为单位（在1∶50~1∶500比例尺的图纸上采用 mm 为单位，在1∶1 000~1∶10 000比例尺的图纸上采用 m 为单位），无须写明

单位。如不按照上述规定,则必须在各尺寸数字右边加注所采用的计量单位,同时在图纸附注中注明。

(3) 每个尺寸一般在图纸上标注一次,仅在特殊情况下或实际需要时方可重复标注。

2) 尺寸数字、尺寸线和尺寸界线

(1) 尺寸数字。

① 线性尺寸的数字一般应注写在尺寸线的上面,也允许注写在尺寸线的中断处。

② 线性尺寸数字的方向,一般应采用第一种方法注写。在不致引起误解时,也允许采用第二种方法。但在一张图样中应尽可能采用同一种方法。

第一种方法:数字应按如图1-9所示的方向注写,并尽可能避免在图示30°范围内标注尺寸,当无法避免时可按如图1-10所示的形式标注。

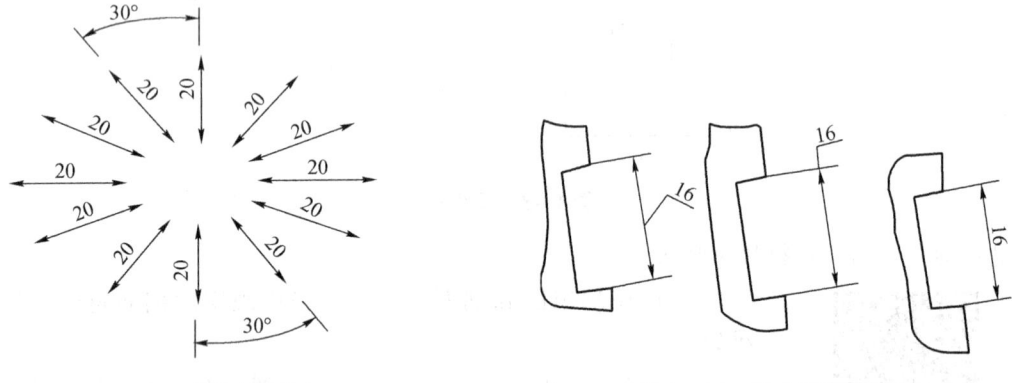

图1-9 尺寸数字标注一

图1-10 尺寸数字标注二

第二种方法:对于非水平方向的尺寸,其数字可水平地注写在尺寸线的中断处,如图1-11所示。

③ 角度的数字一律写成水平方向,一般注记在尺寸线的中断处,如图1-12所示。必要时也可注写在尺寸线外侧或将角度引出注写。

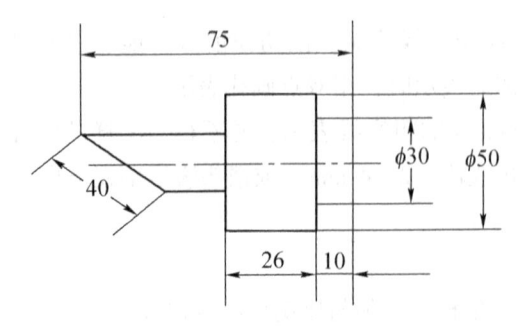

图1-11 尺寸数字标注三

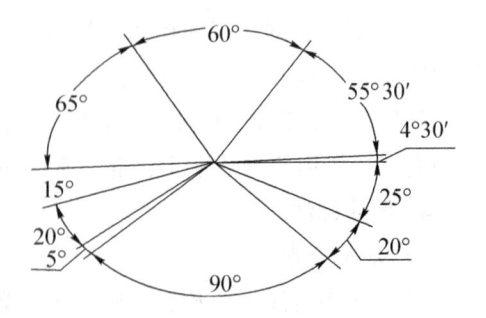

图1-12 尺寸数字标注四

④ 标注标高时一律采用 m 为单位，即零点标高为 ±0.000；正数标高如 +5.000；负数标高如 -5.000。

⑤ 标高符号应标注在图形右侧，采用倒三角形，右半边涂黑，将名称和数字依次写在横线上，如图 1-13 所示。

⑥ 当一张图纸上有两个或两个以上图形时，尺寸应详尽标注在主要图形上，补助图形只标注相关位置尺寸；但若上述补助图形不在同一张图纸时，则在该图形上也应详尽标注尺寸。

（2）尺寸线。

① 尺寸线用细实线绘制，其终端采用箭头，箭头的形式如图 1-14 所示。

图 1-13　标高符号的标注

图 1-14　尺寸线箭头的形式

当尺寸线与尺寸界线相互垂直时，同一张图样中只能采用一种尺寸线终端的形式。当采用箭头时，在位置不够的情况下，允许用圆点代替箭头，如图 1-15 所示。

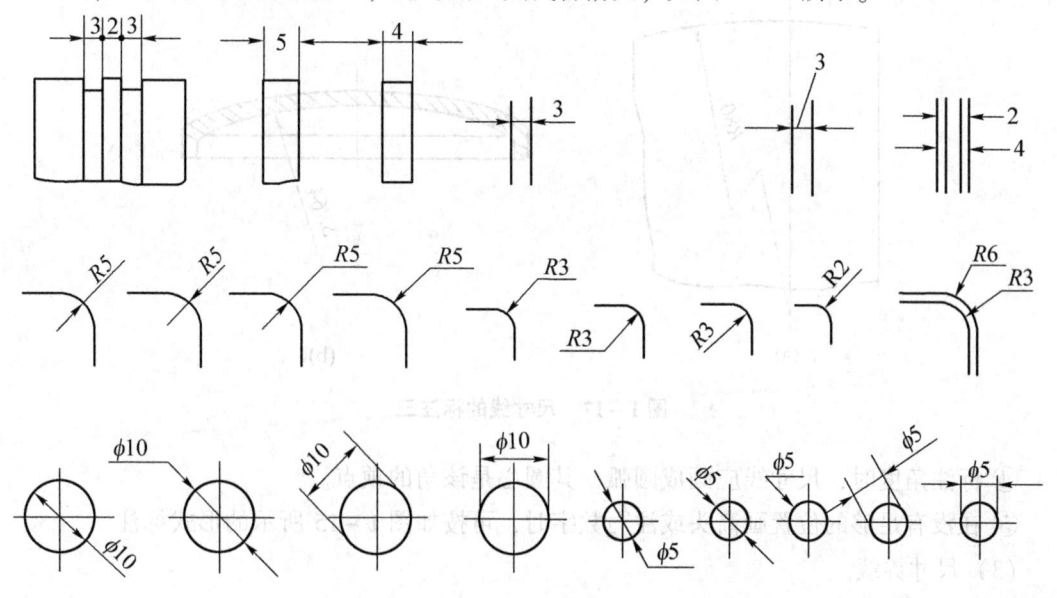

图 1-15　尺寸线的标注一

② 标注线性尺寸时，尺寸线必须与所标注的线段平行。

尺寸线不能用其他图线代替，也不得与其他图线重合或画在其延长线上。

③ 圆的直径和圆弧半径的尺寸线的终端应画成箭头，并按如图 1-16 所示的方法标注。

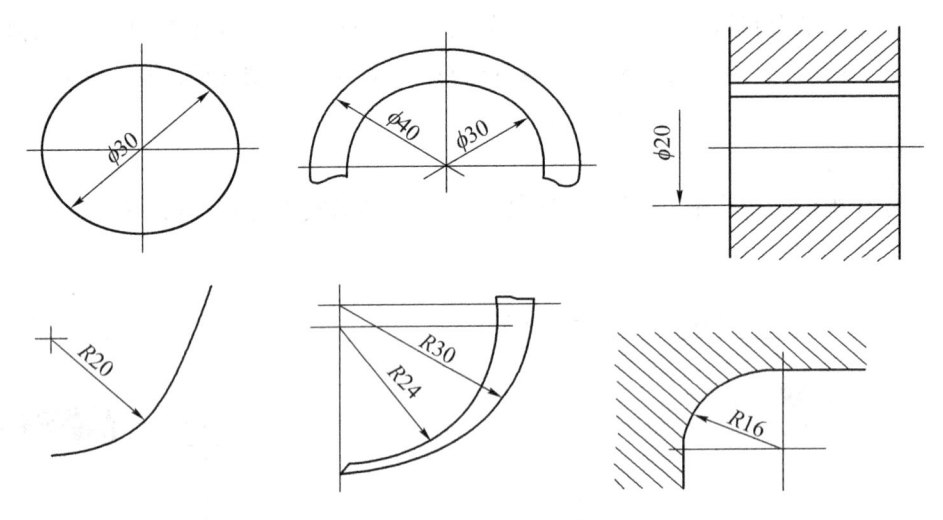

图 1-16 尺寸线的标注二

当圆弧的半径过大或在图纸范围内无法标出其圆心位置时，可按照如图 1-17（a）所示的形式标注。若不需要标出其圆心位置，则可按如图 1-17（b）所示的形式标注。

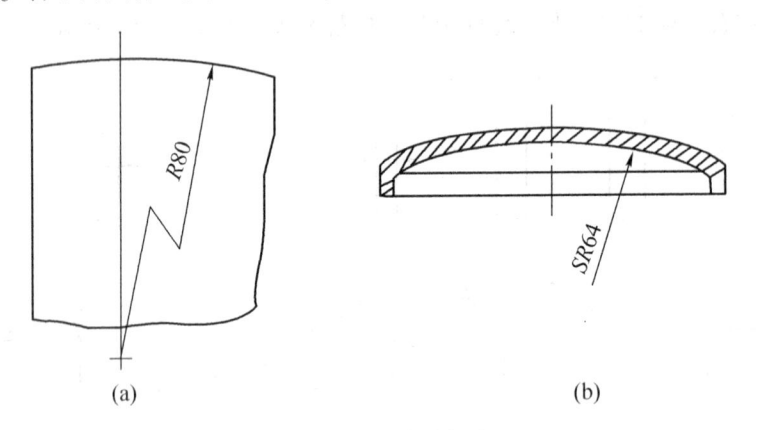

图 1-17 尺寸线的标注三

④ 标注角度时，尺寸线应画成圆弧，其圆心是该角的顶点。

⑤ 在没有足够的位置画箭头或注写数字时，可按如图 1-15 所示的形式标注。

（3）尺寸界线。

① 尺寸界线用细实线绘制，并应由图形的轮廓线、轴线或对称中心线处引出，也可利用轮廓线、轴线或对称中心线作尺寸界线，如图 1-18（a）所示。

② 标注角度的尺寸界线应沿径向引出，如图 1-18 (b) 所示。标注弦长或弧长的尺寸界线应平行于该弦的垂直平分线，如图 1-18 (c)、(d) 所示；当弧长较大时，可沿径向引出，如图 1-18 (e) 所示。

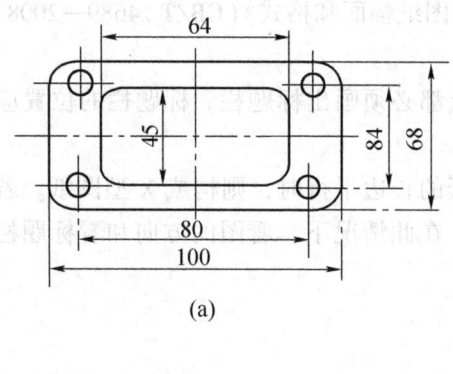

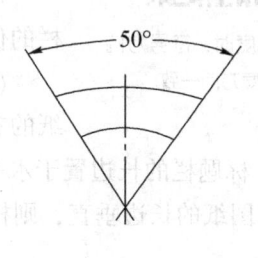

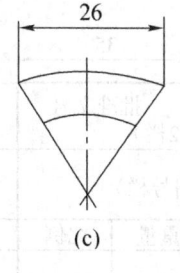

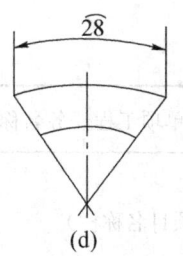

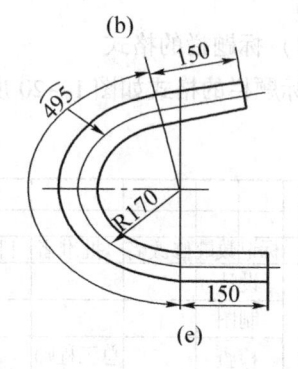

图 1-18 尺寸界线的标注

③ 曲线巷道的参数按如图 1-19 所示标注。

3）标注尺寸的符号

（1）标注直径时，应在尺寸数字前加注符号"ϕ"或"D"；标注半径时，应在尺寸数字前加注符号"R"或"r"；标注球面的直径或半径时，应在符号"ϕ"或"R"前再加注符号"S"，详见二维码。

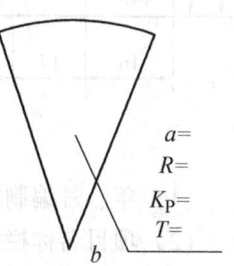

（2）标注弧长时，应在尺寸数字上方加注符号"⌒"，如图 1-18 (d)、(e) 所示。

图 1-19 曲线巷道参数

（3）标注板状零部件的厚度时，可在尺寸数字前加注"t"，详见二维码。

（4）在平面图上标注倾斜巷道斜长尺寸时，应将尺寸数字加上括号，详见二维码。

如何标注直径他和半径

如何标注板状零部件的厚度？

在平面图上，如何标注倾斜巷道斜长尺寸？

标注斜度时，符号方向应与斜度方向一致

(5) 标注斜度时，符号方向应与斜度方向一致，详见二维码。

5. 标题栏

1) 标题栏的位置

根据《技术制图图纸幅面和格式》（GB/T 14689—2008），标题栏的位置规定如下：

(1) 每张图纸上都必须画出标题栏。标题栏的位置应位于图纸的右下角。

(2) 标题栏的长边置于水平方向并与图纸的长边平行时，则构成 X 型图纸。若标题栏的长边与图纸的长边垂直，则构成 Y 型图纸。在此情况下，看图的方向和看标题栏的方向一致。

2) 标题栏的格式

标题栏的格式如图 1-20 所示。

图 1-20 标题栏的格式

(1) 年、月编制栏由设计人员填写，即该项设计完成的日期。

(2) 项目名称栏内，如系总图则填写编制项目的全名称，如系零部件图则填写零部件的名称。

(3) 图名栏内按习惯填写总图、首图、平面图、布置图、剖面图、部件图、分部件图等。如系零件图，则此格填写零件材料代号，如 HT15-33 等。

(4) 批准文号栏，在接到批准文号后及时填写。此栏只在总图图签上填写，其他图可以不填。

(5) 工程设计时，1 栏和 2 栏合并改为设计任务项目名称，3 栏改为单位工程或设备名称。

3) 会签栏

(1) 会签栏的位置：有装订边的图纸，会签栏的位置如图 1-21 所示；图纸没有装订边时，会签栏一般置于标题栏附近。

(2) 会签栏的格式如图1-22所示。

图1-21 会签栏位置

图1-22 会签栏格式

1.2.2 矿图图例

为便于绘制和读图，必须用统一的颜色、符号、说明和注记来表示矿图的对象，称为图例。

1977年和1987年，原中华人民共和国煤炭工业部先后对1955年颁发的《矿山测量图图例》进行了两次修改，增加了煤田地质、矿井地质和水文地质图件的内容，并于1989年7月由原中华人民共和国能源部以《煤矿地质测量图例》正式颁布执行。1991年，原中国统配煤矿总公司制定了《煤矿地质测量图技术管理规定》，与《〈煤矿地质测量图例〉实施补充规定》配合执行。

1.3 图的比例尺

1. 概述

绘制地形图及井上下各种矿图时，不可能将地面各种地物、地貌和井下各种巷道按其实际尺寸直接描绘在图纸上，只能按需要将他们的实际尺寸缩小若干倍后再进行绘制。图上某直线的长度与地面上相应线段实际的水平长度之比，称为图的比例尺。

图的比例尺一般用分子为1的分数形式来表示。设图上某线段的长度为d，实际相应水平线段长度为D，比例尺的分母为M，则图的比例尺为

$$d/D = 1/M \tag{1-1}$$

按式（1-1）的关系，只要定出了比例尺，就可按实际测得的线段水平长度，在图纸上绘出其相应的长度，或按图上量得的某线段长度，求出其实际水平长度。同样，根据图纸上的线段长度及其实际水平长度，即可求出图纸比例尺的大小。例如实际长度为100 m的水平巷道，在图上的相应线段长度为0.1m，则这张图纸的比例尺就是1∶1 000（或写成1/1 000）。

2. 比例尺的规定

（1）在同一幅图中，各个视图应采用相同的比例尺，并标注在标题栏中的比例栏内。当各个视图需要采用不同的比例尺时，应在图名标注线下居中位置标注，特殊情况亦可在右

侧标注比例尺，但每套图应采用同一种方法标注，如：

$$\frac{I}{2:1} \quad \frac{A向}{1:100} \quad \frac{B—B}{2.5:1} \quad \frac{硐室位置图}{1:200} \quad 平面图 1:100$$

（2）绘图时所用的比例尺应根据图纸内图形的复杂程度，按采矿图纸比例尺选取。

（3）在同一视图中图样的纵横比相差过大，而又要求详细标注尺寸时，纵向和横向可以采用两种不同的比例尺绘制，并在视图名称下方或右侧标注比例尺。例如，井底车场线路及水沟坡度图：

$$\frac{井底车场线路及水沟坡度图}{横向比例尺 1:100，竖向比例尺 1:50}$$

采矿图纸比例尺

（4）说明书中的插图或用比例尺绘制有困难的某些图样，可不按比例尺绘制，但必须注明"×××示意图"的字样。

本章小结

本章简要介绍了图的比例尺、图号、绘图仪器及其用法以及绘图的标注。

以下结构图包含了本章的内容结构，读者可以利用以下线索对所学内容做一次简要回顾。

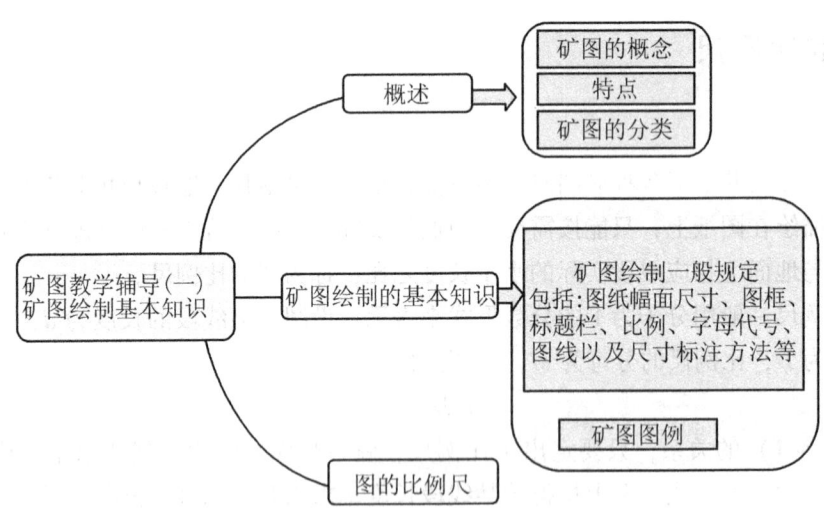

```
                           ┌─ 矿图的概念
                  概述 ────┼─ 特点
                           └─ 矿图的分类

矿图教学辅导(一)                          ┌ 矿图绘制一般规定
矿图绘制基本知识 ── 矿图绘制的基本知识 ──┤ 包括:图纸幅面尺寸、图框、
                                          │ 标题栏、比例、字母代号、
                                          │ 图线以及尺寸标注方法等
                                          └ 矿图图例

                  图的比例尺
```

学习活动

一、手工绘制矿图

矿图大部分是水平投影图，手工绘制这种图的一般步骤如下：

（1）绘方格网。

基本矿图应在优质原图纸或聚酯薄膜上绘制。绘图前，首先打好坐标格网和图廓线，检查合格后即行上墨。

(2) 用铅笔绘图。

首先根据测量资料展绘测量控制点和地物特征点，或巷道及硐室的轮廓；再根据其他采矿资料展绘工作面的轮廓，以及风门、防火密闭、隔水墙、防火闸门等的位置；最后根据地质资料展绘钻孔、断层交面线、煤层露头线等各种边界线，以及煤层倾角、煤厚、煤层小柱状等。

(3) 着色上墨。

一般是先涂色后上墨。先对地面建筑物、井下巷道等涂色，用墨画线、写字和注记；再用不同颜色按图例画出其他内容。对于回采工作面，一般先画墨线和注记，再用各种颜色将采空区的边界圈出。

(4) 绘图框和图签。

着色、上墨、写字、注记完毕后，应进行最后的检查。确认没有错误和遗漏之处后，即可绘图框和图签。

当采用毛面聚酯薄膜绘图时，应选用或自制刚性较强的画线工具，并选取吸附力强的墨水进行上墨。在绘图过程中，若出现跑线、画错等现象，应立即停笔，用刀片轻轻地将错处墨迹刮去，刮过的部位一般痕迹很浅，可继续绘图。

二、计算机辅助绘制矿图

计算机辅助绘制矿图实质上就是根据矿图绘制的具体要求，借助于计算机数据库及绘图软件的支持，来完成矿图的绘制过程。(参考第9章之后 CAD 绘图部分)

自 测 题

简答题

1. 简述尺寸线的标注方法。

2. 在带有坐标网格的图纸上，如何求出图内某一点的纵、横坐标值？

3. 在比例尺为 1∶1 000 的平面图上，量得某水平巷道的长度为 126 mm，该巷道实际长度是多少？

4. 已知一井筒的倾角为 20°，实际长度为 380 m，若将井筒绘制到 1∶2 000 的平面图上，其在图上的长度应是多少？

5. 某点的高程为 −35.6 m，其含义是什么？

6. 按 A1 图幅绘制图框、标题栏、坐标网格。

7. 由下图所示平面直角坐标网标注的坐标值，求该图的比例尺及 A 点的坐标值。如在此图中线段 AB 的长度为 12 cm，则其实际水平长度为多少？

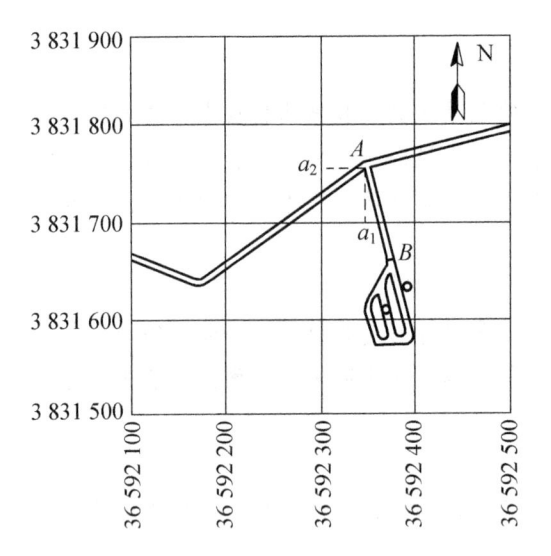

第2章 矿图投影基本知识

导　言

投影是矿图的基础，各种矿图都是依据一定的投影原理和方法绘制的。因此，了解投影知识，对于绘制和识读矿图具有重要意义。矿图一般都是根据标高投影的原理绘制的。所谓标高投影，就是采用水平面作为投影面，将空间物体上各特征点垂直投影于该面上，并将各特征点的高程标注在旁边，形成平面图。本章简要介绍不同的投影方法，以及点、直线、平面的标高投影的基本原理及它们间的相互位置关系。

学习目标

1. 描述投影的概念，归纳平行投影和中心投影的方法及特点。
2. 复述标高投影的概念，运用点、直线、平面的标高投影的基本原理及它们之间的相互位置关系绘制和识读矿图。

2.1 投影的基本概念和方法

2.1.1 概述

1. 投影现象

在日常生活中，人们经常可以看到经灯光或阳光的照射，在地面或墙面上产生影子的现象，这就是投影现象。

一般来说，投影现象是由投影物体、投影线和投影面三个条件形成的。

2. 投影方法

根据投影线是否相互平行，投影方法可分为中心投影和平行投影两种。

$$投影线相交否分\begin{cases}中心投影（交）\\ 平行投影\\ （不交）\end{cases}投影线与投影面垂直否\begin{cases}斜投影\\ 正投影\begin{cases}标高投影\\ 轴测投影\end{cases}\end{cases}$$

(1) 中心投影。

投影线交会于一点的投影法称为中心投影，如图 2-1 所示。

(2) 平行投影。

当投影中心移至无限远时，则投影线相互平行，这种投影线相互平行的投影法，称为平行投影，如图 2-2 所示。

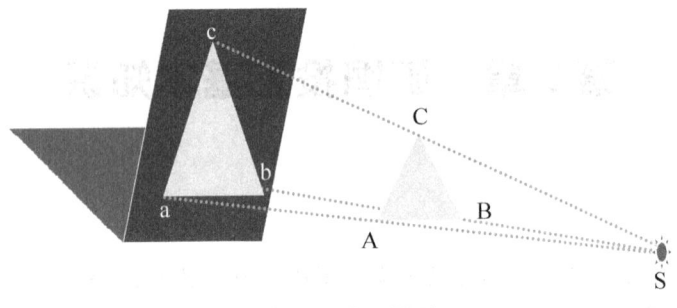

图 2–1 中心投影

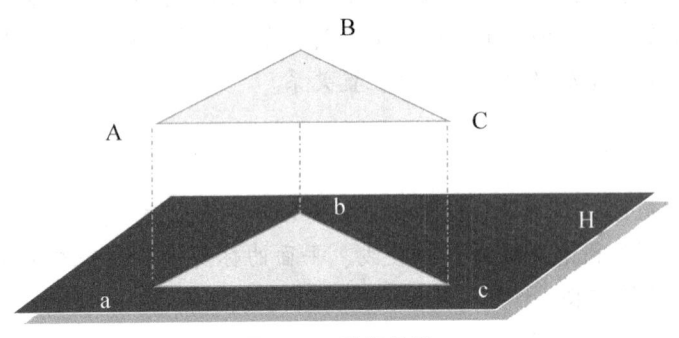

图 2–2 平行投影

平行投影又可分为斜投影法和正投影法：

① 斜投影法。投影线与投影面相倾斜的平行投影法，称为斜投影法。

② 正投影法。投影线与投影面相垂直的平行投影法，称为正投影法。

用平行投影法所得到的物体的投影，其大小与物体距投影面的远近无关；其形状随物体与投影面的倾斜位置的改变而变化。

2.1.2 正投影与三视图

1. 正投影

所谓正投影，是应用投影线彼此平行且垂直于投影面的投影方法所得到的物体的投影。这种投影，能真实地反映物体的形状和大小，便于绘制，能满足工程技术的要求，因而在工程图中得到了广泛的应用。

用正投影进行投影，具有以下性质：

（1）显实性。平面图形平行于投影面，其投影图形反映平面图形的真实形状和大小。

（2）积聚性。平面图形垂直于投影面，其投影为一条直线。

（3）类似性。平面图形倾斜于投影面，其投影图形的形状和大小随平面图形与投影面的倾斜角度的改变而变化。

2. 三视图

在工程制图中，为全面反映物体的形状和大小，一般采用三个相互垂直的平面作为投影面，投影物体的各主要线面分别向三个投影面作正投影，得到物体的三个投影图形，这种投影方法称为三面投影法。

物体在正立投影面 V 上的投影图称为正视图，又称立面投影图，即从正面看到的形象；物体在水平投影面 H 上的投影图称为俯视图，又称平面图，即从上向下看到的形象；物体在侧立投影面 W 上的投影图称为侧视图，即从侧面看到的形象。

正视图反映物体的高度和长度；俯视图反映物体的长度和宽度；侧视图反映物体的高度和宽度。正视图与侧视图高度相等；正视图与俯视图长度相等；侧视图与俯视图宽度相等。

2.2 标高投影

矿图是反映矿区范围内地物、地貌及井下巷道、地质构造和煤层空间赋存状态的图件。矿图一般都是根据标高投影的原理绘制的。所谓标高投影，就是采用水平面作为投影面，将空间物体上各特征点垂直投影于该投影面上，并将各特征点的高程标注在旁边，形成平面图。例如，矿井的井筒、钻孔、测量的控制点等就是根据点的标高投影原理而绘制的；根据标高投影原理，巷道的中心、煤岩层面的交线等在局部可视为直线，煤层面、断层面等在局部可视为平面。下面简要介绍点、直线、平面的标高投影的基本方法及它们之间的相互位置关系。

2.2.1 点的标高投影

自三维空间的某点向投影面（水平面）作垂线并在垂足处注明点的标高，即得该点的标高投影，如图 2-3 所示。因此，点在投影面上的位置仅由其平面直角坐标 x、y 决定，高程位置只能通过注记在旁边的标高数值来确定。

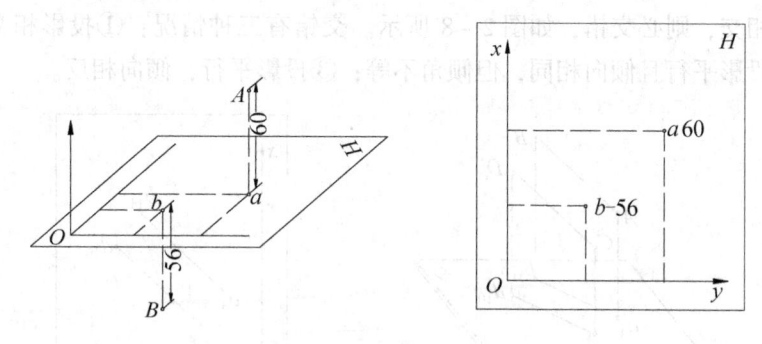

图 2-3 点的标高投影

2.2.2 直线的标高投影

1. 直线的标高投影表示方法

直线的标高投影可以用直线上两点的标高投影的连线表示，也可用直线上一点与标明该直线倾角（或斜率）的射线表示。两种表示方法如图 2-4 所示。

2. 直线的要素及其相互关系

直线的实际长度称为直线的实长，以 L 表示；直线在水平面上投影的长度称为直线的水平长度，也称平距，以 D 表示；直线与其在水平面上投影线的夹角称为直线的倾角，以 δ 表示；直线两端点的高程之差称为直线的高差，以 h 表示；直线的高差 h 与其平距 D 之比称为直线的斜率，也称坡度，以 i 表示。如图 2-5 所示为空间直线的各要素关系。

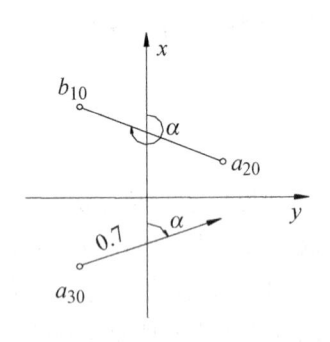

图 2-4 直线标高投影的表示方法

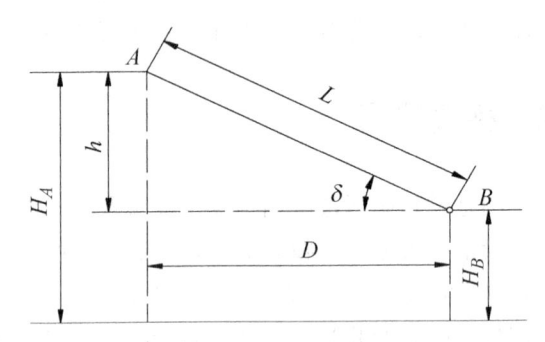

图 2-5 空间直线的各要素关系

由图可知，各要素间存在下列关系：

$$i = h/D$$

$$\delta = \arctan i$$

3. 空间两直线的相互位置

空间两直线的相互位置关系有平行、相交和交错三种。若空间两直线的标高投影彼此平行，且倾斜方向一致、倾角相等，则空间两直线彼此平行，如图 2-6 所示；若空间两直线的标高投影相交，且交点的标高相同，则空间两直线相交如图 2-7 所示；若空间两直线既不平行，又不相交，则必交错，如图 2-8 所示。交错有三种情况：①投影相交，交点的标高有两个；②投影平行且倾向相同，但倾角不等；③投影平行，倾向相反。

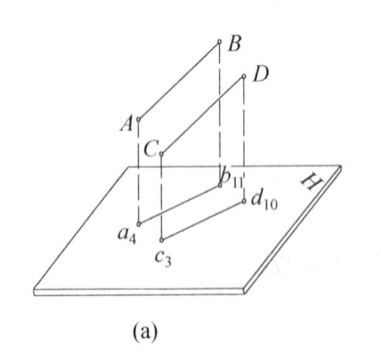

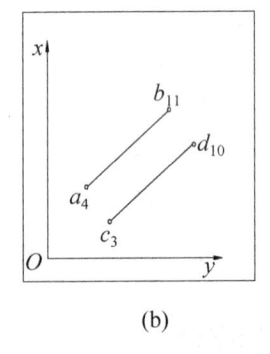

图 2-6 空间直线的平行关系

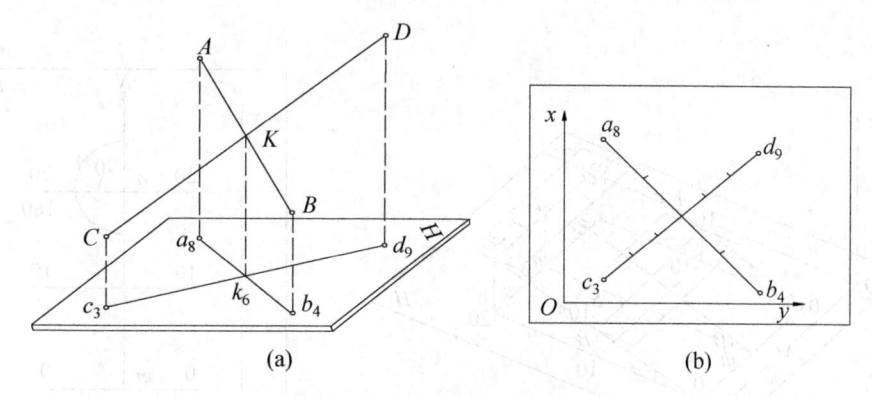

图 2-7 空间直线的相交关系

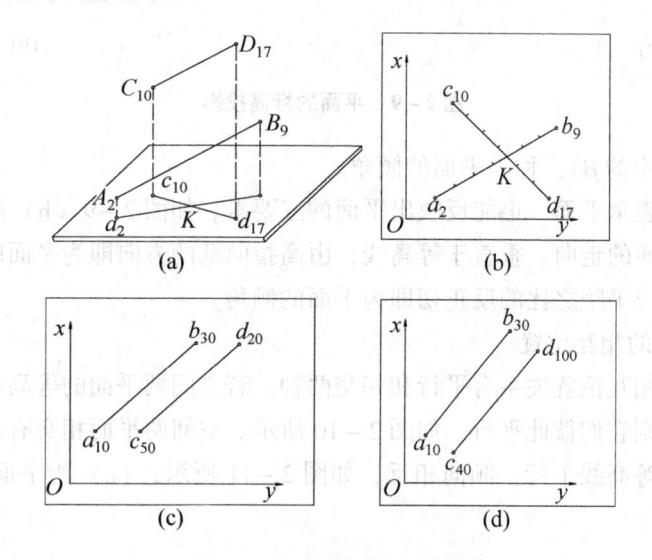

图 2-8 空间直线的交错关系

2.2.3 平面的标高投影

1. 平面标高投影的表示方法

平面的标高投影是以平面上的两条等高线在水平面上的投影来表示的。如图 2-9（a）中 P 为空间中一个倾斜平面，H、S、T 分别为标高为 0、+10、+20 的水平面，图 2-9（b）为平面 P 的标高投影表示方法。

2. 平面的三要素

平面的走向、倾向和倾角统称为平面的三要素。平面的三要素表示了平面的空间状态，如图 2-9（a）所示。等高线的延伸方向称为平面的走向（即图中的 AB）；倾斜平面内垂直于等高线由高指向低的直线（即图中的 NM），称为平面的倾斜线；倾斜线在水平面上的投影（即图中的 nm），称为平面的倾向线；倾向线的方向，称为平面的倾向；倾向线与倾斜

(a)

(b)

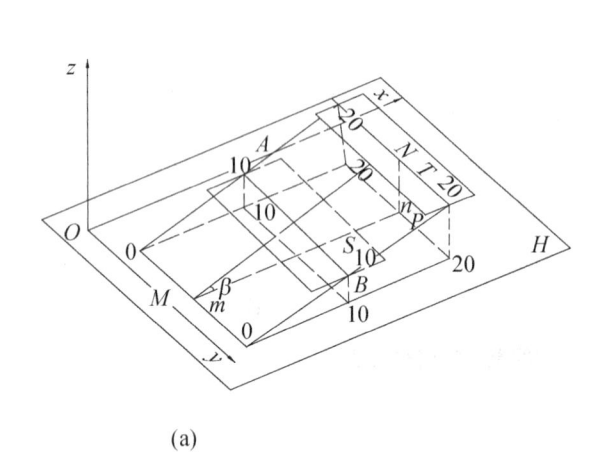

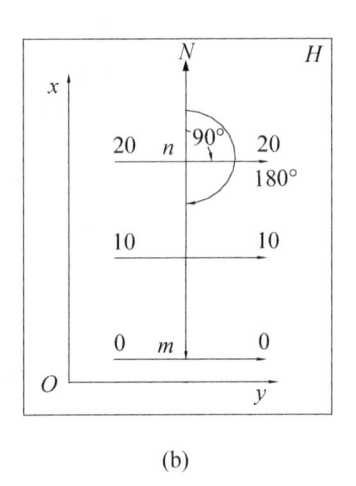

图 2-9 平面的标高投影

线间的夹角（即图中的 β），称为平面的倾角。

采用标高投影表示平面，也能反映出平面的三要素。如图 2-9（b）所示，等高线的箭头所指方向即为平面的走向；垂直于等高线，由高指向低的方向即为平面的倾向；两条等高线之间的高差与对应平距之比的反正切即为平面的倾角。

3. 空间两平面的相互位置

空间两平面的相互位置关系有平行和相交两种。若空间两平面的等高线相互平行、倾向相同、倾角相等，则它们彼此平行，如图 2-10 所示。空间两平面相交有如下三种情况：

（1）两平面的等高线平行，倾向相反，如图 2-11 所示，（a）为平面投影，（b）为过 QQ 线的剖面。

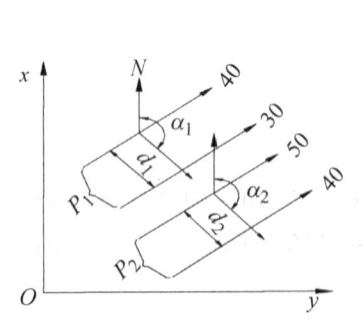

图 2-10 空间两平面的平行关系

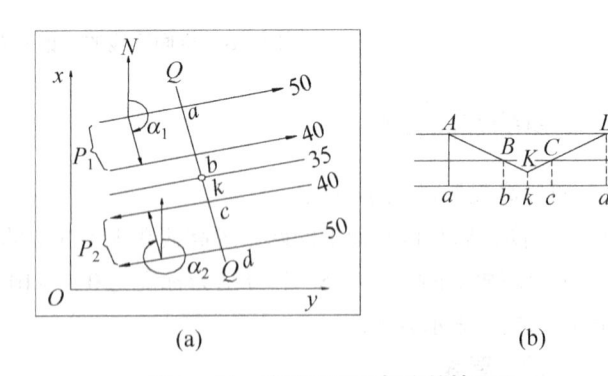

图 2-11 空间两平面相交的情况之一
(a) 平面投影；(b) 过 QQ 线的剖面

（2）两平面的等高线平行，倾向相同，但倾角不等，如图 2-12 所示，（a）为平面投影，（b）为平面倾向线的断面。

(3) 两平面的等高线相交，如图 2-13 所示。

空间两平面相交时，在标高投影图上求其交线的方法是：对于第③种情况，两平面等高线的交点的连线即为其交线，如图 2-13 中的 ab；对于第①、第②两种情况，由于两平面的等高线平行，则它们的交线也必与等高线平行。这时，只要在标高投影图上沿垂直等高线的方向作垂直剖面，求出交线处的标高即可，如图 2-11（b）和图 2-12（b）所示。

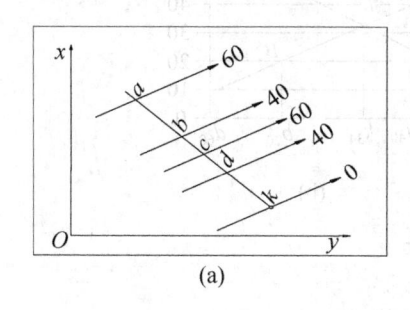

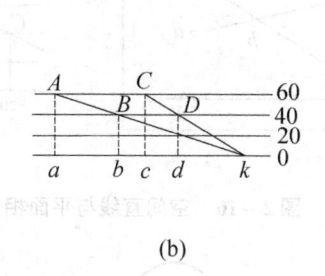

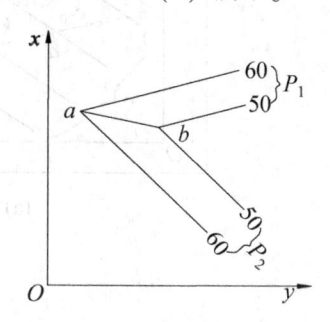

图 2-12　空间两平面相交的情况之二
(a) 平面投影；(b) 平面倾向线的断面

图 2-13　空间两平面相交的情况之三

4. 空间直线与平面的相互位置

空间直线与平面的相互位置关系有：直线位于平面内、直线与平面平行和直线与平面相交三种。若直线上有两点位于平面内，则直线位于平面内，如图 2-14 所示；若直线不在平面内，但与平面内的某条直线平行，则直线与平面平行，如图 2-15 所示；若直线既不在平面内又不与平面平行，则直线与平面相交，如图 2-16（a）所示。直线与平面相交时，其交点可沿直线方向作垂直剖面求出，如图 2-16（b）所示。

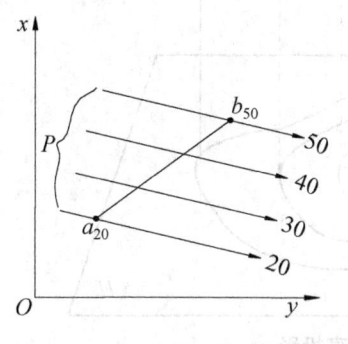

图 2-14　空间直线位于平面内

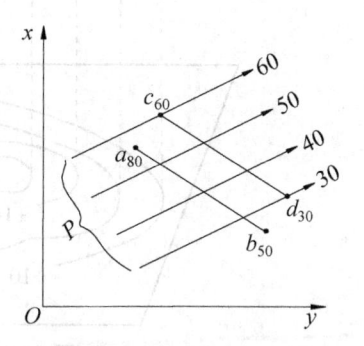

图 2-15　空间直线与平面平行

2.2.4　曲面的标高投影

曲面的标高投影同样用曲面上的等高线的投影来表示，如图 2-17 所示。

地面的地貌、井下的煤层产状等都是用曲面的标高投影来表示的。

(a)   (b)

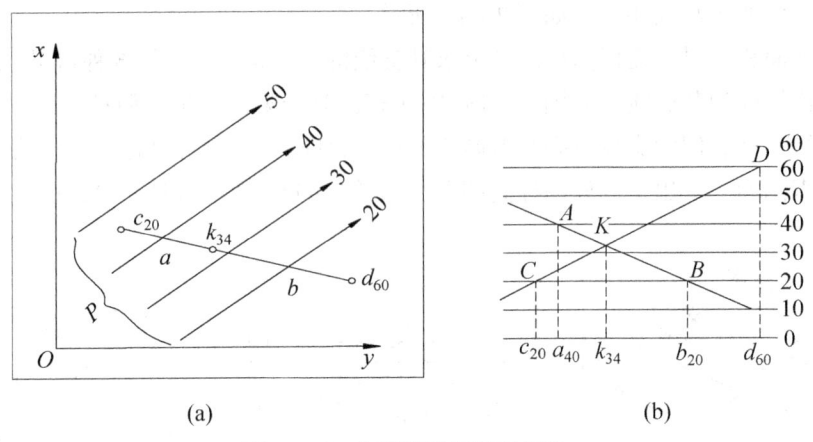

图 2-16　空间直线与平面相交

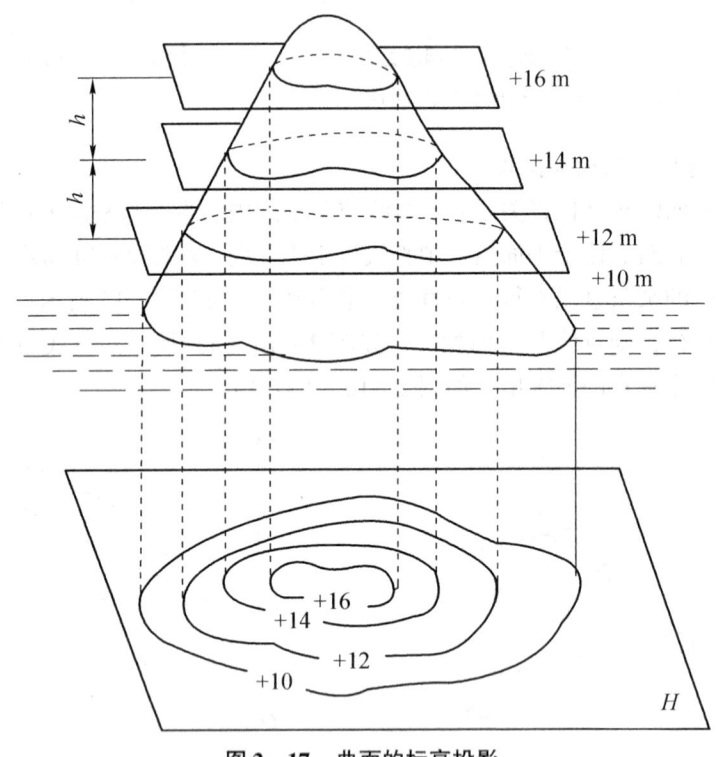

图 2-17　曲面的标高投影

本章小结

本章主要包括投影的基本概念、不同的投影方法，以及点、直线、平面的标高投影的基本原理及它们之间的相互位置关系。

以下结构图包含了本章的内容结构，你可以利用以下线索对所学内容做一次简要回顾。

第 2 章 矿图投影基本知识

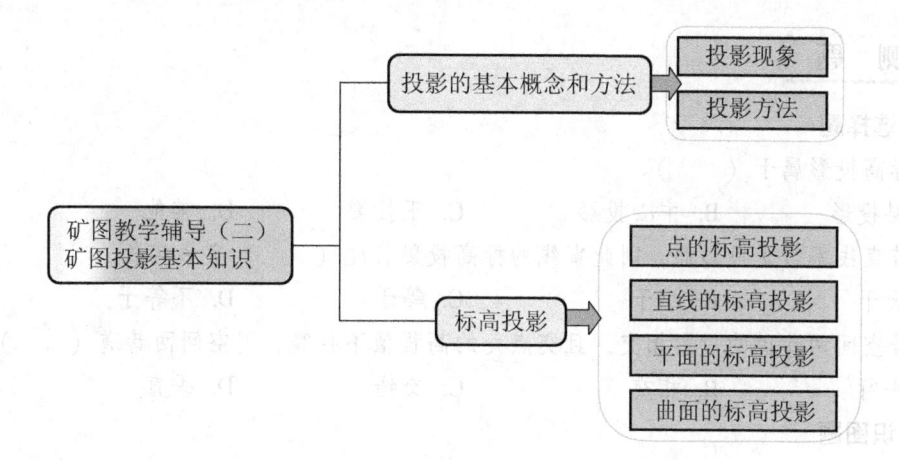

```
矿图教学辅导（二）         投影的基本概念和方法 ── 投影现象
矿图投影基本知识                                  投影方法

                          标高投影 ── 点的标高投影
                                    直线的标高投影
                                    平面的标高投影
                                    曲面的标高投影
```

学习活动

对照下图学习投影基本知识。

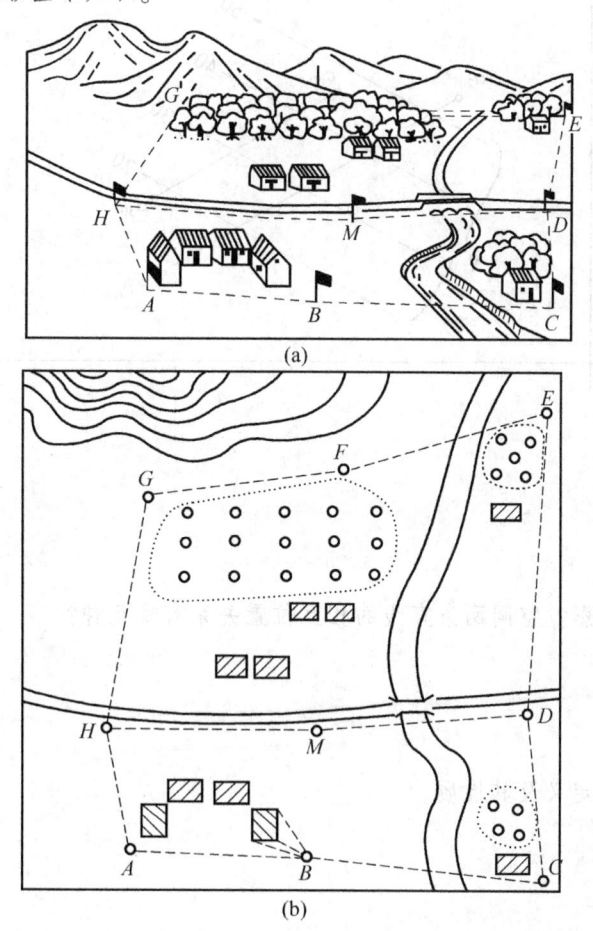

(a)

(b)

25

自 测 题

一、选择题

1. 标高投影属于（　　）。
   A. 斜投影　　　　B. 中心投影　　　　C. 正投影　　　　D. 其他
2. 若直线平行于投影面，则此直线的标高投影长度（　　）直线实长。
   A. 大于　　　　　B. 小于　　　　　　C. 等于　　　　　D. 不等于
3. 若空间两巷道的投影相交，且交点处的高程值不相等，则空间两巷道（　　）。
   A. 平行　　　　　B. 相交　　　　　　C. 交错　　　　　D. 垂直

二、识图题

下图为平面 P 和直线 AB、CD 的标高投影图，试判断各直线和平面 P 的关系，并求出直线和平面的交点。

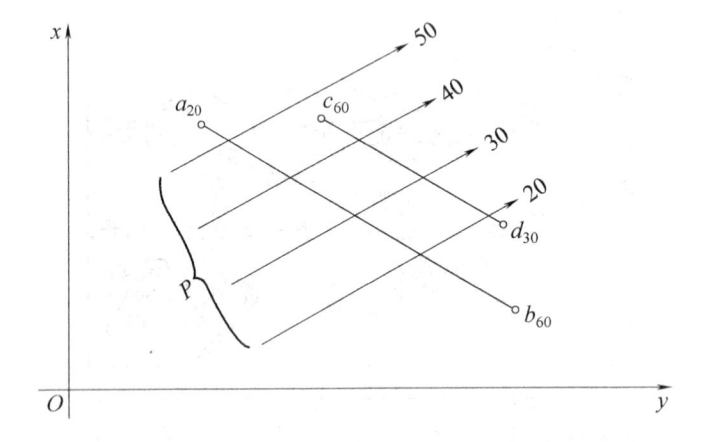

三、简答题

1. 什么是标高投影？空间两条直线的相互位置关系有哪几种？

2. 简述正投影的定义及其性质。

第3章　井田区域地形图

导　言

井田区域地形图是编绘井上下对照图和采掘工程平面图的基础。本章简要介绍地形等高线、井田区域地形图的识读和应用。

学习目标

1. 掌握井田区域地形图的定义、内容及应用。
2. 掌握井田区域地形图的识读方法。

3.1　概述

井田区域地形图是指某一井田范围内的地形图，是全面反映井田范围内地物和地貌情况的一种图纸。地物是指地面上各种固定性物体，如农田、草地、湖泊、河流、森林、果园、道路、桥面、房屋建筑和输电线路等。地貌则是指地面高低起伏的形态，如高山、盆地、山谷、山脊、悬崖、峭壁等。

井田区域地形图是一种地面测量图，在进行煤矿的各种工程建设规划、工程设计、工程施工等工作（合理选择井口位置、考虑工业广场的布置、修筑运输线路和输电线路、解决矿山供排水问题等）中，需要用它来了解规划地区的地貌和地物的分布状况，以便对地形资料和其他资料做出合理的规划、设计和施工方案。因此，井田区域地形图是矿井建设和生产必须具备的矿图之一，每个矿井必须绘制比例尺为1:2 000或1:5 000的井田区域地形图。受地面建设及井下采动的影响，地物、地貌经常变化，因此井田区域地形图需要不断填绘和修改。

井田区域地形图反映的主要内容有：
(1) 图名、比例尺、指北方向和坐标网。
(2) 测量控制点（各级三角点、水准点和埋石图根点等）。
(3) 居民点和重要建筑物外部轮廓。
(4) 独立地物［各种塔、烟囱、高压输电杆（塔）、井筒、井架等］。
(5) 管线、交通运输线路及垣栅（输电线、通信线、煤气管道、围墙及栅栏等）。
(6) 用等高线表示的各种地貌。
(7) 河流、湖泊、水库、水塘、水闸、水坝、水井和桥梁等。
(8) 土质和植被（重要资源、森林、经济作物地、菜田、耕地、沙地和沼泽等）。

3.2 井田区域地形图的识读

识读井田区域地形图,应从其整体开始,先看轮廓,后看细节,逐步深入地加以分析,弄清各部分之间的关系。现以图 3-1 为例,将识读井田区域地形图的一般方法介绍如下。

3.2.1 看清图名

矿图图名说明了地点、内容和图纸的种类。看图时,首先应看清图名,弄清是否为所需的图纸。图名一般写在图廓下方的中央,或者写在标题栏中。

××矿区××矿井田区域地形图

3.2.2 看图的比例尺

图的比例尺,一般写在图廓下方或写在标题栏中比例尺栏内。知道了图的比例尺,才能了解该图范围的大小和图中有关尺寸。若图中没有注明比例尺,可根据图的坐标方格网的坐标数值确定图的比例尺。矿图的方格网一般都是 100 mm × 100 mm,比例尺不同,则每个格网间距所表示的实际间隔也不同。根据图中方格网坐标间隔,可判断出图的比例尺大小。在图 3-1 中,方格网坐标的间隔为 500 m,由表 3-1 可知图的比例尺为 1:5 000。

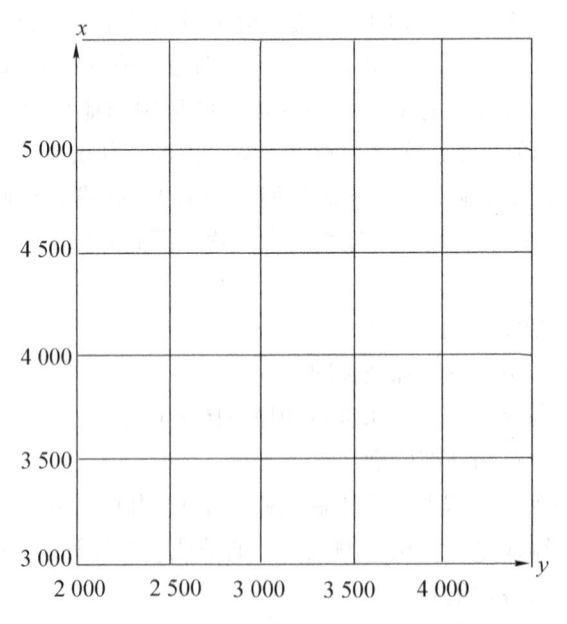

图 3-1 根据方格网坐标值判断比例尺

表 3-1　坐标格网实际间隔与比例尺的关系

比 例 尺	1:5 000	1:2 000	1:1 000	1:500
坐标格网实际间隔/m	500	200	100	50

3.2.3　识别图的方向

在图中一般都用箭头标出指北方向。指北方向即为坐标纵轴方向。有时图中没有标出指北方向，则可根据坐标数值向北、向东逐渐增大的规律识别出图的方向。如图 3-2 所示，图中没有指北线，先用箭头标出坐标值增大的方向，再根据指东方向总是在指北方向右边的规律确定图中向上的箭头指北、向右的箭头指东。根据指北方向可以了解图上所示内容的方位关系。

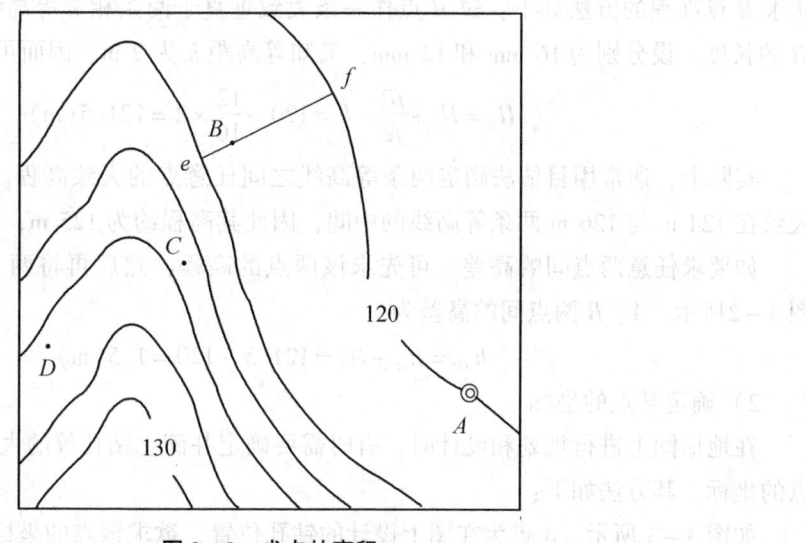

图 3-2　求点的高程

3.2.4　分析地貌概况

分析地貌，按先看总轮廓，后看细节的步骤进行。首先根据等高线的特征和各种符号，找出山脊线、山谷线等地性线；然后，正确识别图上的各种地形（山头、山脊、山谷、洼地、鞍部、台地等），了解该地区的地貌情况。

3.2.5　识别地物情况

根据地物符号和注记，识别地物情况，了解地物及其分布状况，搞清重要地物的位置。

3.3 井田区域地形图的应用

井田区域地形图不仅是矿井规划、设计和施工的重要依据,还可用来解决工程中的许多技术问题。以下主要介绍应用地形图解决某些基本问题的方法。

1. 确定地面某点的高程和坐标

1)确定地面某点的高程

在地形图上,地面点的高程是根据等高线和高程注记来确定的。如果某点正好位于等高线上,则该点的高程与其所在等高线的高程相同。如图3-2所示,A点表示一个钻孔,正好在120 m等高线上,则此钻孔孔口标高就是120 m。如果所求点不在等高线上,则要用内插法求出该点的高程。如图3-2所示,B点位于120 m和122 m两条等高线之间,用内插法求B点高程的方法如下:过B点作一条大致垂直于两条相邻等高线的直线ef,量取fe和fB的长度,设分别为16 mm和12 mm,又知等高距h为2 m,因而可求得B点的高程为:

$$H_B = H_f + \frac{fB}{fe} \cdot h = 120 + \frac{12}{16} \times 2 = 121.5(\text{m})$$

实际上,通常用目估法确定两条等高线之间任意点的大致高程。如图3-2所示,C点大致在124 m与126 m两条等高线的中间,因此其高程约为125 m,D点高程约为126.5 m。

如要求任意两点间的高差,可先求该两点的高程,然后再将两点的高程相减即可。如图3-2所示,A、B两点间的高差为:

$$h_{AB} = H_B - H_A = 121.5 - 120 = 1.5(\text{m})$$

2)确定某点的坐标

在地形图上进行规划和设计时,有时需要确定井筒、钻孔等的大致位置,这就需要求某点的坐标。其方法如下:

如图3-3所示,A点为在图上设计的钻孔位置,欲求该点的坐标,可按以下步骤进行:首先根据图上坐标注记和A点的图上位置,给出A点所处坐标方格$abcd$。

其次,过A点分别作平行于纵、横坐标轴的直线pq和fg与坐标方格相交于p、q、f、g 4点。再按测图比例尺分别量出af和ap的长度,设$af = 60.7$ m,$ap = 48.6$ m。

从图中可见,A点所处格网西南角a点的坐标$x = 2\,892\,100$ m,$y = 19\,621\,100$ m。

则A点的大致坐标为:

$$x_A = x_a + af = 2\,892\,100 + 60.7 = 2\,892\,160.7(\text{m})$$
$$y_A = y_a + ap = 19\,621\,100 + 48.6 = 19\,621\,148.6(\text{m})$$

为了校核检测结果和消除图纸伸缩变形的影响,一般还应同时量出fb和pd的长度。假设图上坐标方格网的边长为l,则A点的坐标可按下式计算:

$$x_A = x_a + \frac{l}{af + fb} \cdot af$$

$$y_A = y_a + \frac{l}{ap+pd} \cdot ap$$

2. 确定直线的水平长度、坡度、倾斜长度和坐标方位角

1) 确定直线的水平长度

(1) 根据两点的坐标计算。

在地形图上求某直线的水平长度，可用两点的坐标进行计算。如图 3-3 所示，欲求 AB 的水平距离，可先求出图上 A、B 两点的坐标值 x_A、y_A、x_B、y_B，然后按式（3-1）求 AB 的水平距离 D_{AB}。

$$D_{AB} = \sqrt{(x_B - x_A)^2 + (y_B - y_A)^2} \tag{3-1}$$

(2) 直接量测。

若精度要求不高，则可用比例尺（三棱尺）直接在图上量取某直线的水平长度。无比例尺（三棱尺）时，也可以用毫米尺先在图上量出其长度，再按比例尺换算出实际水平距离。如图 3-3 所示，该图的比例尺为 1:10 000，从图上量得 AB 的长度为 2.09 cm，则 AB 的水平长度约为 209 m。

2) 确定直线的坡度

直线的坡度是该直线两端的高差 h 与水平距离 D 之比，用 i 表示，即

$$i = \frac{h}{D} \tag{3-2}$$

坡度通常用千分率（‰）或百分率（%）的形式表示。"＋"为上坡，"－"为下坡。

在地形图上求某直线的坡度，可先求出两端点之间的水平距离及两端点的高程，再根据高程求出两端点之间的高差，然后代入式（3-2）求出 i。

若直线的两端位于相邻等高线上，则求得的坡度可以认为是地面的实际坡度。如果两点间的距离较长，中间通过疏密不等的等高线，则通过上式所求得的坡度只是该直线两端点间的平均坡度。

3) 确定直线的倾斜长度

在地形图上求直线的倾斜长度 L，可先求得两端点之间的水平距离 D 及高差 h，然后按式（3-3）求得：

$$L = \sqrt{D^2 + h^2} \tag{3-3}$$

4) 确定直线的坐标方位角

(1) 图解法。

如果精度要求不高，可用图解法在图上用量角器直接量取直线的坐标方位角。如图 3-3 所示，欲求直线 AB 的方位角，首先过 A、B 两点精确地作坐标纵轴的平行线，然后用量角器直接量取直线 AB 的坐标方位角和直线 BA 的坐标方位角。同一直线的正、反坐标方位角之差应为 180°，考虑到量角误差的影响，使 $\alpha_{AB} \neq \alpha_{BA} \pm 180°$，取平均值作为最后结果，则直线 AB 的坐标方位角为：

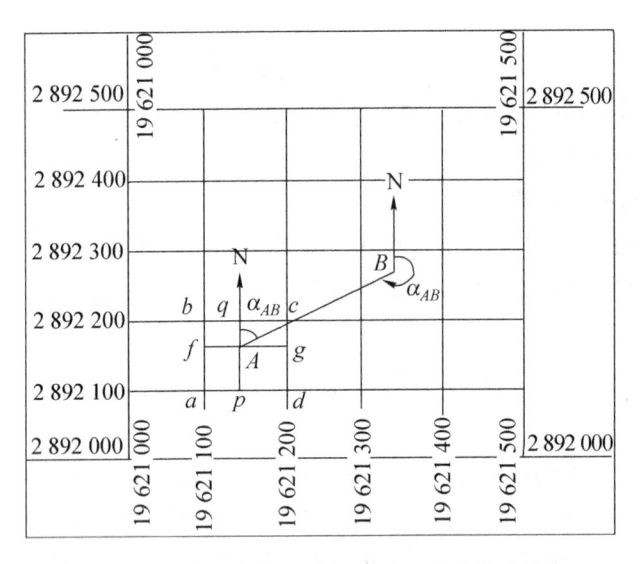

图 3-3 求点的坐标、直线的水平长度及方位角

$$\overline{\alpha}_{AB} = \frac{1}{2}[\alpha_{AB} + (\alpha_{BA} \pm 180°)] \quad (3-4)$$

(2) 解析法。

如图 3-3 所示，欲求直线 AB 的坐标方位角，可先求得 A、B 两点的坐标，然后按式 (3-5) 计算直线 AB 的坐标方位角：

$$\alpha_{AB} = \arctan\frac{y_B - y_A}{x_B - x_A} \quad (3-5)$$

注意：使用上式计算坐标方位角 α_{AB} 的值时，应考虑坐标增量的正、负号，根据直线 AB 所在的象限求取坐标方位角的大小。

3. 按设计坡度在地形图上选定最短线路

在山地或丘陵地区进行道路、管线等工程设计时，往往要求在不超过第一坡度 i 的条件下，选定一条最短路线。如图 3-4 所示，欲从河边的 A 处向山上 B 处选一条公路线，要求坡度不超过 6.2%，已知设计用的比例尺为 1:2 000，等高距为 1 m，则根据式 (3-2) 求出符合该坡度的相邻两等高线间的最短水平距离 D 应为：

$$D = \frac{h}{i} = \frac{1}{6.2\%} \approx 16(\text{m})$$

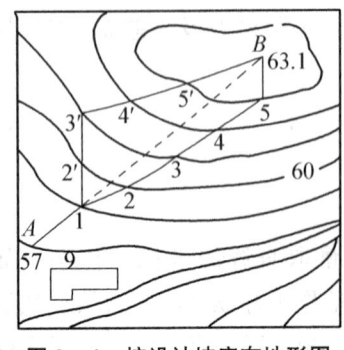

图 3-4 按设计坡度在地形图上选定最短线路

按地形图的比例尺，用两脚规截取相当于 16 m 的图上长度。该图的比例尺为 1:2 000，则 D 在图上的长度应为 8 mm。也就是说，所选的线路经过两条相邻等高线的水平长度在图上不得小于 8 mm，否则，其坡度将超过规定的

要求。

作图方法如下：

以 A 点为圆心，以 8 mm 为半径作圆弧，但与 59 m 等高线不能相交，否则说明该段线路坡度小于规定要求。所以，应从 A 点开始，作 AB 方向线与 59 m 等高线相交于点 1。再以点 1 为圆心，以 8 mm 为半径，画圆弧与 60 m 等高线相交于点 2 和 2′。依次进行，直到 B 点。然后连接各个相邻点，即在图上初步设计出符合规定坡度的两条线路。最后进行实地踏勘和比较，选取一条较理想的线路。显然，右边的一条线路最短。

4. 绘制已知方向的剖面图

在矿区作各种线路的设计时，如铁路、公路、渠道、管路等线路的设计，往往需要了解某方向线上地面的起伏情况，这就需要绘制沿线路方向的剖面图。如图 3-5（a）所示，欲绘制已知方向线 AB 的剖面图，其作法如下：

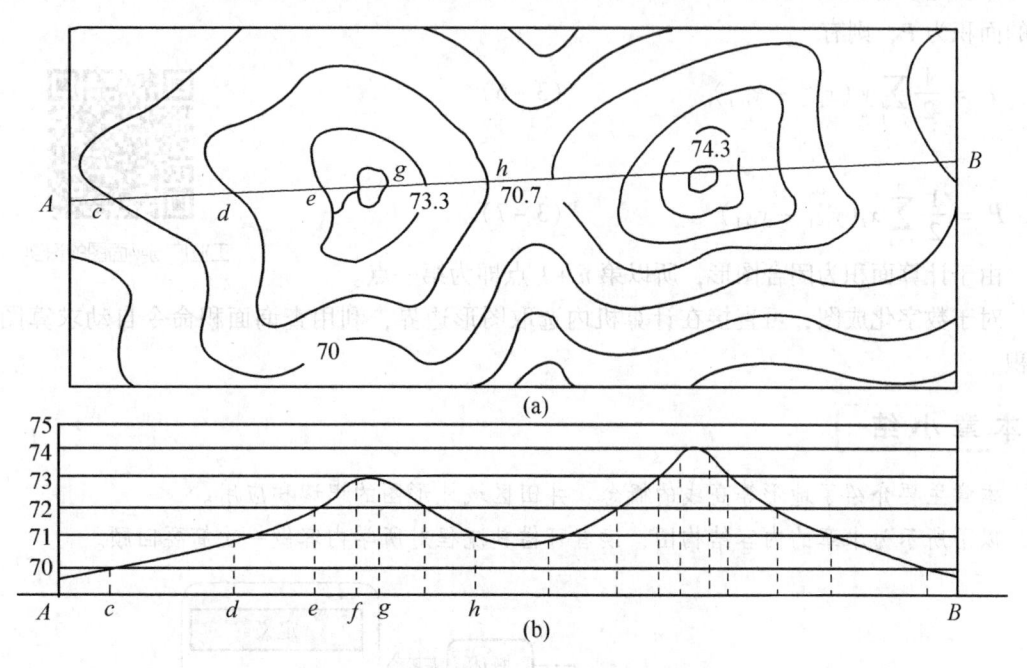

图 3-5　在地形图上作已知方向的剖面图

首先在地形图上作直线 AB，并标出 AB 线与各等高线的交点。然后在另一张纸上，作相互垂直的两条轴线，如图 3-5（b）所示，横轴表示水平长度 D，纵轴表示高程 H。在纵轴上按比例尺以等高距为间隔作平行于横线的高程线，并在每条线上注明其标高 70，71，72…在横轴上选择适当位置定为 A 点，然后在地形图上分别量取 A 点到 c，d，e…（剖面线 AB 与等高线的交点）的间距，并按规定的比例尺将各交点转绘在剖面图的横轴上，得 c，d，e…各点在横轴上的位置，再过横轴上的各点分别作横轴的垂线，得各点对应的同高程线的交点，将各个交点依次用平滑的曲线连接起来，即得所求的剖面图。

若纵线与横线比例尺一致，则剖面图将反映地面的真实状态，可直接用比例尺和量角器量测出坡长和倾角。有时为突出显示地面的高低变化情况,可以使纵线的比例尺大于横线的比例尺,剖面图上的高程比例尺往往为水平距离比例尺的 10 倍或 20 倍,但此时剖面图上就不能直接量取点间的长度及倾角了。

5. 地形图上求面积

计算某一区域的面积,首先要在图上画出该区域的边界范围线,然后根据需要和条件选用合适的方法,进行面积计算。

在地形图上或专业工程图上,量测面积一般有几何图形法、透明方格纸法、平行线法、求积仪法及坐标法等几种形式。此处仅举例介绍坐标法。

坐标法是利用多边形顶点坐标计算其面积的方法。首先从地形图上用解析法求出各顶点的坐标,然后利用这些坐标计算其面积的大小。

设多边形各顶点(注:多边形顶点按逆时针方向进行编号)的坐标为 (x_i, y_i),多边形的面积为 P,则有

$$P = \frac{1}{2}\sum_{i=1}^{n} y_i(x_{i+1} - x_{i-1}) \quad (3-6)$$

或

$$P = \frac{1}{2}\sum_{i=1}^{n} x_i(y_{i-1} - y_{i+1}) \quad (3-7)$$

由于计算面积为闭合图形,所以第 $n+1$ 点即为第一点。

对于数字化成图,可直接在计算机内选取图形边界,利用查询面积命令自动求算图形面积。

工业广场平面图的识读

本 章 小 结

本章主要介绍了地形等高线的概念、井田区域地形图的识读和应用。

以下所示为本章的内容结构图,读者可借其流程对所学内容做一次简要回顾。

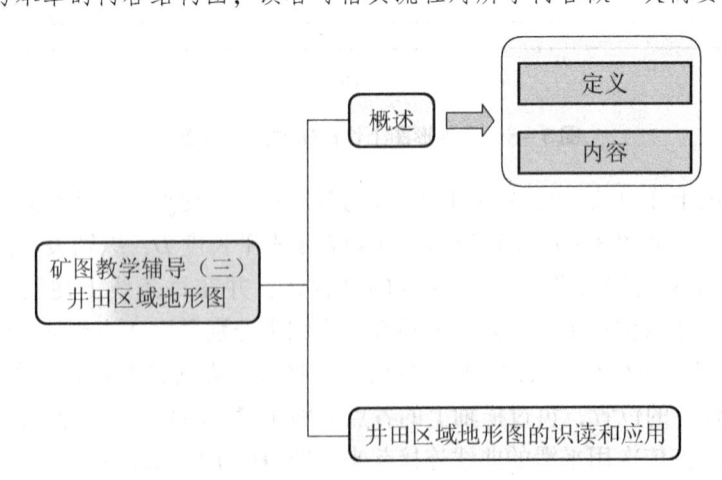

```
                          ┌─ 定义
         概述 ──→
                          └─ 内容
矿图教学辅导(三)
井田区域地形图 ──┤
         └─ 井田区域地形图的识读和应用
```

学习活动

对照下图识读井田区域地形图中的等高线含义、地物地貌情况。

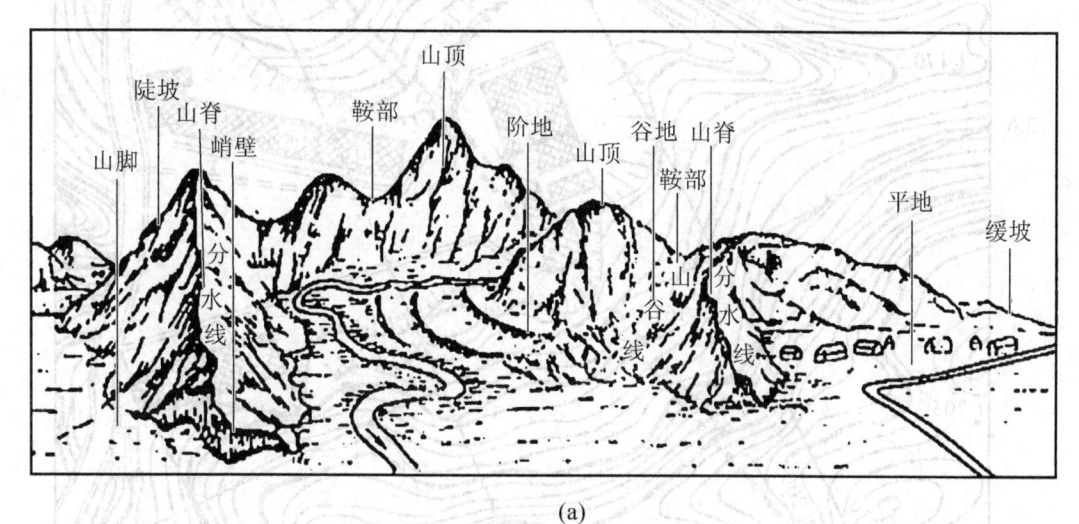

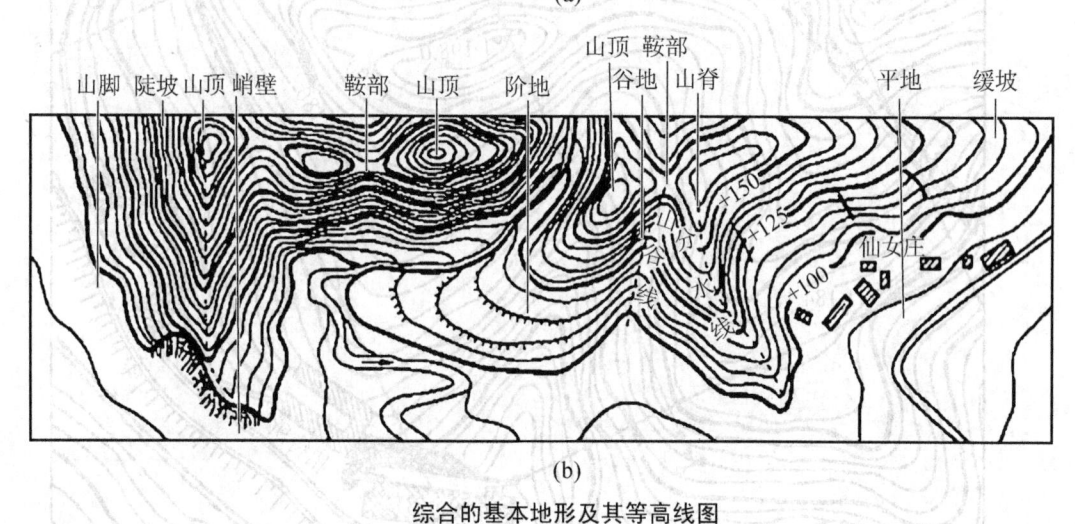

(a)

(b)

综合的基本地形及其等高线图

自测题

识图题

1. 试分析下图所示某井田区域地形图（局部）的地物、地貌情况，并用文字简述。

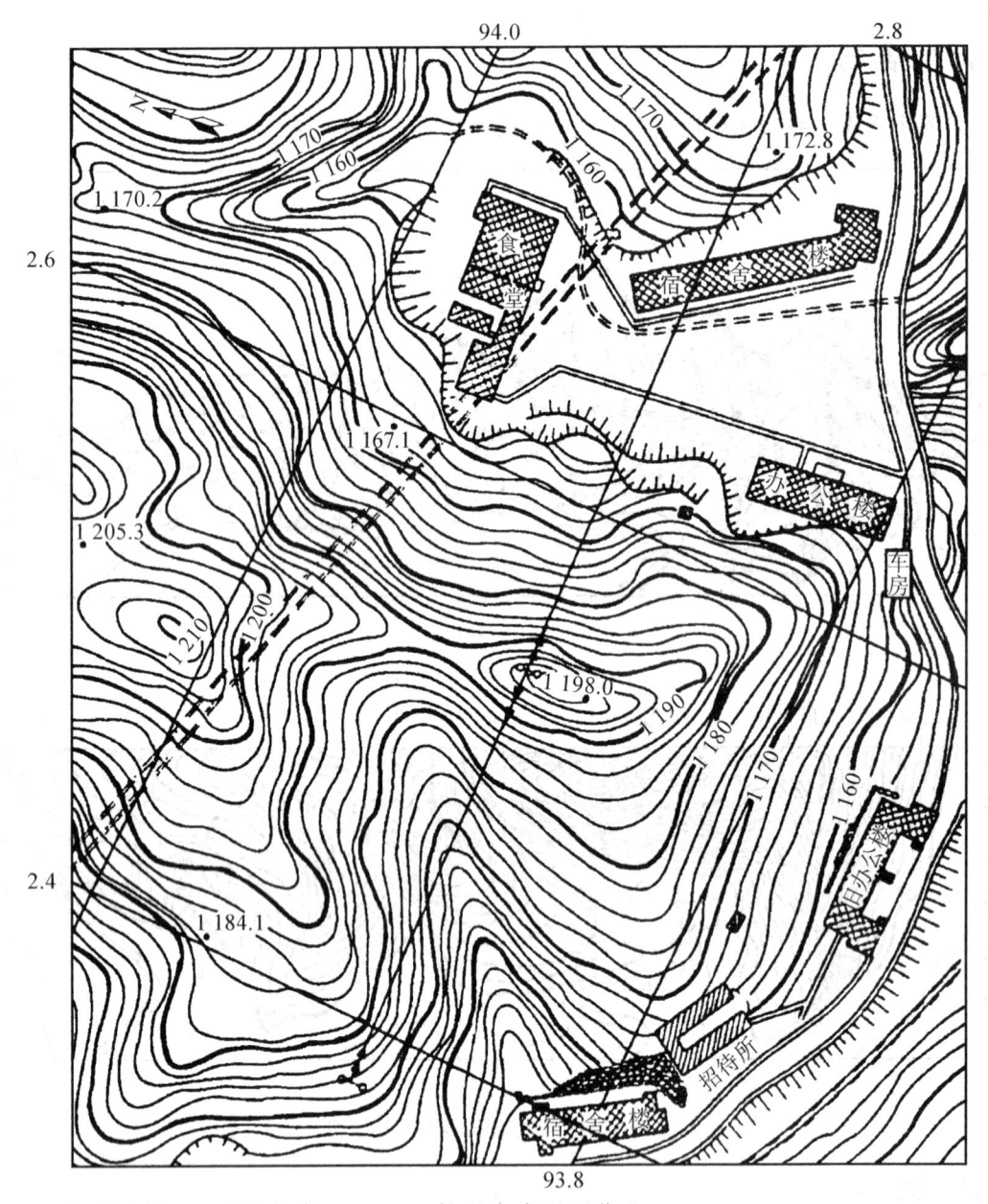

2. 如下图所示，比例尺为1:5 000，按图完成以下作业：

(1) 求出 A、B、C 各点的坐标和高程。

(2) 求出直线 AB 的水平长度。

(3) 求出直线 AB 的正、反方位角。

(4) 求地表从 B 到 C 的倾斜实长。

(5) 从 A 点到 B 点定出一条坡度不超过 6.7% 的公路，试求最短路线。

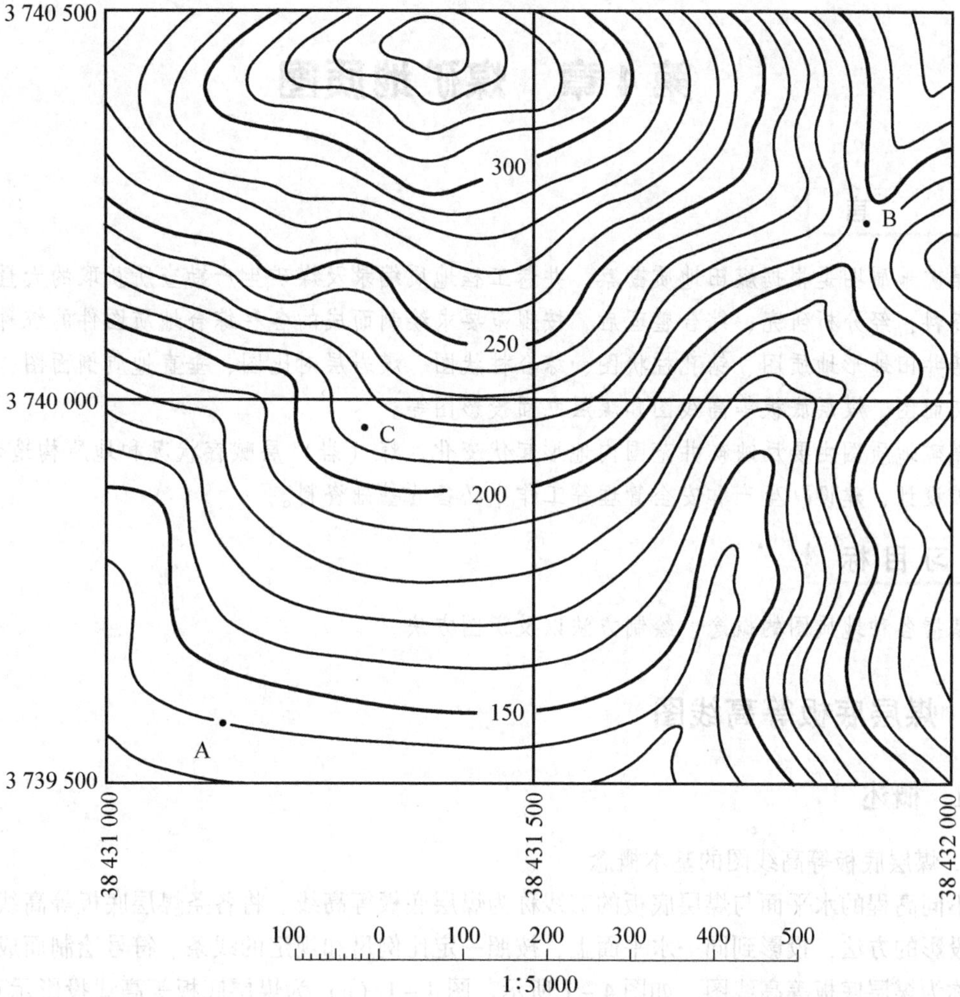
3 740 500
3 740 000
3 739 500
38 431 000
38 431 500
38 432 000
300
250
200
150
A
B
C
100 0 100 200 300 400 500
1∶5 000

第4章 煤矿地质图

导　言

煤矿地质图是根据煤田地质勘察、井巷工程地质编录及煤矿生产勘查所获取的大量原始地质资料，经分析研究、综合整理后，按规范要求绘制而成的各种综合地质图件的统称，主要包括井田地形地质图、钻孔柱状图、综合柱状图、煤岩层对比图、垂直地质剖面图、水平地质切面图、煤层底板等高线图和煤层立面投影图等。

煤矿地质图主要反映矿井范围内地形起伏变化、煤（岩）层赋存状况和地质构造形态，是煤矿设计、建设、生产和安全管理等工作中必备的基础资料。

学习目标

掌握各种地质图的概念、绘制方法以及识图方法。

4.1 煤层底板等高线图

4.1.1 概述

1. 煤层底板等高线图的基本概念

不同高程的水平面与煤层底板的交线称为煤层底板等高线。将各条煤层底板等高线，用标高投影的方法，投影到同一水平面上，按照一定比例尺和规定的线条、符号绘制而成的图纸，称为煤层底板等高线图，如图4-1所示。图4-1（a）为煤层底板等高线投影示意图；图4-1（b）为绘出的煤层底板等高线图。

2. 煤层底板等高线图图示的主要内容

煤层底板等高线图在煤矿设计、建设、生产和安全管理等工作中应用最为普遍。其图示的内容主要包括以下几项。

1）标题栏、坐标格网及图例

标题栏内包括图名、图号、比例尺、绘制单位及时间；经纬坐标格网用于明确坐标值和指北方向线；图例用于了解图中各符号所代表的内容。

2）主要地物

主要地物包括地面河流、湖泊、水库等地表水体；铁路、公路等主要交通线路；与井田开发有关的或需要留设保护煤柱的重要建筑物、构筑物。

3）井田范围内的各种边界线

井田范围内的边界线包括井田边界线、煤层露头线、风化氧化带边界线、煤层尖灭零点

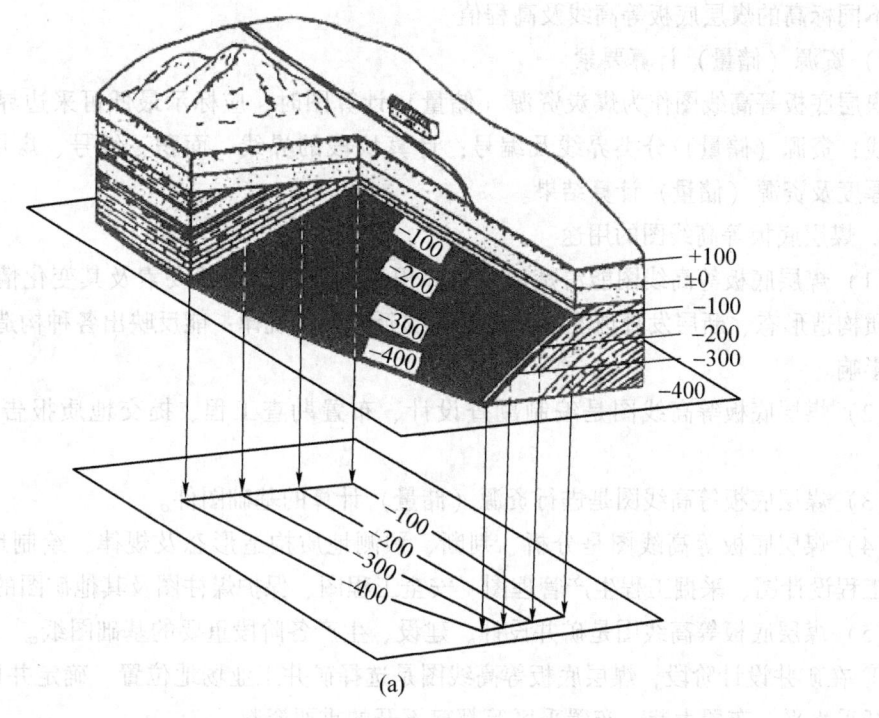

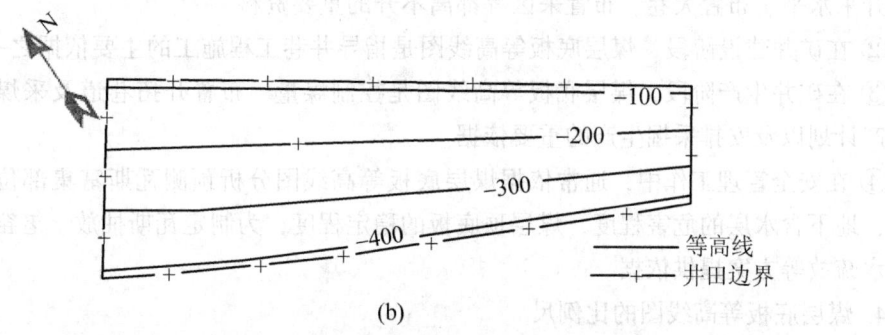

图 4-1 煤层底板等高线投影示意图

(a) 煤层底板等高线投影示意图；(b) 煤层底板等高线图

边界线，以及井田内现有的生产井、小窑、采空区的范围界线。

4）穿过该煤层的全部勘查工程

穿过该煤层的勘查工程包括勘查线及编号；钻孔、探槽、探井等工程点的编号及标高；各工程点见煤层小柱状图表示出煤层结构、厚度、煤层底板标高；煤质主要化验指标。

5）地质构造要素

地质构造要素包括煤层产状要素（走向、倾向、倾角）；褶曲轴线、断层上下盘断煤交线、岩浆侵入范围界线、陷落柱分布位置及范围界线。

6）煤层底板等高线

不同标高的煤层底板等高线及高程值。

7）资源（储量）计算要素

煤层底板等高线图作为煤炭资源（储量）计算图时，应标示最低可采边界线；煤种分类界线；资源（储量）分类界线及编号；计算块段的界线、面积、编号、煤层平均倾角、计算厚度及资源（储量）计算结果。

3. 煤层底板等高线图的用途

（1）煤层底板等高线图能清楚地反映井田范围煤层的产状要素及其变化情况；能反映出地质构造形态、断层发育情况及其在空间的延伸变化规律；能反映出各种构造对煤层的控制和影响。

（2）煤层底板等高线图是编制勘查设计、布置勘查工程、提交地质报告的重要图件之一。

（3）煤层底板等高线图是进行资源（储量）计算的基础图件。

（4）煤层底板等高线图是分析、判断、预测地质构造形态及规律，绘制地质剖面图、采掘工程设计图、采掘工程生产管理图、安全工程图、保护煤柱图及其他矿图的基础资料。

（5）煤层底板等高线图是矿井设计、建设、生产各阶段重要的基础图纸。

① 在矿井设计阶段，煤层底板等高线图是选择矿井工业场地位置、确定井田开拓方式、划分开采水平、布置大巷、布置采区等都离不开的重要资料。

② 在矿井建设阶段，煤层底板等高线图是指导井巷工程施工的主要依据之一。

③ 在矿井生产阶段，煤层底板等高线图是控制煤量、布置开拓巷道及采煤工作面、编制生产计划以及安排采掘生产的重要依据。

④ 在安全管理工作中，通常依据煤层底板等高线图分析预测瓦斯富集部位、老窑积水部位，地下含水层的危害程度，煤层顶底板的稳定程度，为制定瓦斯抽放、老窑积水排放和地下水疏放等方案提供依据。

4. 煤层底板等高线图的比例尺

煤层底板等高线图的比例尺一般要求与井田地形地质图相同，常用的比例尺为 1:10 000 或 1:5 000，对于地质构造比较复杂的井田可采用 1:2 000。图上各工程点见煤层小柱状的比例尺一般采用 1:50、1:100 或 1:200，可根据煤层厚度大小、结构复杂程度选用。

4.1.2 在煤层底板等高线图上确定煤层产状三要素

煤层在空间的分布状态和位置，通常用煤层的走向、倾向和倾角来表示，即所谓煤层产状三要素，或称煤层赋存（埋藏）状态三要素，如图 4-2 (a) 所示。

1. 煤层走向

倾斜煤层的层面与水平面的交线称为煤层的走向线，如图 4-2 (a) 中 AB 线所示。走向线的方向称为煤层的走向，用方位角表示。根据煤层底板等高线图的成图原理可知，图上煤层底板等高线就是煤层的走向线，因而煤层底板等高线的方向就是煤层的走向，它表明了

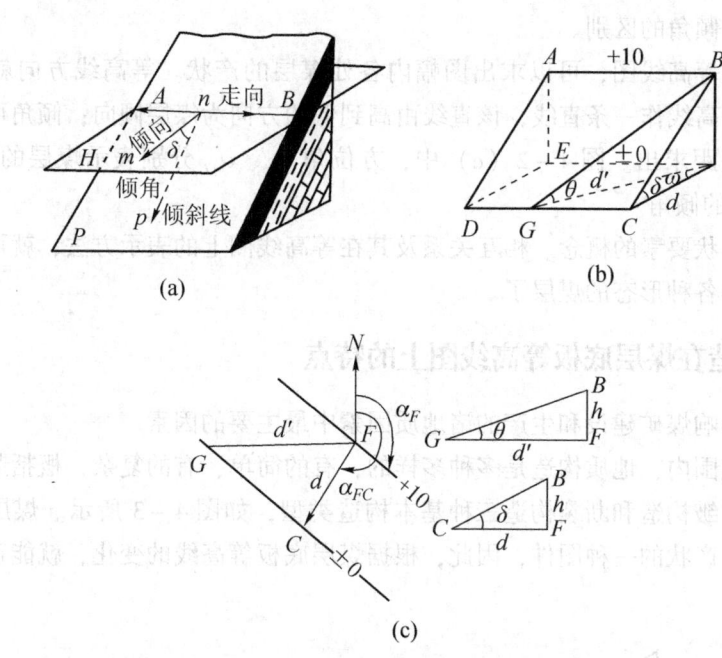

图 4-2 煤层产状三要素及其在等高线图上的表示方法

煤层沿水平面延伸变化的方向。

2. 煤层倾向

煤层层面上垂直于走向线，且沿层面向下的直线，称为煤层的倾斜线，如图 4-2（a）中所示 np；倾斜线在水平面上投影的方向，称为煤层的倾向，如图 4-2（a）中的 nm。煤层倾向也用方位角表示，它与走向相差 90°，表明了倾斜岩层向地下深处延伸的方向。

3. 煤层倾角

倾斜线与水平面所夹的锐角 δ，称为煤层的倾角，即倾斜煤层面与水平面所夹的最大锐角，如图 4-2（a）所示的 δ。在倾斜煤层面上，除倾斜线外，其他方向线与水平面的夹角称为伪倾角。如图 4-2（b）所示为煤层产状三要素的几何关系，其中 $ABCD$ 为煤层底板，AB 是高程为 +10 m 的等高线，$CDEF$ 是水平面，其高程为 ±0 m，CB 垂直于 AB，BC 在水平面上的投影为 FC，用 d 表示，BF 为 AB 和 CD 两等高线的高差，用 h 表示。由图示可知，AB 的方向为煤层走向，FC 的方向为倾向，则煤层倾角 δ 可用式（4-1）求出：

$$\tan\delta = \frac{h}{d} \tag{4-1}$$

沿煤层底板作一直线 BG，BG 不垂直 AB，其在水平面上的投影为 FG，用 d' 表示，BG 与水平面的夹角 θ 为伪倾角，可由式（4-2）求出：

$$\tan\theta = \frac{h}{d'} \tag{4-2}$$

显然，由于 d' 大于 d，因而伪倾角 θ 永远小于倾角 δ。在识读矿图的过程中，求煤层倾角时应注意其与伪倾角的区别。

根据煤层底板等高线图，可以求出图幅内各处煤层的产状。等高线方向就是煤层的走向；垂直相邻两等高线作一条直线，该直线由高到低的方向为煤层倾向；倾角可根据相邻两等高线的高差和平距求出。图 4-2（c）中，方位角 α_F、α_{FC} 分别表示煤层的走向、倾向，δ 表示该地段煤层的倾角。

掌握了煤层产状要素的概念、相互关系及其在等高线图上的表示方法，就可以用煤层底板等高线图来表示各种形态的煤层了。

4.1.3 地质构造在煤层底板等高线图上的特点

地质构造是影响煤矿建设和生产的诸地质因素中最主要的因素。

在一个井田范围内，地质构造是多种多样的，有的简单，有的复杂，概括起来，可以归纳为单斜构造、褶皱构造和断裂构造三种基本构造类型，如图 4-3 所示。煤层底板等高线图是反映煤层空间产状的一种图件，因此，根据煤层底板等高线的变化，就能正确地判断井田内的各种构造。

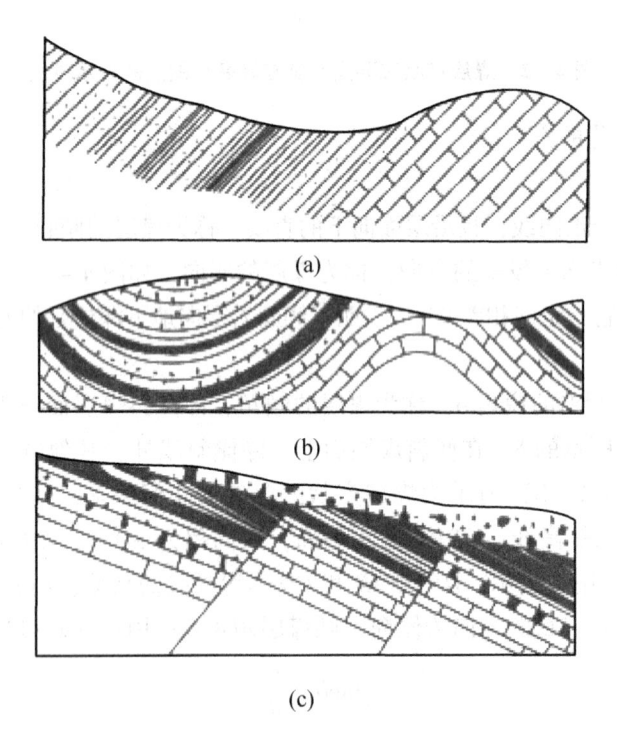

图 4-3 煤岩层基本构造类型
（a）单斜构造；（b）褶皱构造；（c）断裂构造

1. 单斜构造

在一定范围内，一系列岩层大致向一个方向倾斜，这种构造形态称为单斜构造。在较大范围内，单斜构造往往是其他构造的一部分，或是褶曲的一翼，或是断层的一盘。

单斜构造在煤层底板等高线图上的表现有如下几个特点：

(1) 煤层底板平整，走向稳定，倾角均匀，则煤层底板等高线表现为平距大致相等的一组平行直线，如图 4-4 (a) 所示。

(2) 当煤层走向发生变化时，表现为煤层底板等高线发生弯曲；当倾角发生变化时，表现为煤层底板等高线之间的水平距离发生变化，平距越大，倾角越小；反之，平距越小，煤层倾角越大，如图 4-4 (b) 所示。

(3) 煤层底板等高线的等高距大小，取决于图纸的比例尺和煤层倾角的大小，一般采用 50 m，20 m，10 m 的等高距。比例尺越大、煤层越平缓，采用的煤层底板等高线的等高距越小；反之，则应选取较大的等高距。

2. 褶皱构造

岩层受到水平方向的挤压力后，经过塑性变形而形成波状弯曲，但没有失去其原有的连续性，这种构造形态称为褶皱构造。褶皱构造中每一个弯曲部分称为褶曲，它是组成褶皱的基本单位。因此，褶皱是由一系列褶曲所组成的。其中，褶曲向上弯曲的部分称为背斜，向下弯曲的部分称为向斜，如图 4-5 所示。

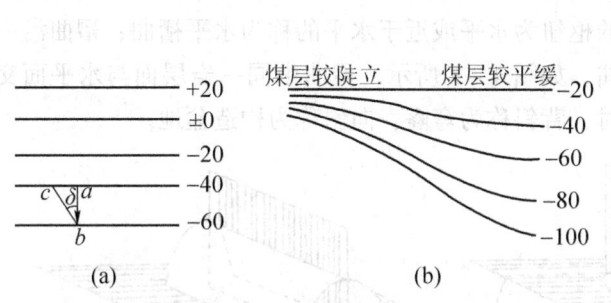

图 4-4 单斜构造在煤层底板等高线图上的表现
(a) 煤层走向稳定、倾角大致相等的煤层底板等高线图；
(b) 煤层沿走向、倾角变化时的煤层底板等高线图

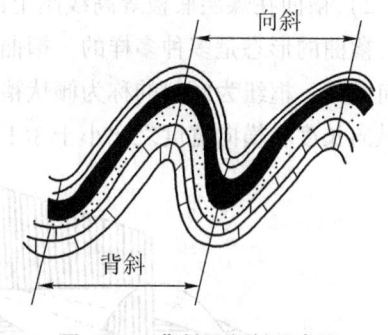

图 4-5 背斜及向斜示意图

1) 褶曲要素

为了描述一个褶曲的空间位置和形态，对构成褶曲的各个部分进行划分和命名，如核部、翼部、轴面、轴线和枢纽等，这些部分总称为褶曲要素，如图 4-6 所示。

(1) 核部和翼部。

褶曲的内核部分称为核部；核部两侧的煤层（岩层）称为翼部。

(2) 轴面和轴线。

平分褶曲两翼的假想面称为轴面；轴面和水平面的交线称为褶曲的轴线。由于褶曲形态不同，轴面可以是直立的平面（或曲面），也可以是倾斜的平面（或曲面），因而轴线可以是直线，也可以是曲线。

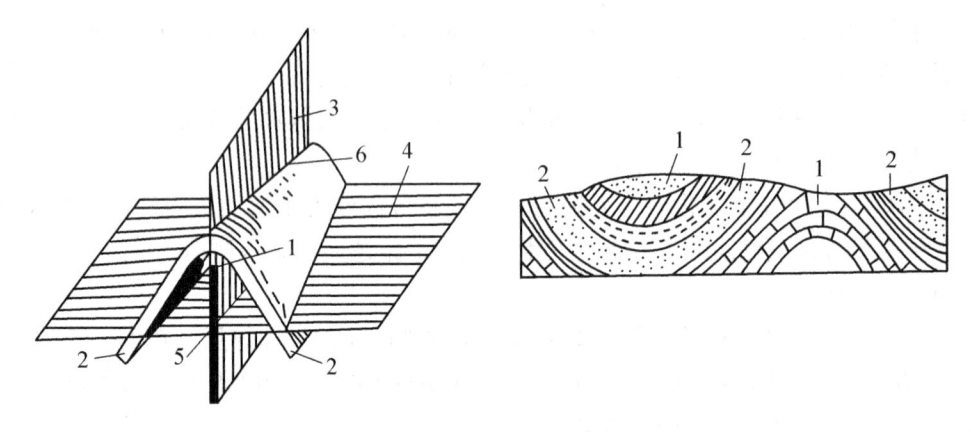

图 4-6 褶曲要素示意图

1—核部；2—翼部；3—轴面；4—水平面；5—轴线；6—枢纽

(3) 枢纽。

褶曲中同一岩层的层面与轴面的交线称为枢纽。枢纽的形态取决于褶曲的形态，可以是水平的、倾斜的，或呈波浪状。枢纽用来表示褶曲在延长方向上产状的变化。

2) 褶曲在煤层底板等高线图上的表观

褶曲的形态是多种多样的。褶曲的枢纽为水平或近于水平的称为水平褶曲；褶曲沿一定方向倾伏，枢纽为倾斜的称为倾伏褶曲，如图 4-7 所示。褶曲中同一岩层面与水平面交线的纵向长度和横向宽度之比小于 3:1 时，背斜称为穹窿，向斜称为构造盆地。

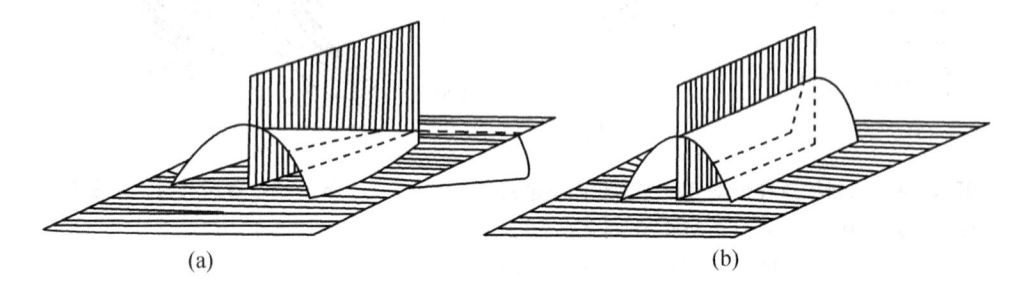

图 4-7 褶曲根据纵剖面分类

(a) 倾伏褶曲；(b) 水平褶曲

(1) 水平褶曲的煤层底板等高线表现为一组大致平行的直线。两侧等高线的标高大，中间标高数值小，为水平向斜；反之，为水平背斜，如图 4-8 所示。

(2) 倾伏褶曲的煤层底板等高线表现为一组不封闭的曲线，各等高线转折点的连线为褶曲轴线。这组等高线，凡转折端凸起指向标高数值大的方向时，为倾伏向斜；反之，当转折端凸起指向标高数值小的方向时，为倾伏背斜，如图 4-9 所示。

(3) 煤层底板等高线的密集程度，反映着褶曲的特征。如底板等高线密集，反映煤层倾角大，构造变化急剧，如图 4-9 所示的背斜部分；等高线稀疏，则反映煤层倾角小，构

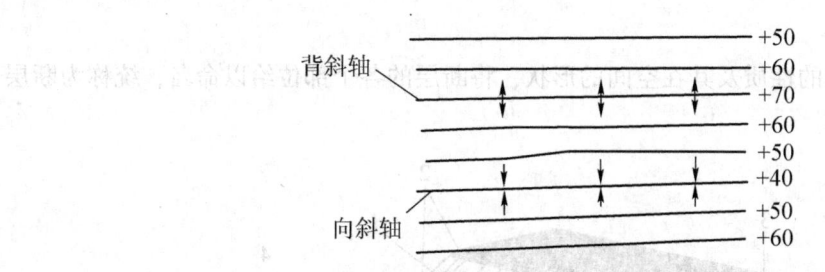

图 4-8 水平褶曲在煤层底板等高线图上的表现

造变化缓慢,如图 4-9 所示的向斜部分;轴线两翼等高线平距对应相等,说明两翼倾角相等,构造对称。

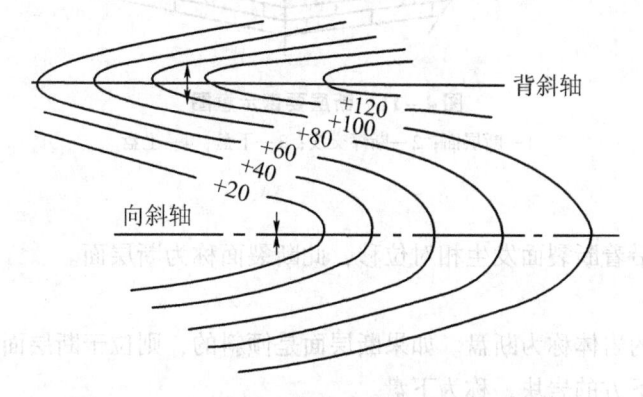

图 4-9 倾伏褶曲在煤层底板等高线图上的表现

(4) 穹窿及构造盆地的煤层底板等高线都是封闭的曲线,由边缘向中心,等高线标高逐渐增高的为穹窿;反之,由边缘向中心,等高线标高逐渐降低的为构造盆地,如图 4-10 所示。

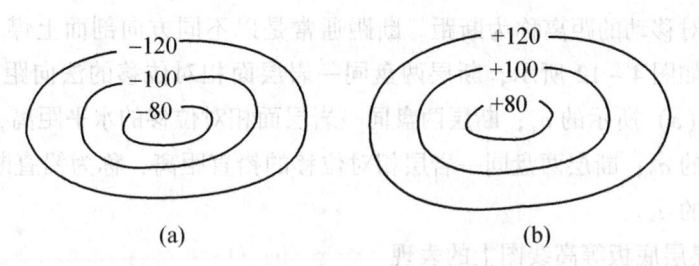

图 4-10 穹窿与构造盆地在煤层底板等高线图上的表现
(a) 穹窿在煤层底板等高线上的表现;(b) 构造盆地在煤层底板等高线图上的表现

3. 断裂构造

煤(岩)层受力发生断裂,失去了连续性和完整性,这种构造形态称为断裂构造。断裂后的岩体若沿断裂面发生明显的相对位移,这种断裂构造称为断层。断裂构造的主要特征是连续沉积煤(岩)层遭到破坏,出现断失和重复现象。

1) 断层要素

为了便于描述断层的性质及其在空间的形状，将断层的各个部位给以命名，统称为断层要素，如图 4-11 所示。

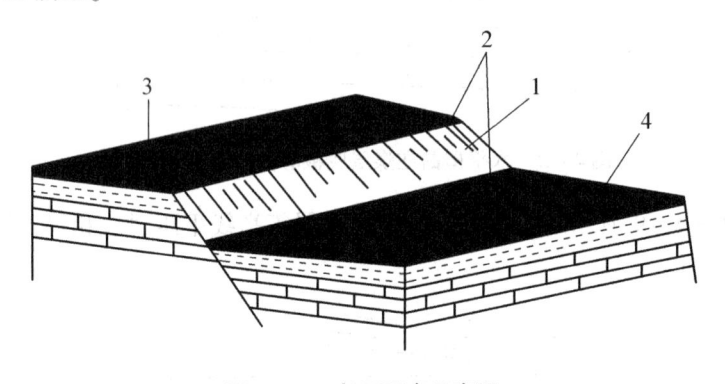

图 4-11 断层要素示意图
1—断层面；2—断煤交线；3—下盘；4—上盘

（1）断层面。

破裂后的岩块沿着断裂面发生相对位移，此断裂面称为断层面。

（2）断盘。

被断层面分开的岩体称为断盘。如果断层面是倾斜的，则位于断层面上方的岩块，称为上盘；位于断层面下方的岩块，称为下盘。

（3）断煤交线。

断层面与煤层底面的交线，称为断煤交线（或交面线）。断煤交线分上盘断煤交线与下盘断煤交线。

（4）断距。

断层两盘相对移动的距离称为断距。断距通常是以不同方向剖面上煤（岩）层错开的距离来表示的。如图 4-12 所示，断层两盘同一岩层面相对位移的法向距离，称为地层断距，如图 4-12（a）所示的 a_1；断层两盘同一岩层面相对位移的水平距离，称为水平断距，如图 4-12 所示的 a_2；断层两盘同一岩层相对位移的铅直距离，称为铅直断距，亦称落差，如图 4-12 所示的 a_3。

2) 断层在煤层底板等高线图上的表现

岩层断裂后，上盘相对下降、下盘相对上升的断层，称为正断层，如图 4-13 所示；反之，上盘相对上升、下盘相对下降的断层，称为逆断层，如图 4-14 所示。

在煤层底板等高线图上，煤层底板等高线中断并错开，就表示有断层。在煤层底板等高线图上，"—·—·—"（点画线）表示上盘断煤交线，该组等高线代表上盘煤层；"—×—×—"（叉画线）表示下盘断煤交线，该组等高线代表下盘煤层。断层在煤层底板等高线图上的表现有如下特点：

(a)

(b)

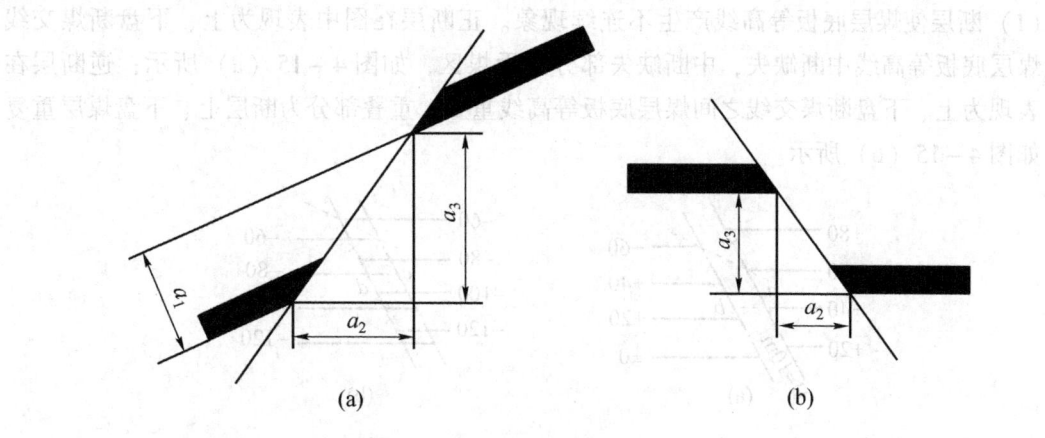

图 4-12 断距的种类

(a)

(b)

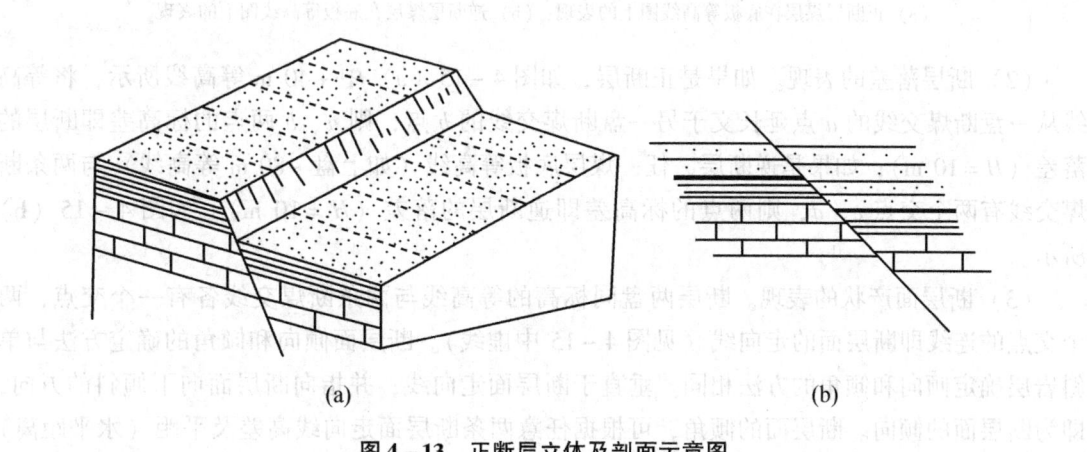

图 4-13 正断层立体及剖面示意图

(a) 立体图；(b) 剖面图

(a)

(b)

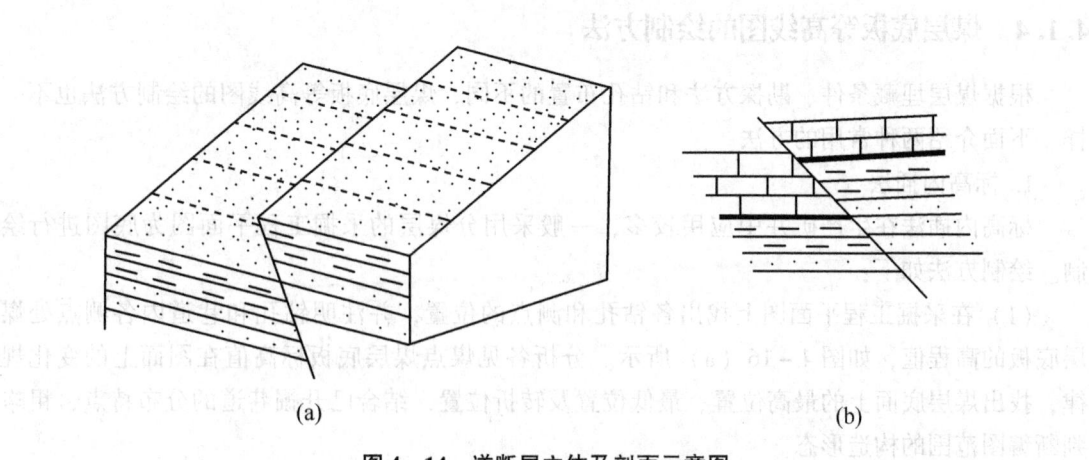

图 4-14 逆断层立体及剖面示意图

(a) 立体图；(b) 剖面图

（1）断层使煤层底板等高线产生不连续现象。正断层在图中表现为上、下盘断煤交线之间煤层底板等高线中断缺失，中断缺失部分为无煤区，如图4-15（a）所示；逆断层在图中表现为上、下盘断煤交线之间煤层底板等高线重叠，重叠部分为断层上、下盘煤层重复区，如图4-15（b）所示。

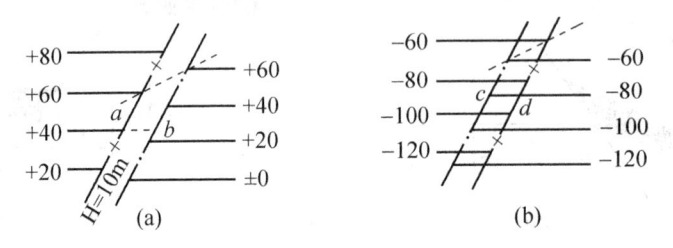

图4-15 断层在煤层底板等高线图上的表现
（a）正断层煤层在底板等高线图上的表现；（b）逆断层煤层在底板等高线图上的表现

（2）断层落差的表现。如果是正断层，如图4-15（a）中+40 m等高线所示，将等高线从一盘断煤交线的 a 点延长交于另一盘断煤交线的 b 点，则 a、b 两点的标高差即断层的落差（$H=10$ m）；如果是逆断层，任一煤层底板等高线（如上盘-80 m等高线）与两条断煤交线有两个交点 c、d，则两点的标高差即逆断层的落差（$H=10$ m），如图4-15（b）所示。

（3）断层面产状的表现。断层两盘同标高的等高线与两条断煤交线各有一个交点，两个交点的连线即断层面的走向线（见图4-15中虚线）。断层面倾向和倾角的确定方法与单斜岩层确定倾向和倾角的方法相同。垂直于断层面走向线，并指向断层面向下倾斜的方向，即为断层面的倾向。断层面的倾角，可根据任意两条断层面走向线高差及平距（水平距离）计算或作图得出。

4.1.4 煤层底板等高线图的绘制方法

根据煤层埋藏条件、勘探方法和钻孔布置的不同，煤层底板等高线图的绘制方法也不一样。下面介绍两种常用的方法。

1. 标高内插法

标高内插法在生产矿井中应用较多，一般采用分煤层的采掘工程平面图为底图进行绘制。绘制方法如下：

（1）在采掘工程平面图上找出各钻孔和测点的位置，并注明钻孔和巷道内各测点处煤层底板的高程值，如图4-16（a）所示。分析各见煤点煤层底板标高值在图面上的变化规律，找出煤层底面上的最高位置、最低位置及转折位置，结合已开掘巷道的分布特点，粗略判断编图范围的构造形态。

（2）根据所判断的构造形态，在褶曲同一翼、断层同一盘的各个见煤点中，用直线将各邻点相连，构成三角网，然后在三角网的每段连线上，按照选定的等高距，用标高内插法找出高程为等高距整数倍的点的位置，如图 4-16 (a) 所示，找出高程为 20 m 的整数倍的点的位置。

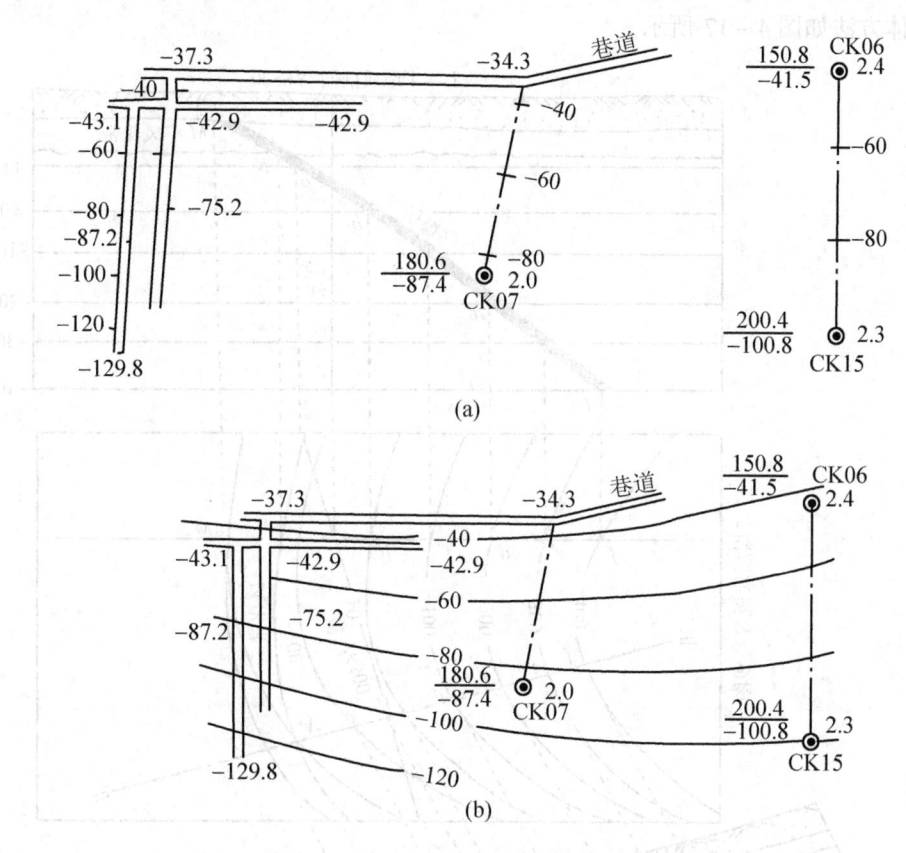

图 4-16 用标高内插法绘制煤层底板等高线图
(a) 用标高内插法求煤层等高点位置图；
(b) 分别连接标高相同点，即得煤层底板等高线图

(3) 用光滑的曲线将高程相同的各点连接起来，即得所求的煤层底板等高线图，如图 4-16 (b) 所示。连接等高线时，要注意煤层走向的变化，防止漏掉断层。

(4) 上述工作完成后，要对所绘的图纸，从原始资料着手进行全面审核，如发现问题要及时修改，并将图面上一些不必要的数字、符号及作图过程中画的辅助线去掉，在等高线的一定位置上标明其高程值。

2. 剖面法

根据地质剖面图绘制煤层底板等高线图时，一般使用剖面法，绘制方法如下：

(1) 绘制经纬线方格网，并标注坐标数据。在绘制方格网时，应按煤层露头大致走向确定指北线，使露头走向与图纸的长边一致。

(2) 根据剖面图两端点的坐标绘出剖面线，标注统一编号；把本煤层的所有见煤钻孔，按坐标填绘在图上，并在钻孔旁边标注钻孔编号、本煤层的底板高程及煤层厚度等。

（3）以经纬线或准线为基准，把每个剖面上该煤层底板与每条标高线的交点，对应投影到平面图中剖面线上，然后用圆滑曲线连接各相邻剖面线上相同高程点，即得煤层底板等高线图。具体方法如图4-17所示。

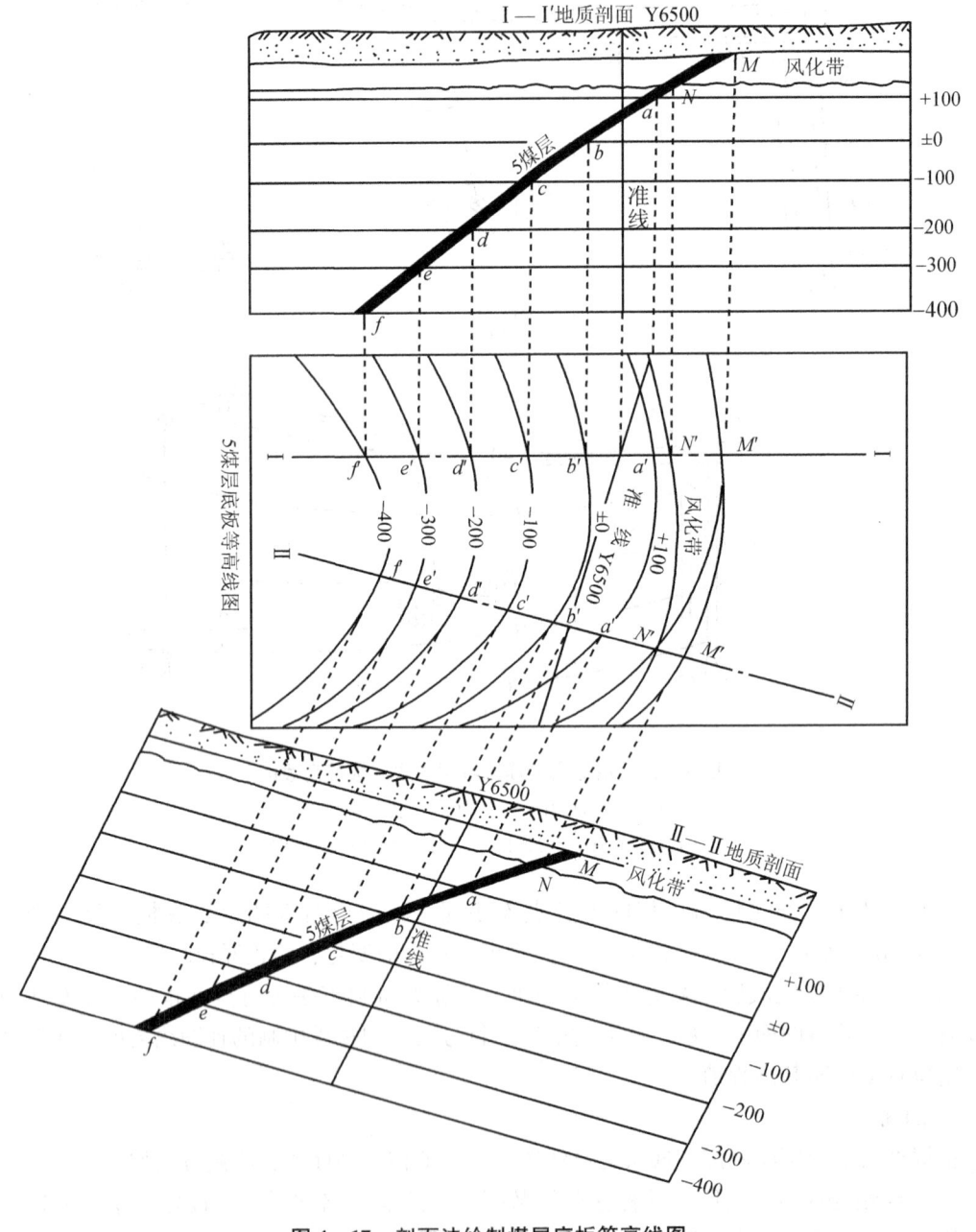

图4-17 剖面法绘制煤层底板等高线图

① Ⅰ-Ⅰ剖面图中（图4-17上图），有一倾斜5煤层，其底板与各高程线有一系列交

点 a、b、c、d、e、f，它们对应的高程分别为 +100 m、±0 m、-100 m、-200 m、-300 m、-400 m。然后以 Y6500 线为准线，将上述交点水平投影到平面图的 I—I 剖面线上（图 4-17 中图），得 a'、b'、c'、d'、e'、f' 点。

② II—II 剖面图中（图 4-17 下图），5 煤层底板与各高程线也有一系列交点为 a、b、c、d、e、f，同样也以 Y6500 线为准线，把它们投影到平面图的 II—II 勘探线上，得 a'、b'、c'、d'、e'、f'，它们高程分别为 +100 m、±0 m、-100 m、-200 m、-300 m、-400 m 等。

③ 用同样的方法，把其他剖面图上的 5 煤层的底板与各高程线的交点也分别投影到平面图相应剖面线位置上。

④ 在平面图中，将各剖面线上相同高程点（如 $a'a'$、$b'b'$、$c'c'$、$d'd'$、$e'e'$、$f'f'$）用圆滑曲线连接起来，并注明其标高，即得 5 煤层的煤层底板等高线图。

（4）露出地表或埋藏于地表浅部的煤层已被风化。在风化带范围内，煤层已经失去了开采价值，因此，在煤层底板等高线图上，应圈定出风化带边界。如图 4-17 所示 I—I 剖面中，M 点为煤层风化带底板露头点，N 点为煤层风化带的下限点，将 M、N 两点投影在平面图 I—I 剖面线相应的位置上，得 M'、N' 点。同样，将 II—II 剖面的 M、N 点投影在平面图 II—II 剖面线上，得 M'、N' 点。然后把 I—I、II—II 剖面线上的 $M'M'$、$N'N'$ 用圆滑曲线连接起来，即得煤层风化带。

（5）当剖面图上有断层时，如图 4-18 所示，需要将剖面内的煤层底板与断层线的交点（F上，F下等点）和煤层底板与各高程线的交点及钻孔移注到平面图的各剖面线上；然后将同一断层上盘煤层底面与断层面的各交点用点画线（—·—·—）相连，即得断层上盘断煤交线，把断层下盘煤层底面与断层面的各交点用叉画线（—×—×—）相连，即得断层下盘断煤交线。最后，经过分析对比，将同盘同标高的各点相连，即得有断层的煤层底板等高线图。

4.1.5 煤层底板等高线图的识读

煤层底板等高线图是煤矿建设与生产中常用的图件。初学者往往感到线条纵横交错，很难看懂。建议大家在识读时，按以下步骤和方法进行。

1. 选点测算

在煤层底板等高线图上，选择有代表性的点位，根据等高线的方向、高程值，以及相邻两条等高线的高程差、平距量等计算煤层产状要素，了解井田范围内煤层产状的变化规律。

2. 单线追索

根据等高线的总体走向，在图的一边选择一条底板等高线，观察它的标高，追索起止位置，了解弯曲情况、中断情况、错开情况等变化，初步掌握褶曲、断层部位。

在等高线弯曲变化部位，找准曲率最大点，追索褶曲轴线，再根据等高线突向和高程值确定褶曲形态（向斜或背斜、穹窿或构造盆地）。

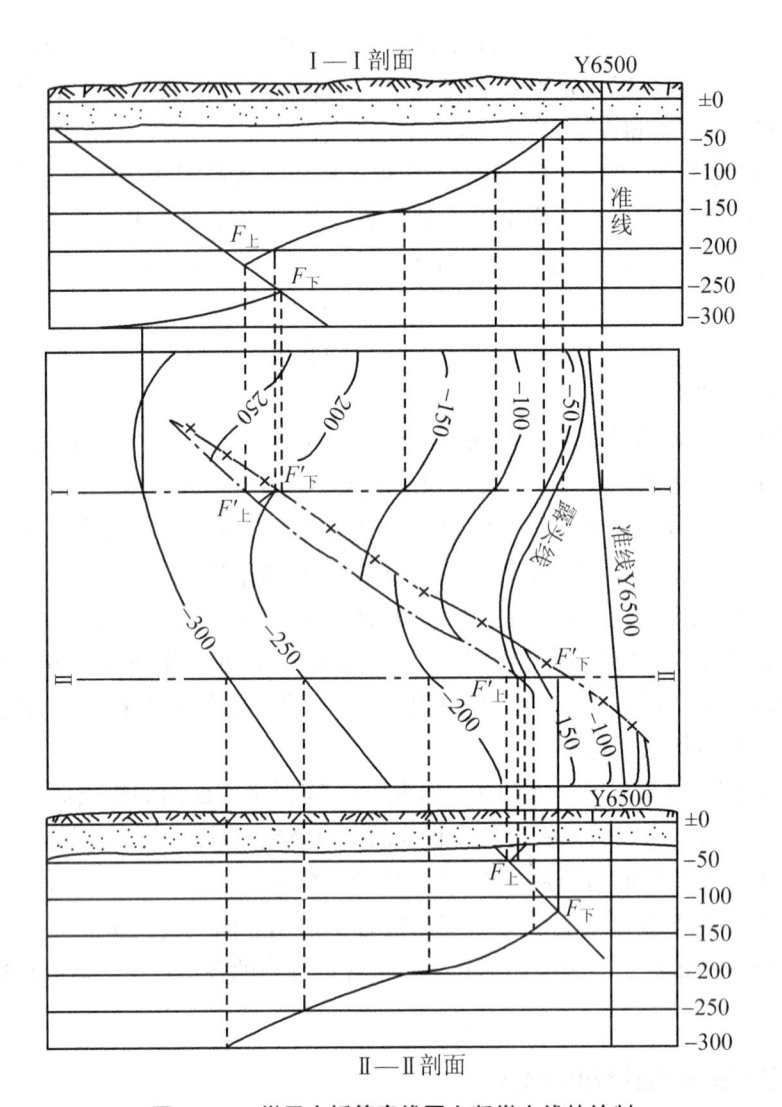

图 4-18 煤层底板等高线图上断煤交线的绘制

在等高线中断的部位，了解中断原因、追索断煤交线、煤层露头线、采空区边界线、煤层尖灭线、冲蚀区界线、火成岩侵入体或岩溶陷落柱边界线，基本掌握可采煤层的分布范围。

在等高线中断且错开部位有断层构造存在，要追索上、下盘断煤交线，确定每一条断层的性质、断层面产状要素以及断层落差，大体了解井田内断层的数量、分布和规律。

3. 划分块段

由于断层的存在，煤层底板等高线的连续性被破坏，以断层的断煤交线为界，将煤层划分成若干块段。在同一块段内，煤层底板等高线是连续的，没有中断现象。

4. 逐块搞清

把复杂的煤层底板等高线图分成若干块段之后，每个块段就变得较为简单，可在每个块段内识读、分析煤层产状变化及构造形态。

5. 总体概括

在完成上述识读步骤的基础上，再把各块段联系起来进行综合分析，掌握井田内煤层的分布、产状、厚度、地质构造形态，以及它们的相互关系和变化规律。

4.2 井田地形地质图

4.2.1 概述

井田地形地质图是勘查部门在提交的井田精查地质报告中的一份主要图件，也是矿产资源勘查、矿井开发设计及煤矿生产中最基本的综合图件。它是以地形图为底图，经过地质调查后填绘而成的。实际上，井田地形地质图是由地形图和地质图重叠在一起绘制而成的。它主要反映井田范围内底层、地质构造和地物、地质等情况。

一般地形地质图采用的比例尺为 1∶10 000 或 1∶5 000，对于地质构造复杂的小型井田可采用 1∶2 000 的比例尺。井田地形地质图图示的主要内容包括如下几项：

（1）地形等高线、地面建筑物。
（2）湖泊、河流、水库等水域。
（3）铁路、公路、桥梁、车站等交通线路。
（4）控制点、高压线、经纬坐标线、指北线等。
（5）钻孔、探槽、探井、废弃井巷、小窑等及其编号和标高。
（6）井田边界线、勘查线及其编号。
（7）地层分界线（系、统、组）和主要标志层界线及代号。
（8）地层产状、断层线、褶曲轴、岩浆岩分布范围等。
（9）煤层标志层及其他有益矿产的露头线、风氧化带界线。
（10）井田内如有生产矿井，应标明井口位置、标高，井田边界及采掘范围。
（11）滑坡范围等。
（12）图例、标题栏及其他注记内容等。

井田地形地质图是矿井设计和生产管理的基本图件之一。设计部门主要用来确定井口、工业广场、建筑物、建筑石料场等工业和生活设施的位置，考虑农田保护，寻找水源，选择运输干线及供电线路等；生产部门主要用来绘制井上下对照图，分析地下开采对地表的影响，留设保护煤柱，防止建筑物布置在煤层的上部造成压煤现象，布置和实施地面打钻注浆灭火、抽放瓦斯等其他安全管理工程；地质部门用来绘制、修改其他煤矿地质图件，布置生产勘查工程等。

4.2.2 井田地形地质图的绘制方法

井田地形地质图的绘制方法如下：
(1) 在地形图上填绘各个勘探工程、勘探线。
(2) 将各勘探线剖面图上的各特征点转绘到勘探线上。
(3) 对比分析连线。

4.2.3 常见地质构造在地形地质图上的表现

根据煤矿地质学基本知识，井田范围内常见的地质构造形态有单斜构造、褶皱构造和断裂构造。不同的构造形态，反映出岩层的产状要素、连续完整性不同，从而在地形地质图上的表现也不同。

岩层（或煤层）在地表面露出的部分称为露头，岩层（或煤层）层面与地表面的交线称为露头线。将岩（煤）层的露头线以及各种地质构造线按水平投影的方法一起绘制到地形图上，就构成了地形地质图的基本面貌。

由于地形的起伏变化，岩（煤）层的产状、厚度和构造形态各异，从而地形地质图上各种地质界线形态也不一样。因此，要识读、应用地形地质图，必须熟悉地形等高线和露头线的关系，露头线在地形地质图上的表现形态，以及各种地质构造在地形地质图上表现的一般规律。

1. 单斜构造在地形地质图上的表现

单斜构造的岩层有水平、倾斜及直立三种情况，它们在地形地质图上有不同的表现规律。

(1) 在地形地质图上，水平岩层露头线与地形等高线基本平行，其露头宽度随地面坡度变化而变化，坡度越陡，露头宽度越小，反之，坡度越缓，露头宽度越大。直立岩层露头线是一条直线，顺着岩层走向延伸，不受地形影响；倾斜岩层的露头线是弯曲的，并且与地形等高线相交，如图 4-19 所示。

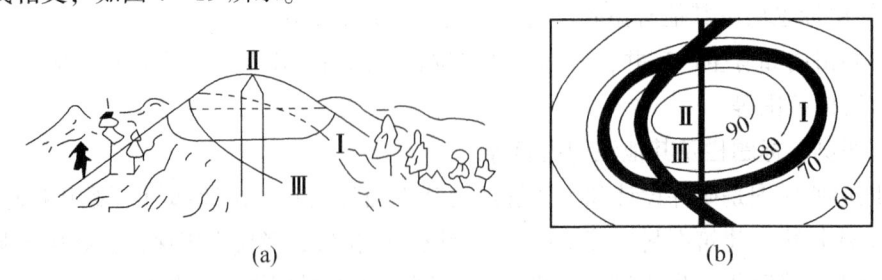

图 4-19 水平、直立、倾斜岩层在地形地质图上的表现
(a) 立体示意图；(b) 地形地质图
Ⅰ—水平岩层；Ⅱ—直立岩层；Ⅲ—倾斜岩层

（2）当岩层是倾斜的而地面地形起伏变化的时候，地形地质图上岩层的露头线会出现较复杂的弯曲，其复杂程度和弯曲形态取决于地形起伏变化程度和岩层产状变化情况。一般表现为以下规律：

① 当岩层倾向与地面坡向相反时，露头线呈"V"字形或锯齿状曲线。在山谷处是一个尖端指向上坡的"V"字形，在山脊处形成一个尖端指向下坡的"V"字形。如图4-20所示，在地形地质图上，露头线的弯曲方向与地形等高线一致。岩层倾角越小，所形成的"V"字形线与地形等高线越接近平行；倾角越大，"V"字形则较等高线形状开阔。

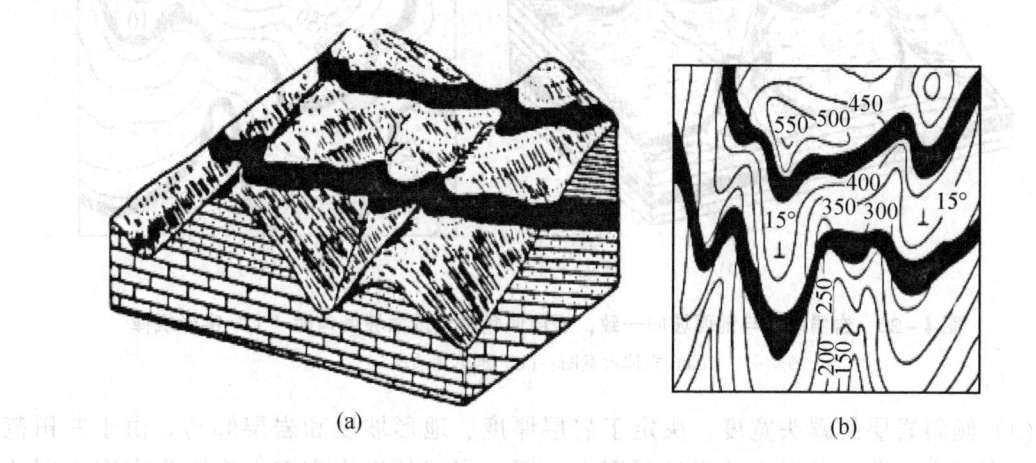

图4-20 岩层倾向与地面坡向相反时"V"字形规律
(a) 立体示意图；(b) 地形地质图

② 当岩层倾向与地面坡向一致，且岩层倾角大于地面坡度角时，露头线在山谷处形成尖端指向下坡的"V"字形，在山脊处形成尖端指向上坡的"V"字形，如图4-21所示。在地形地质图上，露头线的弯曲方向与地形等高线的弯曲方向相反。

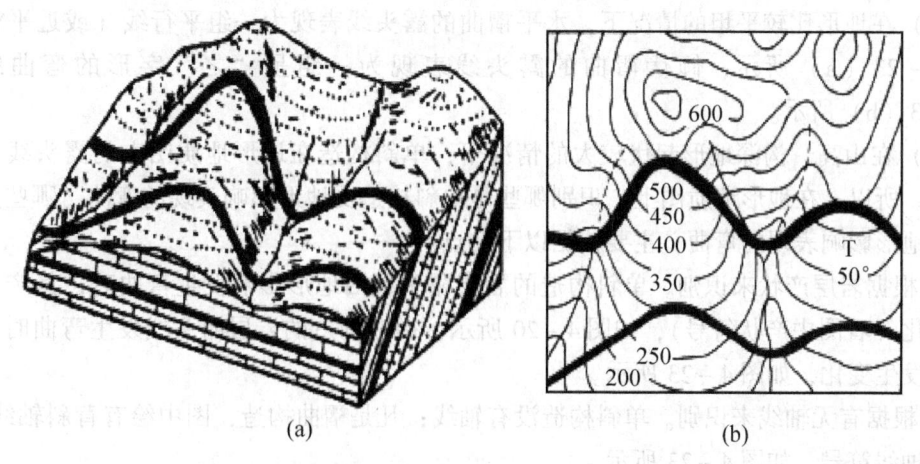

图4-21 岩层倾向与地面坡向一致，岩层倾角大于地面坡度角时"V"字形规律
(a) 立体示意图；(b) 地形地质图

③当岩层倾向与地面坡向一致，且岩层倾角小于地面坡度角时，露头线所表现的"V"字形与地形的关系，与岩层倾向与地面坡向相反时的情况类似。不同之处在于它的"V"字形较地形等高线狭窄，而岩层倾向与地面坡向相反时，露头线所表现的"V"字形较地形等高线开阔，如图4-22所示。

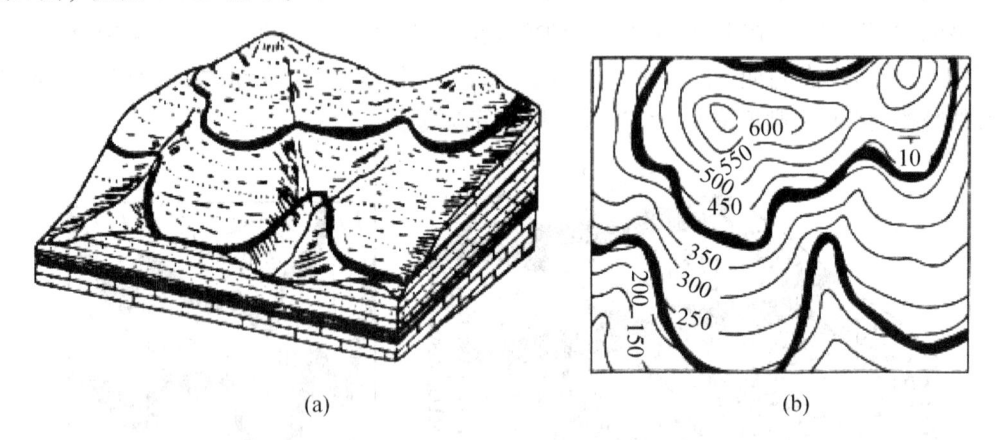

图4-22 岩层倾向与地面坡向一致，岩层倾角小于地面坡度角时"V"字形规律
(a) 立体示意图；(b) 地形地质图

(3) 倾斜岩层的露头宽度，决定于岩层厚度、地形坡度和岩层倾角。由于井田范围内三者都有变化，所以在地形地质图上，同一岩层的露头宽度常表现为宽窄不同的现象。

2. 褶皱构造在地形地质图上的表现

褶皱构造的基本单位为褶曲，褶曲在地形地质图上的主要表现是新老地层呈对称分布和岩层产状有规律的变化。背斜和向斜的识读方法，以岩层的新老关系为依据，即自褶曲核部向两翼，岩层由老到新为背斜，而岩层由新到老为向斜。

(1) 在地形比较平坦的情况下，水平褶曲的露头线表现为一组平行线（或近平行线），如图4-23（a）所示；倾伏褶曲的露头线表现为一组呈"之"字形的弯曲线，如图4-23（b）所示。

(2) 在山高、沟深地形起伏较大的情况下，单斜构造在地形地质图上的露头线也表现为弯曲。所以，在地形地质图上，识别哪些是单斜构造受地形影响表现的弯曲，哪些是褶曲构造受地形影响表现的弯曲，主要依据以下几点：

① 根据岩层产状来识别。单斜构造的岩层露头线因地形影响发生弯曲时，其产状并不发生变化（看图中产状符号），如图4-20所示；褶曲构造的岩层露头线发生弯曲时，岩层走向会发生变化，如图4-23所示。

② 根据有无轴线来识别。单斜构造没有轴线；凡是褶曲构造，图中绘有背斜轴线符号，或向斜轴线符号，如图4-23所示。

③ 根据岩层露头线弯曲情况与地形等高线的关系来判断。单斜构造露头线弯曲与地形

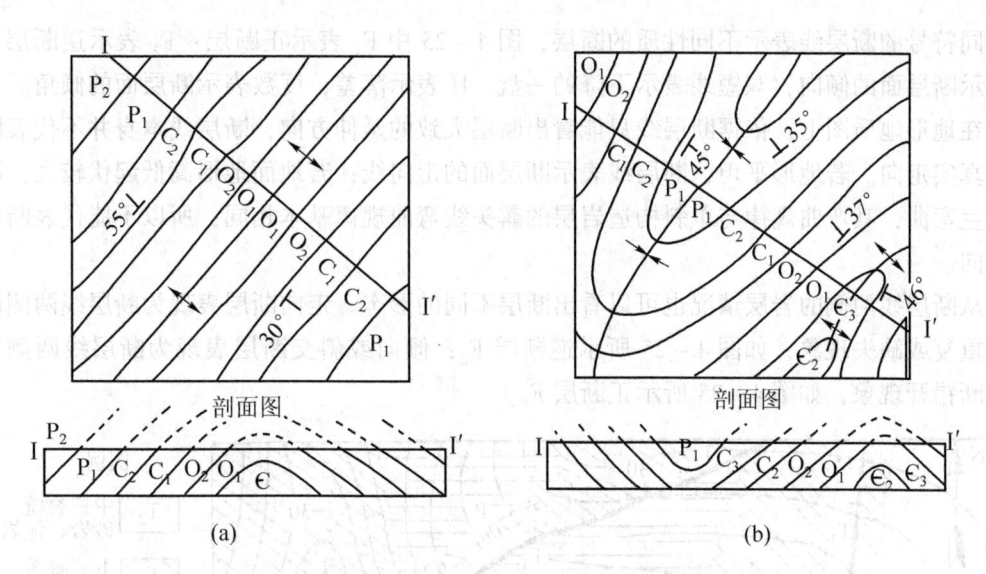

图 4-23 褶皱构造在地形地质图上的表现
(a) 水平褶曲在水平切面图和剖面图上的表现；(b) 倾伏褶曲在水平切面图和剖面图上的表现

等高线的关系有明显的规律性——"V"字形尖端指向一致或相反，如图 4-20、图 4-21、图 4-22 所示；褶曲构造所形成的弯曲与地形等高线无明显的规律性可循，如图 4-24 所示，abc 线上地形变化不大，但岩层露头线则发生多次弯曲。

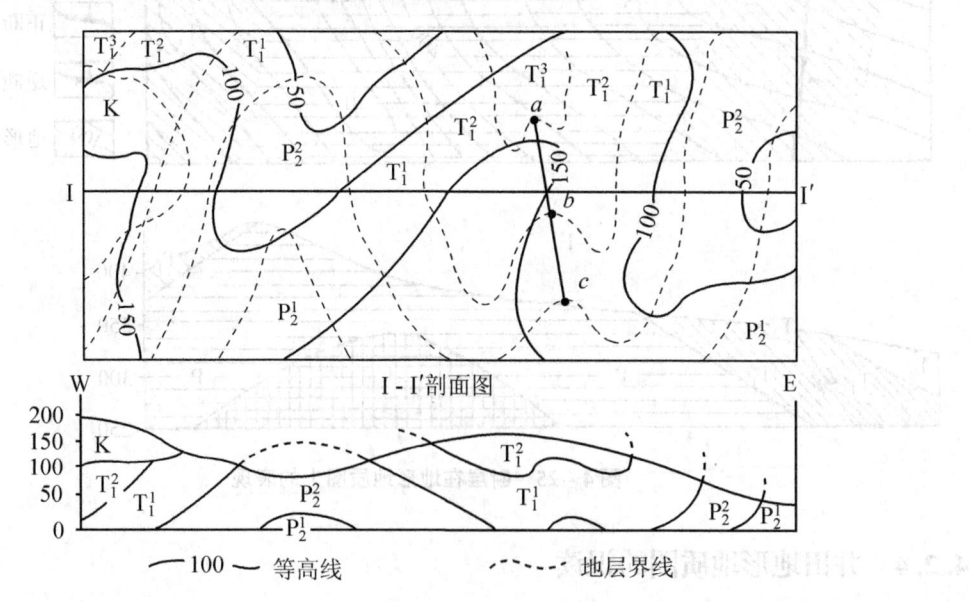

图 4-24 某井田局部地形地质图

3. 断层在地形地质图上的表现

在地形地质图上，断层是用断层线来表示的。所谓断层线，是指断层面与地面的交线。

用不同符号的断层线表示不同性质的断层,图 4-25 中 F_1 表示正断层;F_2 表示逆断层。箭头表示断层面的倾向,双短线表示下降的一盘,H 表示落差,度数表示断层面的倾角。

在地形地质图上,依据断层线只能看出断层大致的延伸方向,断层线本身并不代表断层面的真实走向。若地形平坦,断层线表示断层面的走向线;若地面地形高低起伏较大,断层线发生弯曲,其弯曲规律与单斜构造岩层的露头线弯曲规律基本相同,所以不能代表断层面的走向。

从断层线两侧的岩层情况也可以看出断层不同的形态。走向断层表现为断层线两侧的岩层有重复或缺失现象,如图 4-25 所示逆断层 F_2;倾向或斜交断层表现为断层线两侧岩层有中断错开现象,如图 4-25 所示正断层 F_1。

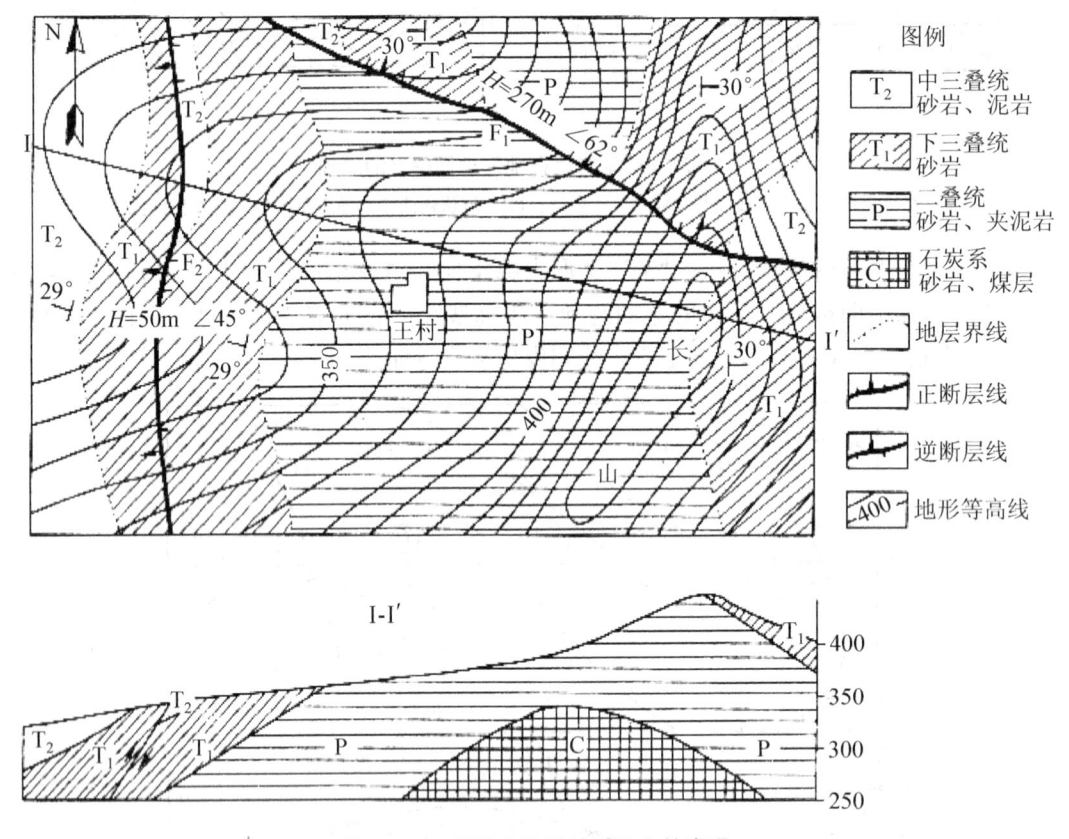

图 4-25 断层在地形地质图上的表现

4.2.4 井田地形地质图的识读

在一幅井田地形地质图上,同时反映了地貌、地物、地层界线和地质构造等许多内容,符号多,线条杂,不易看懂。但掌握了地形图的基本知识和各种地质构造在图上的表现规律以后,再采取合理的识读方法和步骤,就能完全看清、看懂图中所表示的内容了。

识读地形地质图时，一般采取层层剖析，逐一辨识，抓住重点和主线，由个别到整体，由局部到全区的方法，通常按以下步骤进行：

1. 图名、标题栏和比例尺

看清图名，了解图的内容和种类；看清标题栏，掌握识图的有关信息；看清比例尺，了解图上所反映的范围大小和有关尺寸。

2. 坐标线、坐标值和指北方向

根据坐标线、坐标值和指北方向识别图的方向，确定图的地理方位。

3. 图例

看清图例，了解图中各种符号的意义。在地形地质图上，除了地形符号之外，还有岩石符号、地质构造符号及地质年代符号等。这些是地形地质图中不可缺少的部分，没有图例，人们就无法看懂图纸。

4. 图中所附的地层综合柱状图

通过图中所附的地层综合柱状图，可以了解该区地层系统。若图中没有附地层综合柱状图，从图例中可获得地层系统的概念。

5. 图框内的内容

分析图框内的内容包括如下几个步骤：

1）看地形等高线

根据地形等高线，了解该区的地形特征，这一点很重要。了解了地形的起伏情况，即可根据岩层界线和地形等高线的关系分析岩层产状和各种地质构造。否则，如果不注意地形起伏的影响，就可能把单斜构造的"V"字形露头形态误认为是褶曲。

2）分析区内地质构造

分析地质构造时要注意从局部到全局、由个别到整体的读图方法，逐步掌握全区的构造形态。另外，应充分利用图中所附的剖面图，把地形地质图和井田内的地质剖面图对照起来分析。

3）掌握煤系、煤层的分布

在分析区内地质构造的基础上，应了解煤系的位置和主要可采煤层的分布情况，为工业广场、交通线路和其他地面建筑物位置的选择提供依据。

4）分析该区的地质发展史

根据地形地质图上的岩层分界线、地层符号，弄清新老岩层的分布及其相互接触关系，进而分析地质发展历史，了解矿产的形成与分布。

4.3 矿井地质剖面图

4.3.1 概述

设想沿某个方向竖直向下将地壳切开，反映该剖面上煤、岩层情况及构造形态的图件，称为地质剖面图。它是建立煤层和巷道的立体概念,分析矿井的各种地质构造,进行矿井采掘设计,指导井巷的掘进施工,绘制其他综合地质图件等工作的重要基础资料。

矿井地质剖面图的切剖位置和方向是根据生产矿井的设计、建设、生产和安全管理的需要来选定的。常见的有沿勘探线方向绘制的勘探线剖面图,沿煤层倾向的剖面图,沿煤层走向的剖面图,沿井田主要石门方向的垂直剖面图,也有沿任意方向绘制的辅助剖面图和局部剖面图等。

矿井地质剖面图图示的主要内容包括:

(1) 图名、图例、比例尺和剖面方向。

(2) 剖面线所切过的地形、地物、经纬线和水平标高线。

(3) 剖面线切过的各类勘查工程(钻孔、探槽、探井等)及井巷工程(生产井、主要巷道、采空区和小煤窑等)。

(4) 剖面线切过的地层分界线、煤层、标志层、含水层分界线、地质构造、火成岩侵入体和陷落柱等。

(5) 井田边界线、采空区边界线和保护煤柱界线等。

矿井地质剖面图的比例尺一般采用 1:1 000、1:2 000、1:5 000,主要依据剖面的长度、切剖的深度、地质界线、煤层的稳定程度和构造形态的复杂程度而选定。

4.3.2 地质剖面图的绘制方法

生产矿井经常根据设计、生产和管理的需要,绘制不同方向的地质剖面图。绘制地质剖面图时,需要利用多方面可靠的地质资料。一般资料来源有以下三条途径:

(1) 井田勘查各阶段,各类勘查工程获取的地质资料。

(2) 建设过程中,补充勘查工程和主要石门等巷道中编录的地质资料。

(3) 生产阶段,通过大量的采掘工程积累的反映在采掘工程平面图及煤层底板等高线图中的实际资料。

下面介绍两种绘制矿井地质剖面图的方法:

1) 根据实测资料绘制矿井地质剖面图

(1) 确定剖面线位置和方向。

剖面线要布置在能够充分利用原勘探线资料、主要石门或上下山所揭露资料的方向上。同时,为了能够反映矿井的主要构造形态,应使剖面线垂直于主要构造线方向。

(2) 确定比例尺。

矿井地质剖面图的比例尺,一般大于或等于平面图的比例尺。常用的比例尺为 1:2 000。

(3) 收集、整理绘制剖面图的有关资料。

收集剖面图的有关资料(主要有剖面线上及其邻近钻孔柱状图、井下实测剖面图、地形地质图、采掘工程图、煤层底板等高线图及水平切面图等),并对上述资料进行必要的整理。

(4) 绘制水平标高线和投绘平面图与剖面图的基准线。

按图幅标准选定空白图纸,并进行初步的图面内容安排和设计;然后在图面的适当位置,按选定的比例尺,对剖面的长度、宽度(切割的深度)给出若干等间距的水平高程线并注明高程值;最后投绘平面图与剖面图的基准线。采用的基准线有准线和经纬线两种。

为了减少误差,在剖面图上投绘的各种资料(钻孔、巷道等)皆以基准线为起点来量其平距,不可以用钻孔间距分段度量。

(5) 绘制地形剖面线。

在地形地质图上,以基准线为起点,将剖面线切过的地形等高线、地物边界线、勘查工程等依次投绘到剖面图相应的高程线上,用规定的线条依次连接各类投影点,绘制出地形剖面线、地表的地物界线、勘查工程符号等。

(6) 填绘勘查工程获取的地质资料。

根据已绘出的勘查工程的位置,将相应的地质资料填绘到剖面图上来。主要资料是各类工程揭露的岩性柱状图,由上而下填绘各标志层、煤层、断层等的位置。

(7) 井巷工程的投绘。

剖面线所切穿的井筒、石门、上下山、煤巷等,均应按其在剖面线上的位置和标高投绘到剖面图上。当剖面线切过的巷道未注明标高时,可根据附近测点的标高进行内插估算,或根据巷道实测剖面量出该巷道在剖面线的标高。

(8) 连接地质界线。

参考井田综合柱状图、岩煤层对比图,将剖面上同一个煤层、标志层、含水层和地层的分界线,以及断层线、褶曲轴线等按自然产状圆滑地连接起来,即得到地质剖面图的雏形。

如果煤层比较稳定,中间无构造变化,则剖面图上各岩、煤层地质界线在剖面图上大致相互平行,线条比较自然圆滑;否则,就可能有构造变化。这时就需要利用煤层底板等高线图、其他剖面线的剖面图和水平切面图等有关资料进行分析、比较、修正,最后确定地质界线的位置和地质构造的形态。绘图时,可靠资料用实线连接,推测资料用虚线连接。

(9) 图面整饰。

在主要内容绘制完成后,应对图面进行整饰,并绘制标题栏,注明剖面图的方向、编号和其他注记要素。

2) 根据煤层底板等高线图绘制地质剖面图

一般情况下根据地质剖面图来绘制煤层底板等高线图,但在生产矿井中,经过大量的采掘工程,煤层底板等高线图积累了大量的实际资料,因此也常利用煤层底板等高线图来绘制辅助剖面图,或利用煤层底板等高线图上的实际资料,来修改地质剖面图。地质剖面图只辅助地反映某一方向或某一局部位置煤层产状和构造形态的空间位置关系。其绘制方法如下:

(1) 如图 4-26 (a) 所示,煤层底板等高线与Ⅰ—Ⅰ剖面线交于 1、2、3、4 各点,按其位置和高程分别直接投影到图 4-26 (b) Ⅰ—Ⅰ剖面图中,得 1′、2′、3′、4′各点。其中,1、3 点为断层下盘煤层底板等高线与剖面线的交点;4 点为断层上盘煤层底板等高线与剖面线的交点;2 点为断层上盘 -200 m 煤层底板等高线沿走向用虚线延长与剖面线的交点。

(2) 对于Ⅰ—Ⅰ剖面线与断煤交线上的交点 a、b,用标高内插法求出 a、b 点的高程,再用投影法分别直接投影到Ⅰ—Ⅰ剖面图中,得 a'、b' 点。

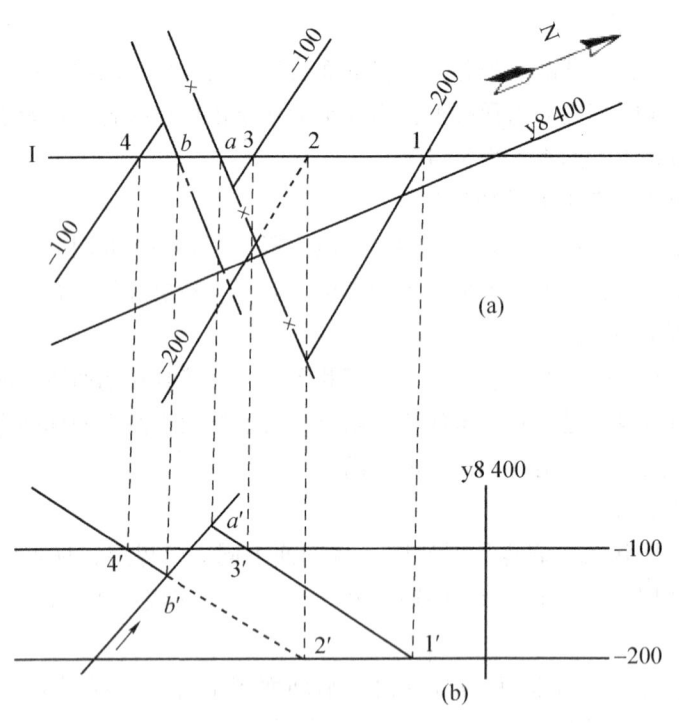

图 4-26 根据煤层底板等高线图绘制剖面图
(a) 平面图;(b) Ⅰ—Ⅰ剖面图

(3) 在Ⅰ—Ⅰ剖面图中,连接 a'、b' 点,即为断层面;连接 1′、3′点,即为断层下盘的煤层;连接 4′、2′点,即为断层上盘的煤层。

4.3.3 矿井地质剖面图的识读

矿井地质剖面图形象直观,内容比较简单,容易看懂。识读时采取先看地面后看井下,先看构造后看地层界线,先看水平标高线后看其他注记的方法,逐项分析。如图 4-27 所示为某煤矿矿井地质剖面图。从图中可以清楚地看到煤层的分布、产状及其变化,煤层的厚度及各层煤的层间距,井筒、石门、大巷等各种巷道的位置,各种地质构造的特征,标志层的分布及产状等,同时还可以看到沿剖面线方向上地形起伏的情况。

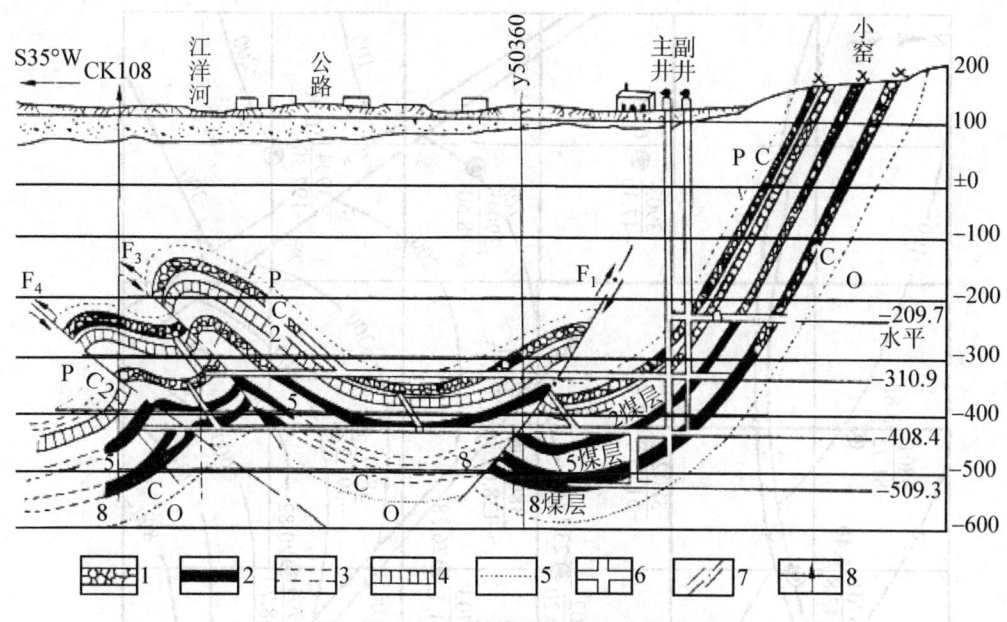

图 4-27 某煤矿矿井地质剖面图

1—采空区；2—煤层；3—推测煤层；4—标志层；5—地质界线；6—井巷；7—断层；8—钻孔

本章小结

本章主要包括了煤层底板等高线图、井田地形地质图、矿井地质剖面图的基本概述、绘制方法、特点和识读等内容。

下图表示出了本章的内容结构，读者可借其所示流程对所学内容做一简要回顾。

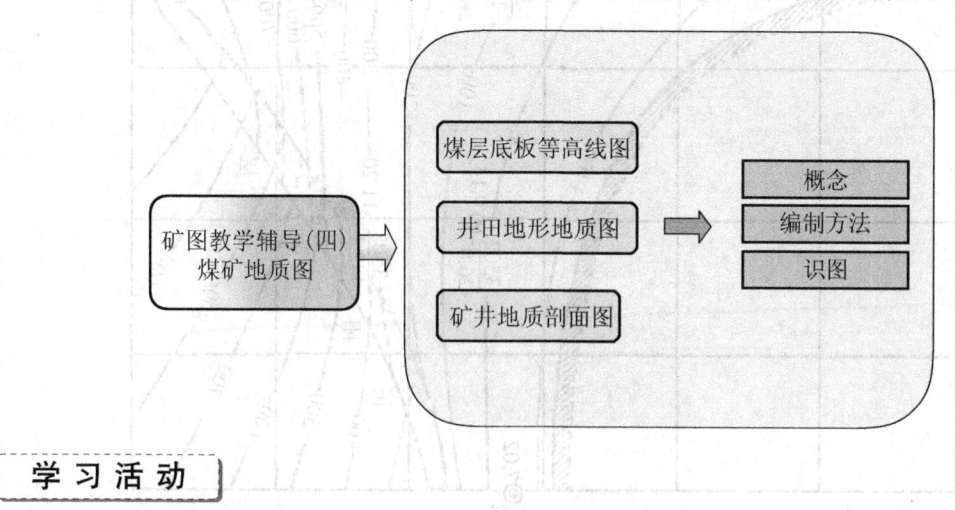

学习活动

对照下图识读煤层底板等高线图。

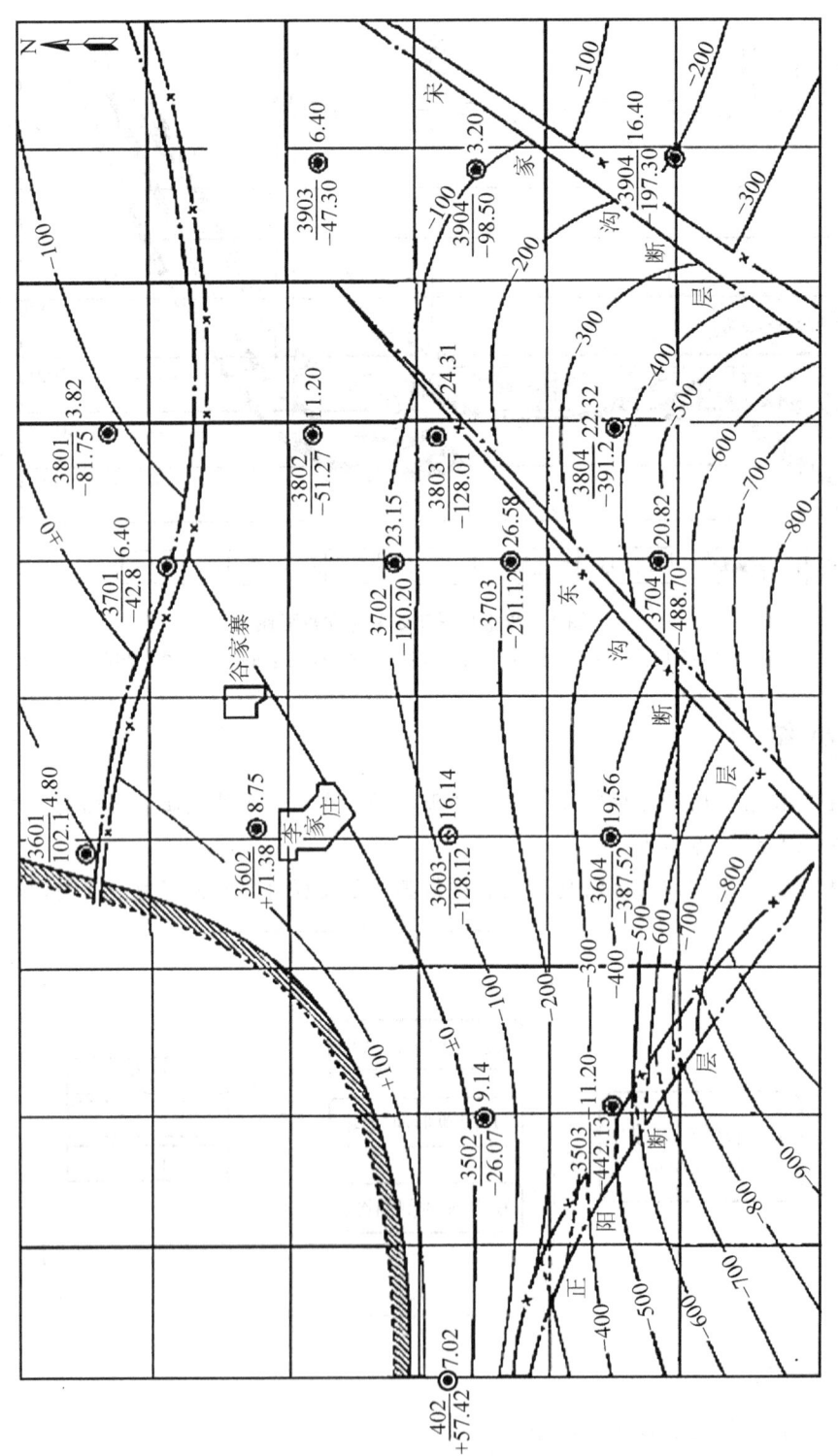

某矿煤层底板等高线图

自 测 题

识图题

1. 如下图所示,已知各见煤点煤层底板标高,试用标高内插法绘出该煤层的底板等高线图(按 10 m 等高距勾绘等高线)。

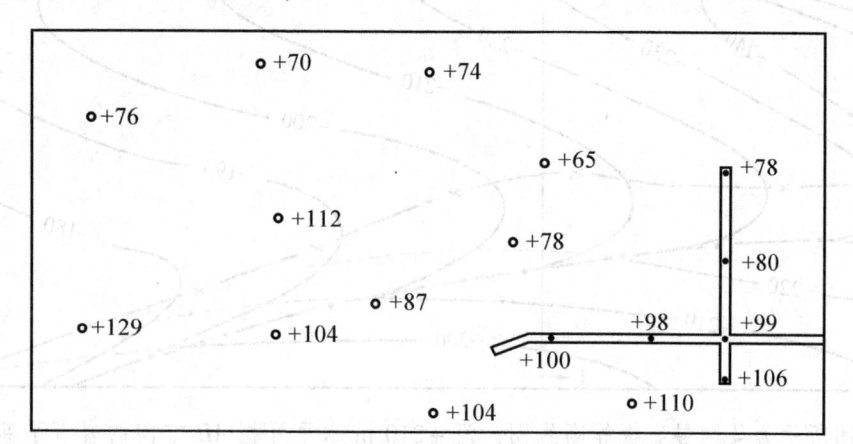

2. 下图所示为煤层底板等高线图,比例尺为 1∶5 000,煤层平均厚度为 4.0 m,试根据该图作沿剖面线 Ⅰ—Ⅰ、Ⅱ—Ⅱ、Ⅲ—Ⅲ、Ⅳ—Ⅳ方向的地质剖面图(要求比例尺为 1∶5 000)。

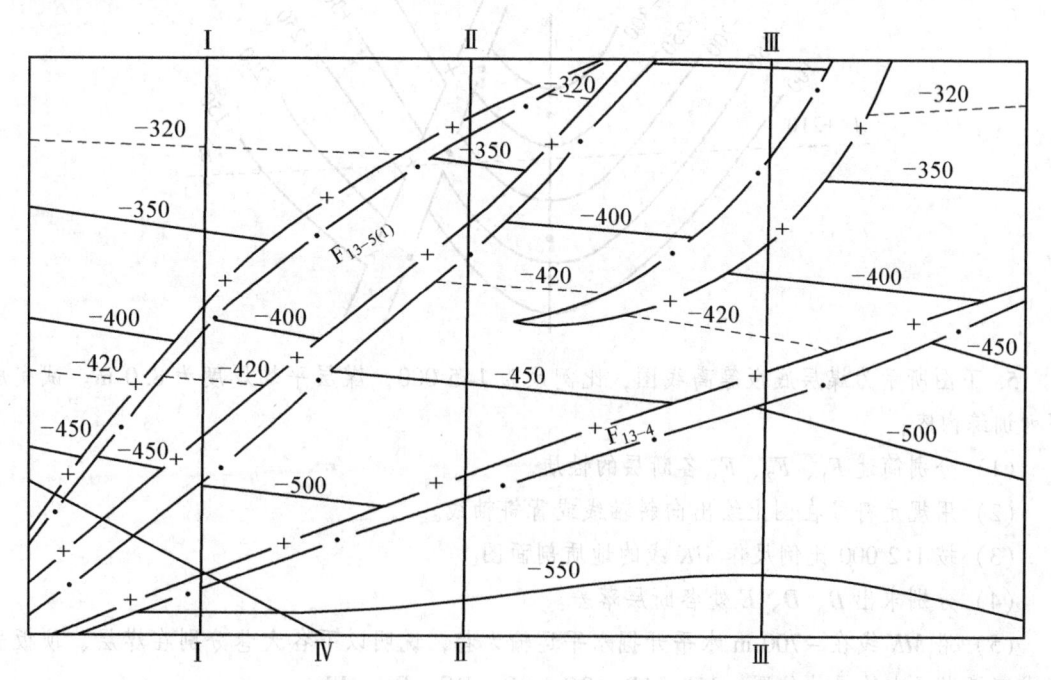

3. 下图所示为某矿煤层底板等高线图,分析其构造形态,并用规定符号绘出褶曲轴线、

65

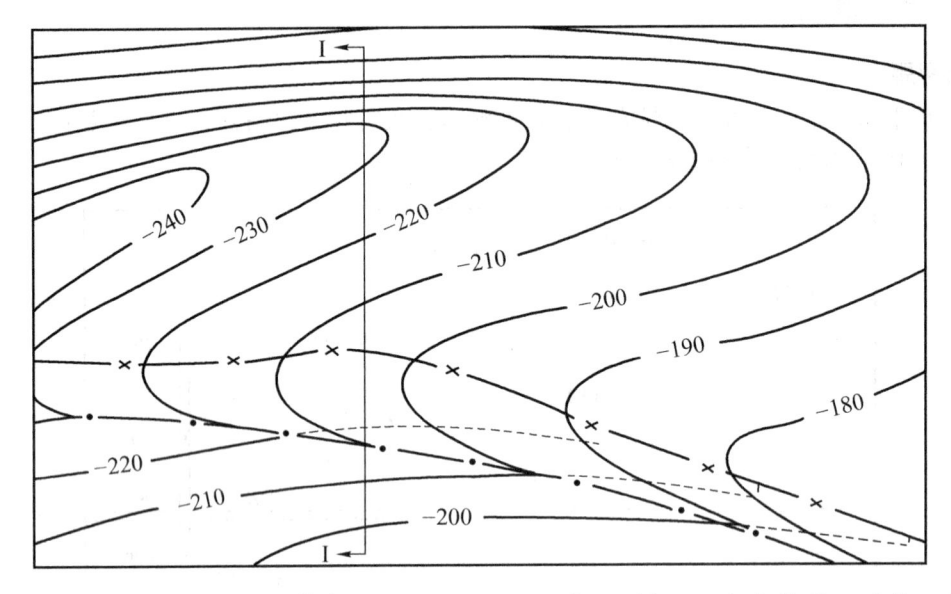

同时作剖面Ⅰ—Ⅰ的剖面示意图,并分析构造形态。

4. 下图所示为某煤层底板等高线图,沿 +210 m 水平开掘 AB 方向的岩石平巷,指出该巷道遇煤点和通断层点的位置。

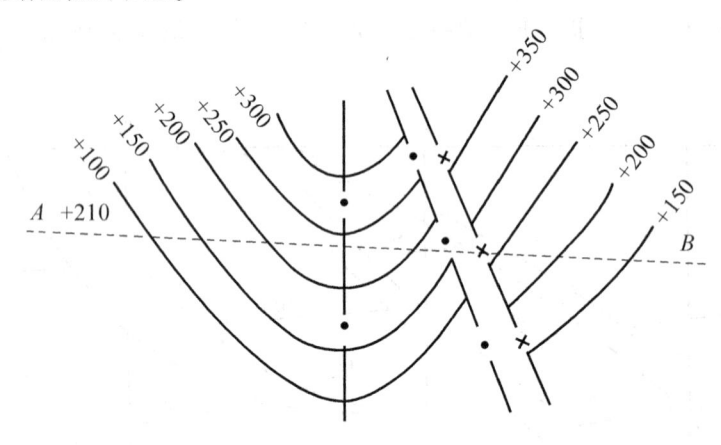

5. 下图所示为煤层底板等高线图,比例尺为 1:5 000,煤层平均厚度为 8.0 m。试完成下列训练内容:

(1) 分别简述 F_1、F_2、F_3 各断层的性质。
(2) 用规定符号在图上绘出向斜轴线或背斜轴线。
(3) 按 1:2 000 比例尺作 MK 线的地质剖面图。
(4) 分别求出 B、D、E 处各断层落差。
(5) 沿 MK 线在 -700 m 水平开掘水平运输大巷,说明以下各大巷分别在煤层、顶板岩石或底板岩层中的具体位置:MA、AB、BC、CD、DE、EF、FK。

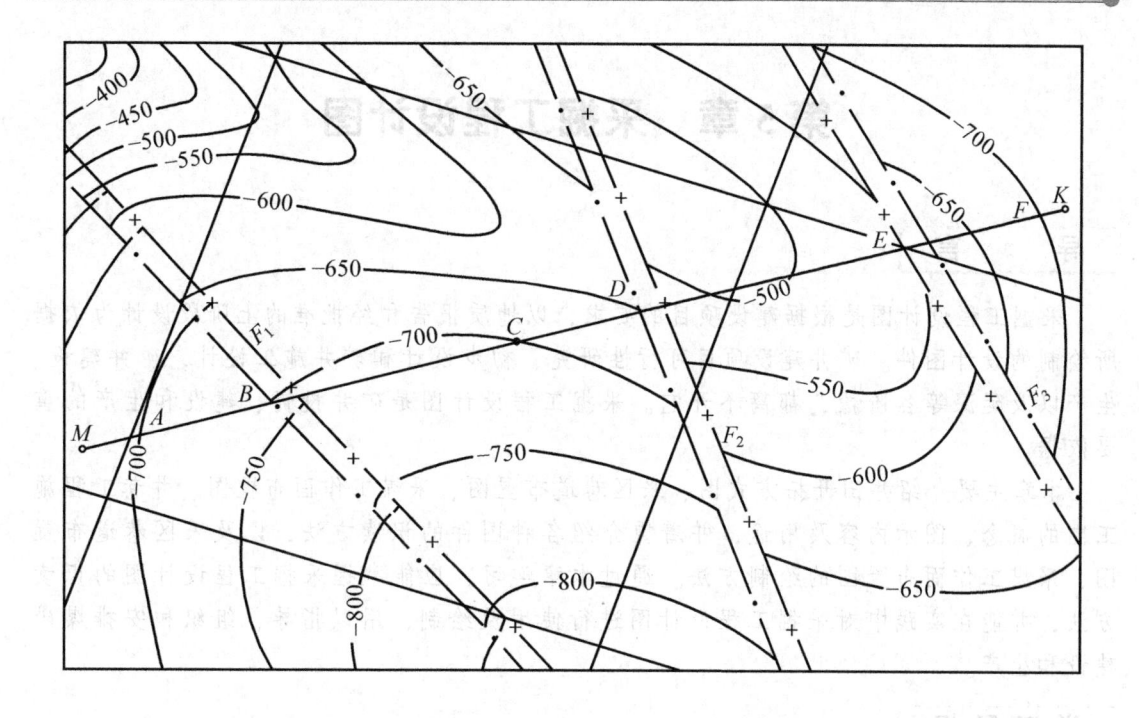

第5章 采掘工程设计图

导　言

采掘工程设计图是根据建设项目的要求,以地质报告和经批准的上阶段设计为依据所绘制的设计图件。矿井建设项目可行性研究、初步设计和矿井施工设计,矿井建设、生产以及延深等各阶段,都离不开它。采掘工程设计图是矿井投资、建设和生产的重要依据。

本章主要介绍井田开拓方式图、采区巷道布置图、采煤工作面布置图、井巷工程施工图的概念、图示内容及用途,并着重介绍各种图件的识读方法,以及采区巷道布置图、采煤工作面布置图的绘制方法。通过本章学习,应能掌握采掘工程设计图的识读方法,并能在实践中对采掘工程设计图进行使用及绘制,用以指导、组织和安排煤矿建设和生产。

学 习 目 标

1. 掌握各种设计图的概念、种类和内容。
2. 了解各种设计图的用途及识图方法。

5.1　井田开拓方式图

5.1.1　概述

井田开拓方式图是将井田内的地质情况、设计的开拓巷道布置系统,采用正投影原理,按一定比例尺绘制出的图件。井田开拓巷道包括井筒、井底车场、主要运输石门、运输大巷、总回风巷、回风井等。

通过井田开拓方式图,不仅可了解井田内煤层的产状和主要地质情况,还可了解矿井开拓的总体部署和矿井生产系统。井田开拓方式图在某种程度上反映了矿井生产条件和技术面貌,它不仅是矿井建设与生产、矿井延伸、矿井改造、采区设计的依据,还是制定矿井远景规划的重要资料。因此,它是矿井设计、建设和生产中最为基础的图件。

井田开拓方式图通常采用1∶2 000或1∶5 000的比例尺绘制。

5.1.2　井田开拓方式图的种类

井田开拓方式图的种类很多,一般按以下方法分类。

1. 按井田开拓方式分类

井田开拓方式种类很多,一般按以下特征划分:
(1) 按井筒形式可分为立井开拓、平硐开拓、斜井开拓和综合开拓。
(2) 按水平的数目可分为单水平开拓和多水平开拓。
(3) 按开采水平大巷布置方式可分为采区式、分段式和带区式。
(4) 按开采准备方式可分为上山式、下山式及上、下山同时开采。

平硐—立井综合开拓
方式示意图

立井开拓方式分类示
意图

斜井开拓方式平面示
意图

平硐开拓方式平面示
意图

将以上划分方式相结合,可形成矿井多种开拓方式,其分类如图5-1所示。

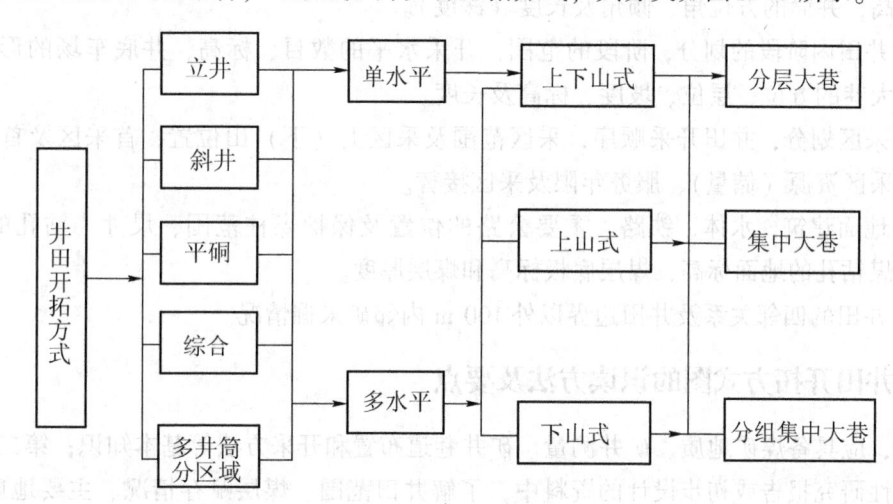

图 5-1 井田开拓方式分类

2. 按投影原理分类

井田开拓方式图通常采用正投影原理,按一定比例尺绘制。为了反映井巷空间关系,有时也采用轴测投影原理,不按比例尺进行绘制。因此,井田开拓方式图按投影原理可分为正投影井田开拓方式图及井田开拓方式立体示意图。

采用正投影原理绘制的井田开拓方式图,按投影面的不同又分为井田开拓方式平面图、井田开拓方式立面图、井田开拓方式层面图和井田开拓方式剖面图。

3. 按反映水平数目分类

对于多水平开拓矿井,在绘制井田开拓方式图时,应将矿井全部开采水平反映出来,形成矿井总体开拓方式图;而在矿井生产过程中,经常仅开采一个水平,为了绘图简便并反映主要内容,常绘制生产水平的井田开拓方式图,称为某水平井田开拓方式图;考虑水平接替、矿井延深时,绘制现有开采水平和接替水平的井田开拓方式图,称为某水平和某水平井田开拓方式图。

5.1.3 井田开拓方式图的图示内容

井田开拓方式图主要反映以下几方面内容:

(1)井田的拐点坐标及边界线,井田的范围,井田边界煤柱线,煤层的露头或风化带,煤层底板等高线,煤层最小可采厚度等厚线,煤层的分叉线或合并线,煤层的尖灭带,主要地质构造情况(如较大断层交面线),向、背斜轴线和火成岩侵入区等。

(2)工业广场的位置,井筒的形式及数目,工业广场保护煤柱范围,井口坐标,井口及井底标高,井筒的方位角、倾角及长度(深度)。

(3)井田内阶段的划分,阶段的范围,开采水平的数目、标高,井底车场的形式、位置,主要大巷的方位、层位、坡度、标高及长度。

(4)采区划分,井田开采顺序,采区范围及采区上(下)山位置,首采区及首采工作面位置,采区资源(储量),服务年限及采区接替。

(5)地面建筑、水体、铁路、重要公路的位置及保护煤柱范围、尺寸,钻孔的位置、编号,见煤钻孔的地面标高,煤层底板标高和煤层厚度。

(6)井田的四邻关系及井田边界以外 100 m 内邻矿采掘情况。

5.1.4 井田开拓方式图的识读方法及要点

第一,应具备煤矿地质、矿井测量、矿井巷道布置和开采方法等基本知识;第二,能从矿井可行性研究报告或初步设计的资料中,了解井田范围、煤层赋存情况、主要地质构造、井田开拓方式和矿井生产系统。这样,就为进一步识读井田开拓方式图奠定了基础。具体识读方法如下:

(1)看图名、坐标、方位和比例尺。图名反映了图件的主要内容,坐标和方位说明了井田的地理位置,比例尺反映实物缩小程度和井田开拓方式图的精度。

(2)从整体到局部识读井田范围、煤层产状及主要地质构造。在井田开拓方式图上,首先对井田的范围、煤层产状及主要地质构造有一个大致了解,然后按比例尺丈量或根据井田边界转折点处的坐标计算井田最大、最小、平均走向长度,井田最大、最小、平均倾斜宽度;根据煤层底板等高线分析井田内煤层各区域的走向、倾向及最大、最小、平均倾角;根据煤层底板等高线及地质符号分析断层的倾角、落差,褶曲的形态、轴线,火成岩侵入区域,陷落柱范围等。

（3）从倾斜到走向识读井田的划分方式、水平的设置。首先看井田沿倾斜方向划分阶段的数目、边界位置、垂直高度及开采水平的数目、服务范围、水平的高度；然后看各阶段沿走向划分采区（或盘区、带区）的数目、采区的边界、采区的走向长度、采区范围。

（4）从地面到井下分析井巷的布置。首先看井筒的形式、数目、位置，井口的坐标，井口、井底的标高，井筒的长（深）度，井筒的方位角、坡度；其次看井底车场的形式、位置，大巷的方位、所处的层位、坡度、标高；再看采区巷道的开口、采区上（下）山的数目、位置；最后看各水平间的联系，安全出口的位置。

（5）从局部到整体弄清井田的开采顺序、全矿井生产系统。首先搞清首采采区的位置，阶段内采区的开采顺序，阶段之间的开采顺序，煤层间的开采顺序；然后分析采区、水平及矿井的巷道布置，了解全矿井的提升、运煤、运料、排水、供电及通风等生产系统。

井田开拓方式平面图

总之，在识读井田开拓方式图时，首先要根据煤层底板等高线及有关地质符号等弄清煤层的产状及井田内主要地质构造情况；然后从倾斜到走向，从地面到井下，平剖结合，搞清井田的开拓方式、阶段划分、水平设置；最后从局部到整体识读全矿井的开采顺序及生产系统。

5.2 采区巷道布置图

5.2.1 采区巷道布置图的概念

采区巷道布置图是采用正投影原理，将采区地质资料和设计的采准巷道系统按一定的比例尺绘制出的设计图件。采准巷道主要包括直接为采煤工作面服务的区段巷道、开切眼，为采区服务的上（下）山巷道，采区上部、中部、下部车场，安装机电设备用的采区绞车房、采区变电所，起缓冲、储存煤炭作用的采区煤仓等采区硐室。

采区巷道布置图是采区设计的主要内容之一，是采区方案设计的具体体现，是了解采区地质情况，分析采准巷道布置的合理性和完成采区施工图设计的重要依据。

采区巷道布置是否适当，直接影响采煤工作面、采区以及矿井的生产效果。因此，正确、合理的采区巷道布置，要做到技术上优越，经济上合理，安全生产条件好，有利于集中生产，为新技术、新设备、新方法的推广和使用创造良好的条件；尽可能简化巷道系统，减少生产环节；减少煤炭损失，提高采区回采率；降低生产经营成本和提高生产效益。

采区巷道布置图通常采用1∶1 000或1∶2 000的比例尺。

5.2.2 采区巷道布置图的种类

采区巷道布置图的种类很多,划分方法有多种。下面介绍按采区巷道布置方式和按投影面两种分类方法。

1. 按采区巷道布置方式分类

根据煤层的赋存情况、开采方式、采区上(下)山布置、煤层群开采时不同的联系方式,采区巷道布置方式有多种,因此采区巷道布置图也有多种。按采区巷道的布置方式,采区巷道布置图有以下几种分类:

(1) 按煤层赋存条件分为采区巷道布置图、盘区巷道布置图和带区巷道布置图。
(2) 按开采方式分为上山采(盘)区巷道布置图和下山采(盘)区巷道布置图。
(3) 按采区上(下)山的布置分为单翼采区巷道布置图和双翼采区巷道布置图。
(4) 按煤层群开采时的联系方式分为单一煤层采区巷道布置图和多煤层联合采区巷道布置图。

采区巷道布置图按布置方式分类,分类方法如图5-2所示。

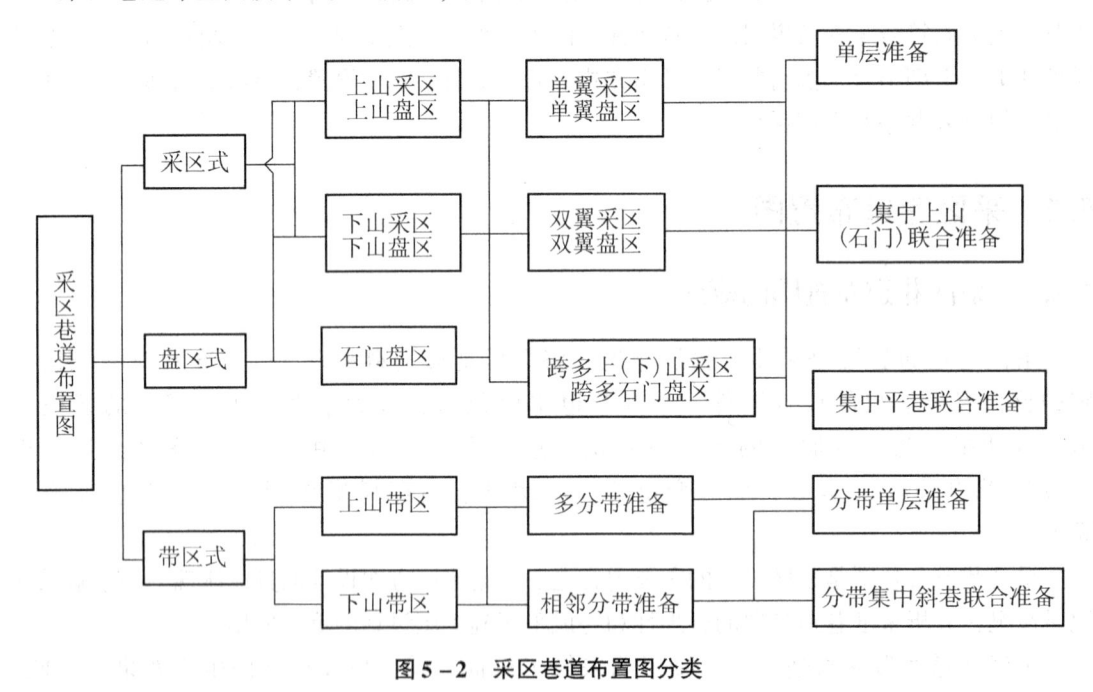

图5-2 采区巷道布置图分类

2. 按投影面分类

采区巷道布置图是根据正投影原理进行绘制的,按照投影面的不同,采区巷道布置图有以下几种:

(1) 采区巷道布置平面图。将采区巷道布置投影到水平面上绘制出的图件。在煤矿开采中被广泛使用。

(2) 采区巷道布置立面图。将采区巷道布置投影到竖直面上绘制出的图件。在开采急倾斜煤层时普遍使用。

(3) 采区巷道布置层面图。将采（盘）区巷道布置投影到与煤层平行的平面上绘制出的图件。在开采近水平煤层时经常使用。

(4) 采区巷道布置剖面图。沿采区主要巷道剖面形态绘制的图件。常结合上述三种图件使用，一般不单独使用。

盘区巷道布置平面图　　　　　　带区巷道布置平面图

5.2.3　采区巷道布置图的图示内容

采区巷道布置图主要反映以下内容：
(1) 采区范围、采区边界线以及采区边界煤柱尺寸。
(2) 采区煤层底板等高线、主要地质构造及钻孔情况。
(3) 区段划分方式、采区巷道布置形式，包括采区上（下）山的数目、位置，采区硐室的形态、位置，区段数目、倾斜长度，区段巷道的布置形式，各种巷道之间的联系方式及区段、采区上（下）山、断层、大巷等保护煤柱尺寸。
(4) 采区各种地质构造、小窑破坏区的位置和范围。
(5) 地面建筑物、铁路、主要公路、水体的位置和范围及保护煤柱尺寸。
(6) 采区四邻关系及采区外的开采情况。
(7) 采掘工作面布置及相互关系。
(8) 采区机电设备配置。
(9) 采区生产系统，如运煤、运料、通风、供电、给排水系统等。
(10) 采区主要巷道尺寸。

5.2.4　采区巷道布置图的识别方法及要点

采区巷道布置图的识别方法及要点如下：
(1) 看图名、坐标、方位和比例尺。
(2) 看采区的范围、边界，采区内煤层产状特征及主要地质构造情况。了解采区的范围、采区走向长度、倾斜长度、采区边界位置、采区边界煤柱尺寸，根据煤层底板等高线、等厚线、钻孔看煤层的产状特征以及主要地质构造。
(3) 了解采区内的划分方式、区段数目和斜长。

(4) 识读采区主要巷道的布置方式。首先识读采区上（下）山的数目、位置，区段巷道的布置方式，上部、中部、下部车场的形式、位置，然后搞清各区段巷道与采区上（下）山之间的联系方式，运输大巷、总回风巷的位置以及与采区上（下）山的联系方式。

(5) 识读生产系统。在采区巷道布置图上，应形成独立的生产系统，在搞清运煤、运料、通风系统后，其他系统也就自然容易识读了。在识读时，应按从里向外或从外向内的顺序识别。例如在看运煤系统时，应按从首采工作面到区段运输平巷，再到采区运输上（下）山，最后到运输大巷的顺序去识读。

(6) 平、剖面图对照识读。对于区段巷道与采区上（下）山联系处、采区上（下）山与运输大巷联系处以及多煤层采区联合布置而言，这些区域的巷道纵横交错，较为复杂，不易从平面图上看清各种巷道的位置关系，应将平面图与剖面图对照起来识读。首先在平面图上找出剖面位置，然后在剖面图上对应位置找出所需识读的巷道，这样就容易搞清巷道的空间位置及联系方式了。

采区巷道布置图的绘制方法

总之，在识读采区巷道布置图时，应首先搞清采区的范围、采区内煤层赋存及地质情况，然后平、剖结合搞清采区内的划分方式、采区巷道的布置形式及其联系方式，最后形成采区生产系统的概念。

5.3 采煤工作面布置图

5.3.1 采煤工作面布置图的概念

采煤工作面布置图也称采煤工作面回采工艺图或采煤方法图。它是综合反映采煤工作面的采、装、运、支、回及设备布置的设计图件。

在煤矿生产中，采煤工作面布置图是最基本的图件，它是采煤工作面验收和技术管理的主要依据。因此，在采煤工艺设计和编制采煤工作面作业规程时，都必须绘制采煤工作面布置图。

采煤工作面布置图常用比例尺为 1∶50、1∶100、1∶200。

5.3.2 采煤工作面布置图的图示内容

采煤工作面布置图主要反映以下内容：

(1) 煤层的产状要素及厚度。

采煤工作面布置图

(2) 采煤工作面的长度、循环进度、最大控顶距、最小控顶距、端面距、炮眼布置等主要采煤工艺技术参数。

(3) 采煤工作面的支护及参数。包括采煤工作面支架的形式、种类，支架的布置方式、数目，支柱的排间距、柱间距、顶梁的长度；上端头、下端头及安全出口处的特种支架的布置及参数；采煤工作面运输巷、回风巷的超前支护和支护方式及参数。

(4) 采煤工作面采煤、运输及相关机械设备的型号、数目，工作空间位置及工作方式。

(5) 采煤工作面循环图表、劳动组织表及主要技术经济指标表。

(6) 说明及图例。

5.4 井巷工程施工图

5.4.1 井巷工程施工图概述

为了开采煤炭，需从地面向地下开掘一系列的井巷，这些井巷工程的投资约占矿井建设总投资的30%。为了使采煤工作持续进行，要考虑采煤工作面、采区、开采水平的接替，这也需要开掘大量的井巷，即在矿井建设和生产过程中，始终离不开井巷工程的施工工作。井巷工程的施工质量，直接影响机电设备的安装及使用，影响矿井的正常生产、经济效果及安全。因此，在矿井建设和生产中，每个单位工程施工都必须严格按照施工图和施工要求进行。

井巷工程施工图即为各项单位井巷工程施工而绘制的图件。它综合反映了矿井设计的原则、建设的标准、技术上的要求、装备的水平、施工单位的能力以及矿井现场的实际情况等。井巷工程施工图不仅是施工预算、施工单位进行施工的依据，而且也是相关部门进行检查和验收工程质量的依据。

井巷工程施工图包括井巷工程布置平面图、剖面图、各种井巷断面图、轨道线路图、井巷工程特征表以及设计依据、设计要求等几个部分。

井巷工程施工图常用比例尺为1:20、1:50、1:100、1:200、1:500等。

5.4.2 井巷工程施工图的图示内容

井巷工程施工图主要反映以下几方面内容：

(1) 井巷中各种巷道、硐室的空间形态，断面规格及其相互位置关系。

(2) 轨道线路及其参数，包括轨道线路各段的长度、坡度，弯道的转角、弧度、曲率半径、轨型、轨距、道岔的型号，轨面的高度、道床参数等。

(3) 井巷施工的方法、顺序，炮眼的布置、数目及参数。

(4) 井巷工程断面特征表，包括井巷的名称、设计掘进断面、净断面、工程量、材料消耗量等。

5.4.3 井巷工程施工图的识读方法及要点

井巷工程施工图较为复杂，识读比较困难。下面介绍井巷工程施工图的识读方法及要点。

1. 从井巷工程施工平面图上看井巷、轨道线路的组成、位置和参数首先找到所需施工井巷与已施工井巷的连接点位置，从该处按顺序看所需施工井巷的组成；其次从巷道各点底板标高或轨面标高看各段巷道的空间位置，起坡点、变坡点的位置，各段巷道之间的空间位置和联系方式；然后看轨道线路的组成、作用，各段轨道的长度、弯道的转角、弧长、曲率半径，道岔的型号及连接长度；最后看硐室的结构、位置，规格尺寸，硐室内的布置，机电设备的种类、型号、数量。

2. 结合剖面图看井巷的空间位置、煤岩的产状及特征

从平面图上找出剖面图位置，对照剖面图搞清井巷之间的间距、在煤岩层中的位置、与煤层的法线距离、坡度，煤岩层的厚度、倾角及岩层的岩性等。

3. 对照坡度图看轨道线路

在坡度图上了解各段轨道线路的长度、坡度以及各坡度变化点的轨面标高。

井巷工程施工图识读

4. 从断面图上看相关参数

在井巷施工断面图上，可知井巷断面的形状，设计掘进断面和净断面的大小，井巷的宽度、高度等断面尺寸；井巷的支护类型、支护规格；道床参数（轨道的轨型、轨距、道砟高度及枕木规格等）；水沟的位置、形状、尺寸；管线的吊挂高度、吊挂间距等。

总之，在识读井巷工程施工图时，首先应从整体到局部，然后由平面到剖面，最后再由局部到整体弄清井巷之间的相互关系。

本 章 小 结

本章主要包括井田开拓方式图、采区巷道布置图、采煤工作面布置图、井巷工程施工图的概念、种类、图示内容、用途、识读方法及要点等。

以下是包含了本章内容的结构图，读者可借其所示流程对所学内容做一简要回顾。

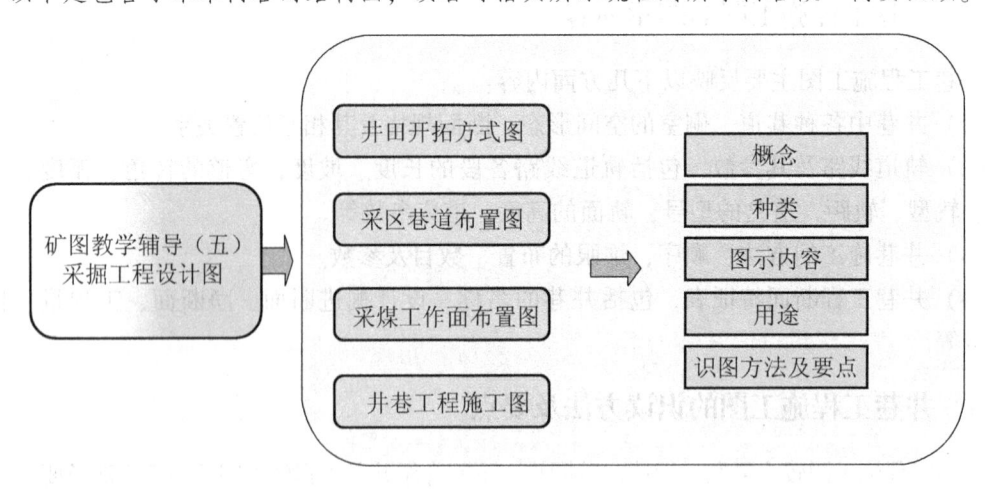

矿图教学辅导（五）采掘工程设计图 → 井田开拓方式图／采区巷道布置图／采煤工作面布置图／井巷工程施工图 → 概念／种类／图示内容／用途／识图方法及要点

学习活动

参考"采煤工作面各种布置示意图.doc",识读采煤工作面布置示意图。(请扫二维码)

自测题

识图题

1. 下图为某矿胶带输送机巷断面施工图,该巷道采用 11 号矿用工字钢支护,钢筋网背板。试根据图回答下列问题:

(1) 该巷道设计掘进尺寸顶宽、底宽及高各为多少?

(2) 该巷道净顶宽、净底宽及净高各为多少?

(3) 运输设备宽度为多少?

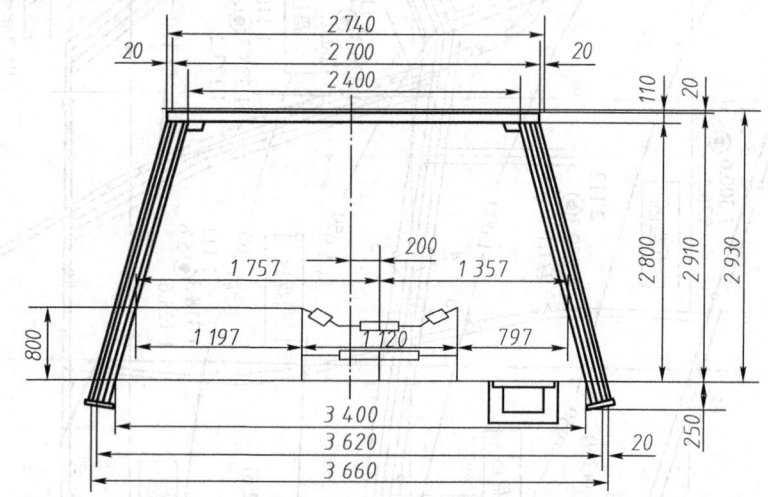

工作面布置示意图

2. 下图为某矿井井田开拓方式平面图,试识读并写出识读报告。要求写出井田范围(走向、倾斜长度及井田面积)、煤层产状及地质构造,井筒形式、数目及位置,水平标高,生产系统及开采顺序等。

3. 下图为某带区巷道布置图,采用连续采煤机进行巷道掘进工作。图中绘出了经纬网、煤层底板等高线、钻孔、带区的巷道布置形式,并注明了各区段采煤工作面长度、推进长度、巷道宽度、煤柱尺寸等,试完成以下训练:

(1) 识读带区巷道布置图,写出识读报告。

(2) 若煤层视密度为 1.4 t/m³,采煤工作面回采率为93%,试计算 8 701 工作面的采出煤量、带区的采出率,若想提高带区的采出率应采取何种措施。

(3) 说明该带区巷道布置的特点。

井田开拓方式平面图

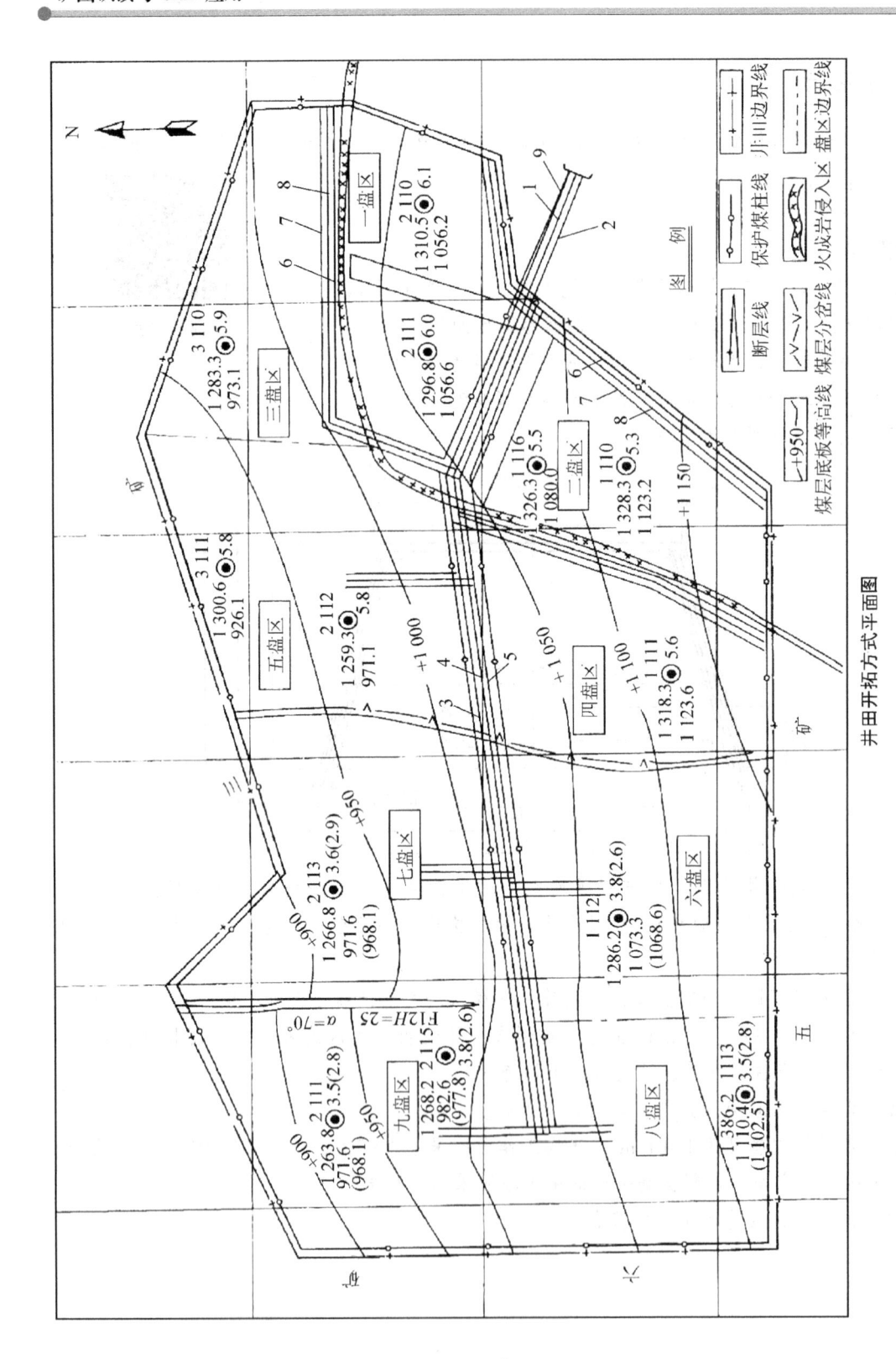

1—总平硐；2—副平硐；3—总回风巷；4—运输大巷；5—辅助运输大巷；6—盘区回风巷；7—盘区轨道巷；8—盘区带式输送机巷；9—回风平硐

第5章 采掘工程设计图

带区巷道布置图

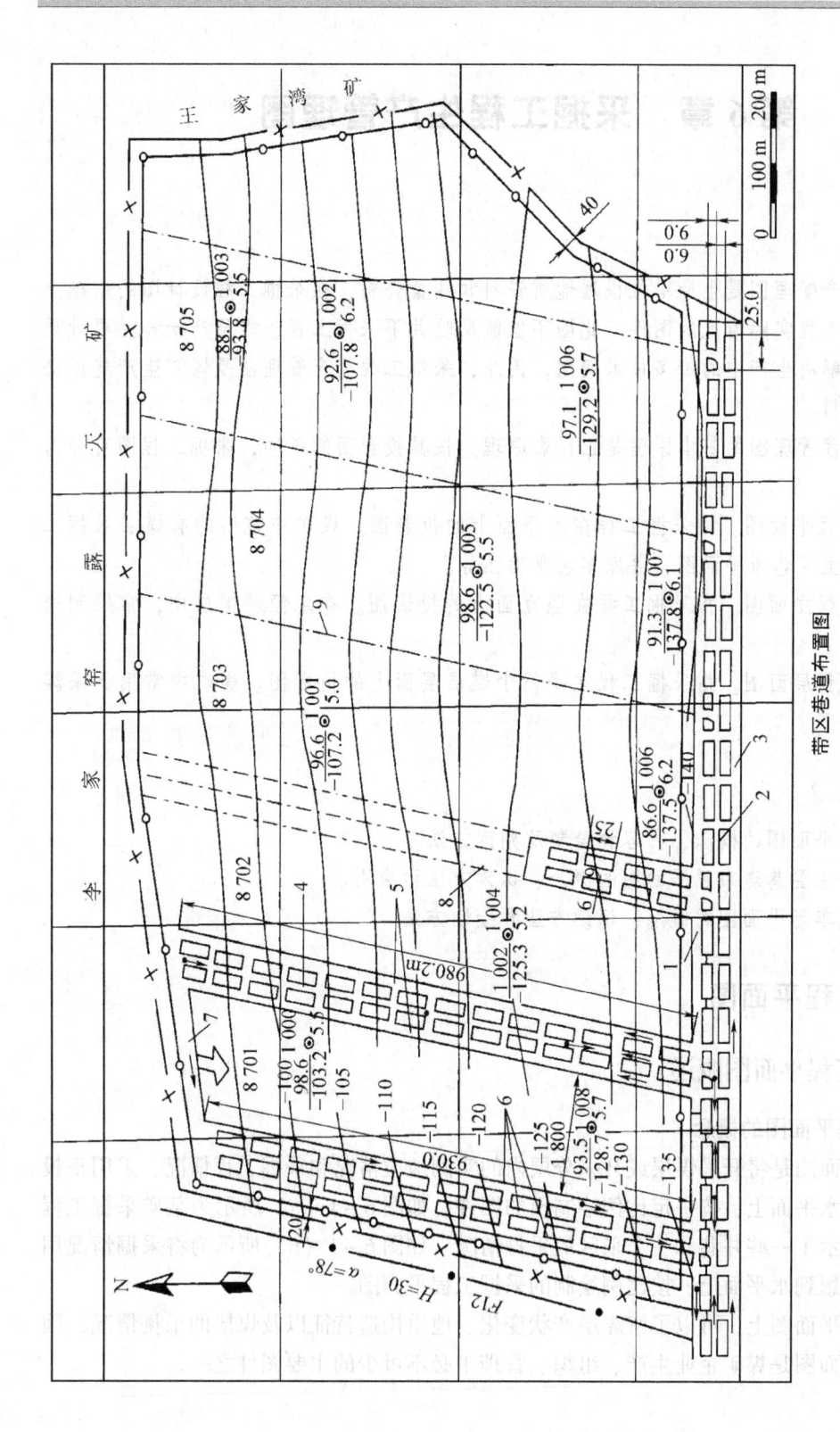

1—带区辅助运输回风巷；2—带区主运输巷；3—带区辅助运输巷；4—工作面运输巷；5—工作面辅助运输进风巷；6—工作面回风巷；7—采煤工作面；8—巷道中心线；9—条带划分线

第6章　采掘工程生产管理图

导　言

采掘工程生产管理图是生产单位根据地质资料和测量资料，在采掘工程设计图的基础上绘制的反映采掘工程实际情况的图件。此图不但能反映井下采掘工程、煤层产状和主要地质构造情况，还能解决生产中的诸多技术问题。因此，采掘工程生产管理图是煤矿生产建设必不可少的重要资料。

绘制采掘工程管理图的基本原理是正投影原理。按其投影面的不同，采掘工程图可分为三类：

（1）采掘工程平面图。指采掘工程在水平面上的投影图。煤矿中常用的有煤层采掘工程平面图、水平主要巷道平面图、井底车场平面图等。

（2）采掘工程立面图。指采掘工程在竖直面上的投影图。在急倾斜煤层中，常绘制采掘工程立面图。

（3）采掘工程层面图。指采掘工程在平行于煤层层面上的投影图。煤矿中常用于采煤工作面布置。

学习目标

1. 掌握采掘平面图的概念、内容和绘制及判读方法。
2. 掌握水平主要巷道布置平面图的概念、识读方法和应用。
3. 掌握平底车场平面图的概念、识读方法和绘制方法。

6.1　采掘工程平面图

6.1.1　采掘工程平面图概述

1. 采掘工程平面图的概念

采掘工程平面图是将开采煤层或开采分层内的实测地质情况和采掘工程情况，采用正投影的原理投影到水平面上，按一定比例绘制出的图件。如图6-1（a）所示为某矿采掘工程示意图，图中表示了一些井巷和一个采区的采掘情况。如图6-1（b）所示为将采掘情况用正投影的方法投影到水平面上，按比例绘制的采掘工程平面图。

从采掘工程平面图上，可以了解煤层产状变化、地质构造特征以及煤层的采掘情况，因此，采掘工程平面图是煤矿企业生产、组织、管理中必不可少的主要图件之一。

(a)

(b)

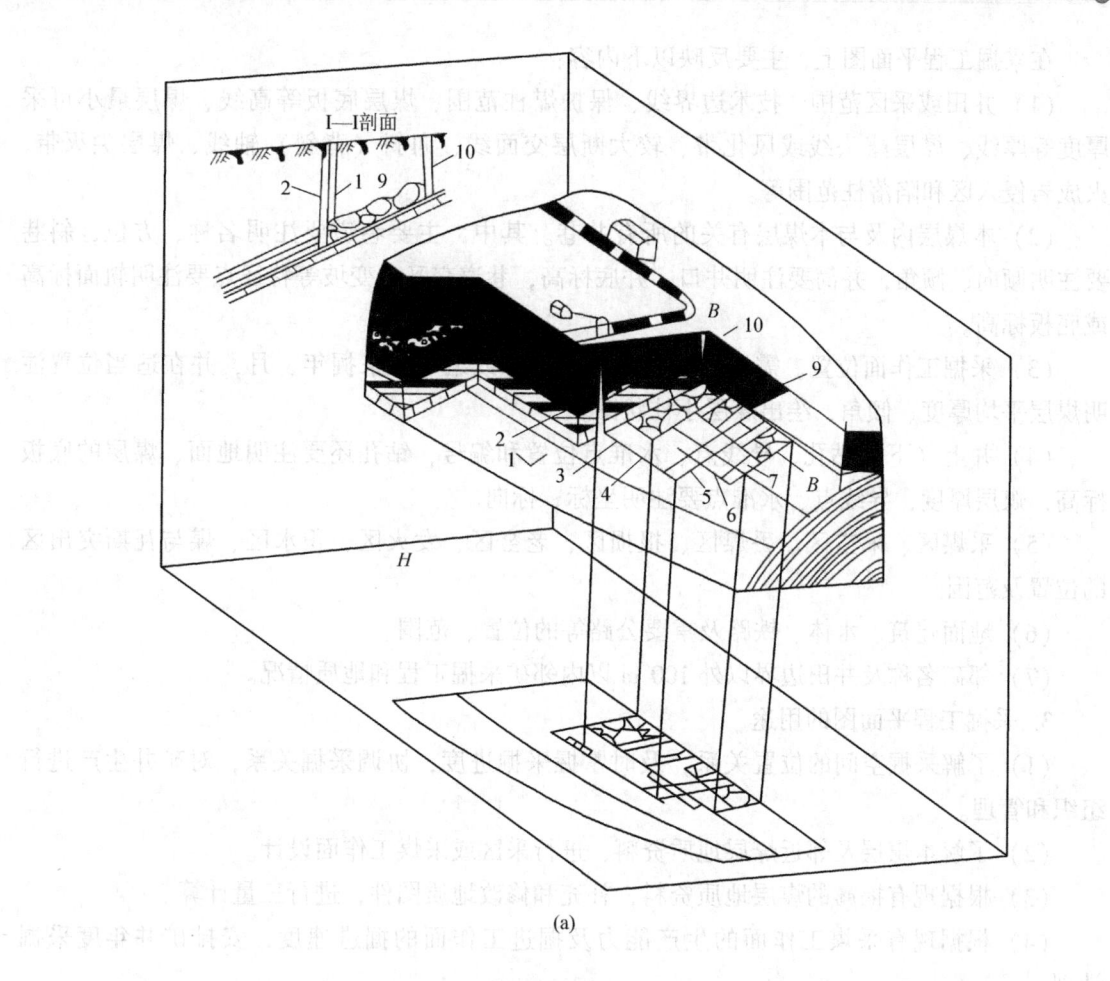

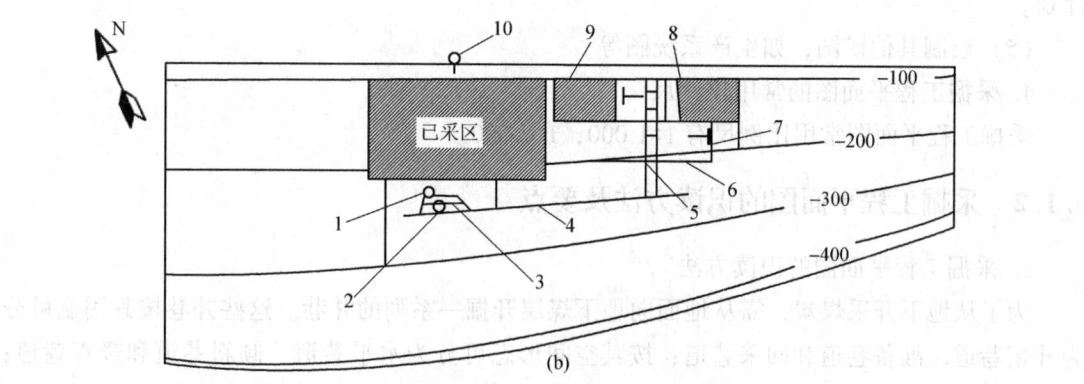

图6-1　采掘工程投影平面图

1—主井；2—副井；3—井底车场；4—运输大巷；5—上山；6—区段平巷；
7—工作面；8—总回风巷；9—采空区；10—风井

2. 采掘工程平面图的图示内容

在采掘工程平面图上，主要反映以下内容：

（1）井田或采区范围、技术边界线、保护煤柱范围、煤层底板等高线、煤层最小可采厚度等厚线、煤层露头线或风化带、较大断层交面线、向斜（背斜）轴线、煤层尖灭带、火成岩侵入区和陷落柱范围等。

（2）本煤层内及与本煤层有关的所有井巷。其中，主要巷道要注明名称、方位，斜巷要注明倾向、倾角，并简要注明井口、井底标高，巷道交叉、变坡等特征点要注明轨面标高或底板标高。

（3）采掘工作面位置。需注明采掘工作面名称或编号，采掘年、月，并在适当位置注明煤层平均厚度、倾角，绘出煤层小柱状图。

（4）井上（下）钻孔、导线点、水准点位置和编号，钻孔还要注明地面、煤层的底板标高，煤层厚度，导线点、水准点要注明坐标、标向。

（5）采煤区、采空区、丢煤区、报损区、老窑区、发火区、积水区、煤与瓦斯突出区的位置及范围。

（6）地面建筑、水体、铁路及重要公路等的位置、范围。

（7）邻矿名称及井田边界以外 100 m 以内邻矿采掘工程和地质情况。

3. 采掘工程平面图的用途

（1）了解采掘空间的位置关系，及时掌握采掘进度，协调采掘关系，对矿井生产进行组织和管理。

（2）了解本煤层及邻近煤层地质资料，进行采区或采煤工作面设计。

（3）根据现有揭露的煤层地质资料，补充和修改地质图件，进行三量计算。

（4）根据现有采煤工作面的生产能力及掘进工作面的掘进速度，安排矿井年度采掘计划。

（5）绘制其他矿图，如生产系统图等。

4. 采掘工程平面图的常用比例尺

采掘工程平面图常用比例尺有1∶1 000，1∶2 000。

6.1.2 采掘工程平面图的识读方法及要点

1. 采掘工程平面图的识读方法

为了从地下开采煤炭，需从地面向地下煤层开掘一系列的井巷。这些井巷按其用途可分为开拓巷道、准备巷道和回采巷道；按其空间形态可分为水平巷道、倾斜巷道和竖直巷道；按其在煤岩层的位置可分为煤层巷道、岩层巷道和煤岩层巷道。这些井巷有些是相交的，有些是交错的，有些又是平行的。这些不同形式的巷道，分布在井下不同的空间位置上，就形成了一个纵横交错的巷道网。

识读采掘工程平面图，应具备辨识巷道在空间位置及其相互关系的基本知识。

在采掘工程平面图上，煤层的产状一般是用煤层底板等高线来表示的。因此，辨别各类巷道在空间的位置，应注意巷道底板标高与煤层底板标高的关系。

1) 竖直巷道、倾斜巷道与水平巷道的识别

(1) 立井、暗立井等属于竖直巷道。如图6-2所示为一圆形截面的立井，图中"三号井"为井名，+45.3表示井口标高，-180.5表示井底标高，箭头向里表示进风井、箭头向外表示出风井，两标高的差即立井的深度，H = 45.3 - (-180.5) = 225.8 m。

在平面图上，钻孔和立井的符号相似，容易混淆，看图时要注意它们的区别。通常来说，在采掘工程平面图上，立井和井下巷道是联系在一起的，而钻孔则是孤立的。如图6-3所示为几种钻孔符号，图6-3 (a) 为见煤钻孔，图中+43.5、-76.3分别为钻孔的孔口和孔底标高，116表示钻孔号，1.8表示该煤层厚度；图6-3 (b) 为无煤钻孔，图6-3 (c) 为注浆钻孔。

(2) 斜井、暗斜井和上（下）山等巷道属于倾斜巷道。其特点是倾斜角度较大。斜井在采掘工程平面上，以专用符号来表示，其他巷道是否为倾斜巷道，主要视其名称和底板标高而定。如图6-4所示为一组斜巷与平巷平面图，图6-4 (a) 中注明了各巷道的名称，可以从所注明的上山、轨道大巷、运输大巷等不同的名称来辨别巷道是倾斜的还是水平的；图6-4 (b) 中并没有注明巷道名称，但注明了巷道底板的标高数值，如果一条巷道中各测点标高数值相差较大，则可判定该巷道是倾斜巷道；各测点标高数值很接近，则可判定是平巷。

(3) 平硐、石门、运输大巷、回风平巷等属于水平巷道。

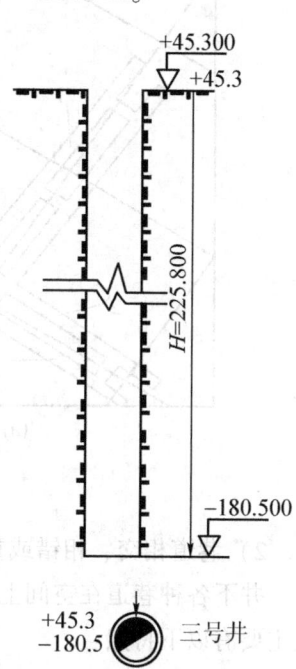

图6-2 立井示意图

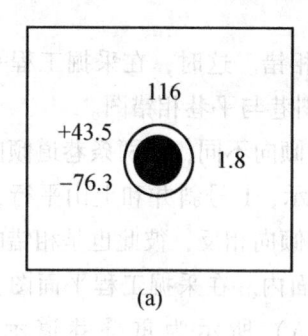

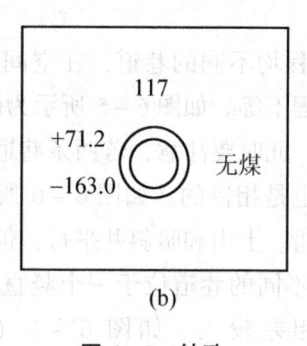

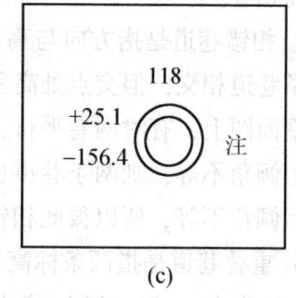

图6-3 钻孔

(a) 见煤钻孔；(b) 无煤钻孔；(c) 注浆钻孔

所谓水平巷道，并不是绝对水平的，为了运输和排水的需要，需有一定的坡度，一般为3‰~5‰。平硐在采掘工程平面图上，亦有专用符号表示；其巷道是否为水平巷道，也主要视其名称和底板标高而定。同样在图6-4中，由图6-4 (a) 中的轨道大巷和轨道大巷名称

知其为大巷,可知这两条巷道是水平巷道,图 6-4 (b) 中 C、D 两点标高数值差很小,则可判定该巷为水平巷道。

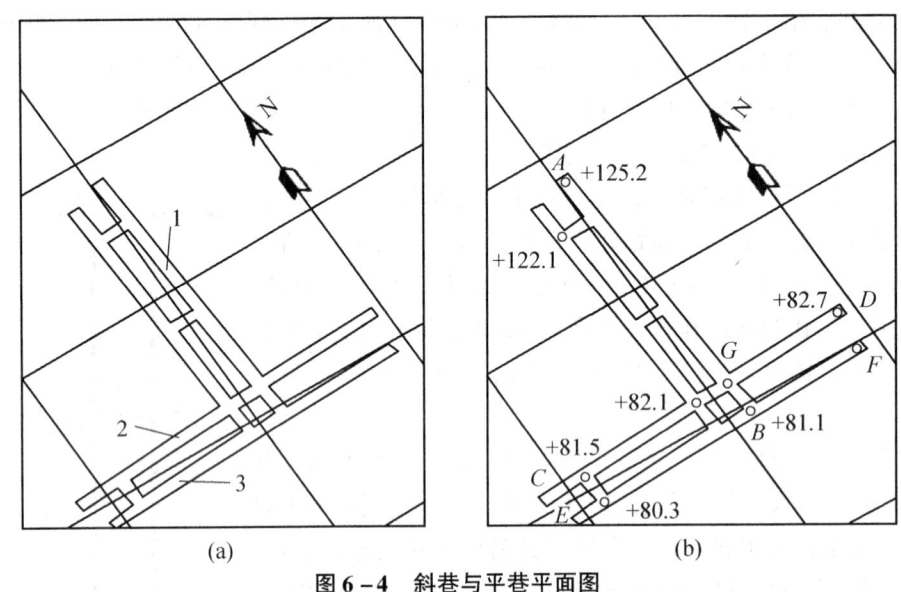

图 6-4 斜巷与平巷平面图
1—上山;2—轨道大巷;3—运输大巷

2) 巷道相交、相错或重叠的识别

井下各种巷道在空间上的相互位置关系有三种情况:相交、相错或重叠。反映在平面图上主要有以下特点:

(1) 相交巷道是指两条方向不同的巷道相交于一处。这时在采掘工程平面图上,两条巷道在交点处高程相等。如图 6-4 (b) 所示,南北方向的巷道和东西方向的巷道相交,交点处标高相等。

(2) 相错巷道是指方向与高程均不同的巷道,在空间相错。这时,在采掘工程平面图上,两条巷道相交,但交点处高程不等。如图 6-5 所示为斜巷与平巷相错图。

在平面图上,有时两巷平行,此时要注意,若两条巷道倾向不同,或两条巷道倾向虽然一样,但倾角不等,则两条巷道也是相错的。如图 6-6 所示,1 号斜井和上山平行,倾向相同,但倾角不等,所以彼此相错。上山和暗斜井平行,但倾向相反,彼此也是相错的。

(3) 重叠巷道是指两条标高不同的巷道位于一个竖直面内。在采掘工程平面图上,两条巷道重叠在一起,但标高相差较大。如图 6-7 (a) 所示为重叠巷道示意图,图 6-7 (b) 为两条巷道的采掘工程平面图。在图 6-7 (b) 中可以看出,石门和上山重叠在一起,从巷道标高可知,上山在石门的上方。

综上所述可知,在采掘工程平面图上,辨别两条巷道是相交、相错,还是重叠的,主要是根据两条巷道的标高,另外在巷道用双线表示时,相交巷道,交点处线条中断,如图 6-4 (b) 所示 G 点;两巷相错,上部巷道连续而下部巷道中断,如图 6-5 (b) 所示 A 点;两巷重叠,位于

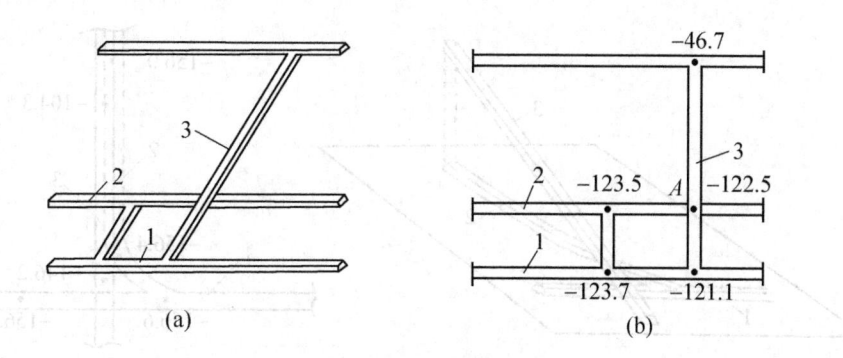

图 6-5　斜巷和平巷相错图

1—运输大巷；2—副巷；3—上山

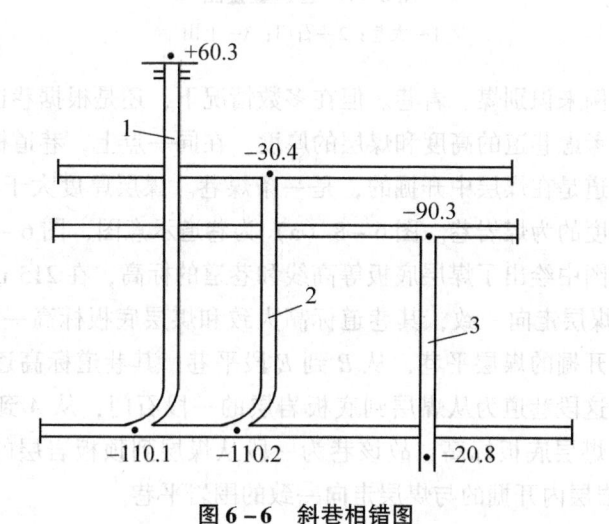

图 6-6　斜巷相错图

1—1 号斜井；2—上山；3—暗斜井

上部的巷道用实线表示，位于下部的巷道用虚线表示，如图 6-7（b）所示。

3）煤巷和岩巷的识别

（1）巷道断面中，煤层占 4/5 及以上的巷道称为煤巷。这类巷道在采区中较多，如上（下）山、区段平巷、开切眼等。有时运输大巷、总回风巷也在煤层中开掘。巷道断面中，岩层占 4/5 及以上的巷道称为岩巷。这类巷道多为矿井的开拓巷道，如立井、斜井、平硐、主要石门、井底车场、主要运输大巷等。一些为厚煤层服务的上（下）山或区段集中平巷，有时也为岩巷。巷道断面中，岩层占 1/5~4/5 的，称为煤岩巷。这类巷道多为薄煤层或较薄的中厚煤层，开采时，当采区上（下）山巷道、区段平巷在煤层中开掘断面高度不够时，视情况进行挑顶或卧底而掘成的巷道。

（2）在采掘工程平面图上，可根据巷道名称辨别是煤巷还是岩巷。例如，煤层上山、工作面运输平巷、开切眼等属于煤巷，主井、石门、井底车场、采区下部绕装车站等属于岩

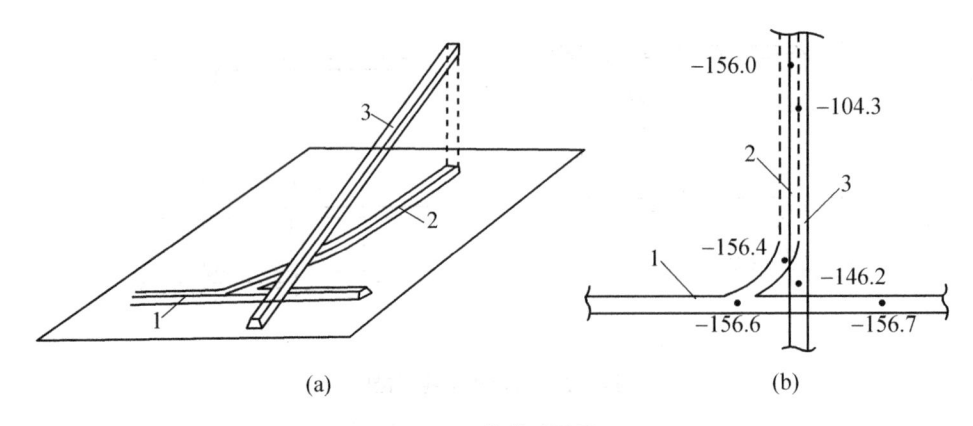

图 6-7 巷道重叠图

1—大巷；2—石门；3—上山

巷。有时还可通过图例来识别煤、岩巷。但在多数情况下，还是根据巷道标高和煤层底板标高来识别；有时还需考虑巷道的高度和煤层的厚度。在同一点上，巷道标高和煤层底板标高大致相同，则说明巷道是在煤层中开掘的，是一条煤巷。煤层厚度大于巷道高度的为煤巷，煤层厚度小于巷道高度的为煤岩巷。图 6-8（a）为巷道示意图，图 6-8（b）为其相应的采掘工程平面图，在图中绘出了煤层底板等高线和巷道的标高，在 215 m 高程的水平面开水平巷道。A 段平巷和煤层走向一致，其巷道标高大致和煤层底板标高一致。由此可以看出，该巷为一沿煤层走向开掘的煤层平巷，从 B 到 E 段平巷，其巷道标高逐渐低于相同点煤层底板标高，可以看出这段巷道为从煤层到底板岩层的一段石门，从 A 到 C 段平巷，其巷道标高逐渐高于相同点煤层底板标高，故该巷为一段从煤层到顶板岩层的石门；同理可以看出，CD 段是在顶板岩层内开掘的与煤层走向一致的围岩平巷。

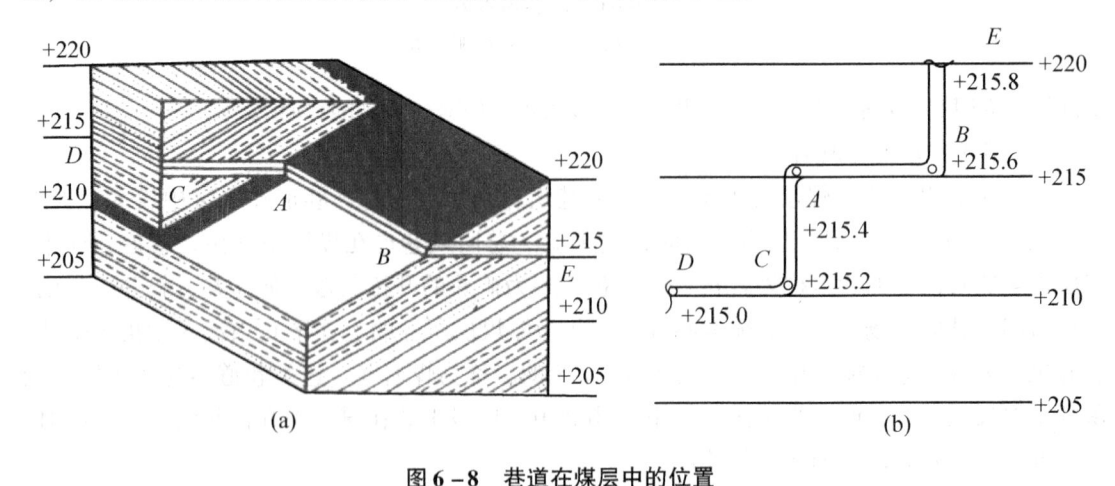

图 6-8 巷道在煤层中的位置

综上所述，在采掘工程平面图上，识别各类巷道的位置和状态，主要是从巷道内标高变化情况，不同巷道标高的相互关系，以及巷道标高与煤层底板标高的关系着手来分析。

2. 采掘工程平面图的识读步骤及要点

识读采掘工程平面图，要求搞清两个方面的问题，一是煤层产状要素和主要地质构造情况；二是井下各种巷道的空间位置。前者可以从煤层底板等高线及有关地质符号来分析，后者则可以通过巷道标高来分析。

识读采掘工程平面图，应具有矿井巷道布置和开采方法等方面的基本知识。此外，在读图前可以通过其他资料，对煤层产状、井田范围、地质构造、巷道布置及开采方法等情况有大致的了解，这对进一步看清采掘工程平面图是有帮助的。其主要内容及识读顺序如下：

（1）看清图名、坐标、方位、比例尺及绘制时间。从坐标、方位可了解采掘工程平面图所处的地理位置。看绘制时间（或填图时间）可知该图反映何时的采掘情况。

（2）了解采区或采煤工作面的范围、边界以及四邻关系。

（3）搞清煤层产状及主要地质构造。根据煤层底板等高线及有关地质符号，搞清全井田、采区或采煤工作面的煤层大致产状以及主要地质构造等。

（4）识读全矿井巷道布置及采掘情况。首先找出井口位置，再按井口到井底车场，经主要石门、主要水平运输大巷到采区的顺序，对全矿各主要巷道的空间位置及相互联系建立一个整体和系统概念；再分采区了解每个采区的采准巷道布置、通风系统、运输系统、采煤方法、采煤工作面和掘进工作面的位置、采煤工作面月进度、采区内煤层产状和地质构造等。

（5）掌握采掘情况。首先分区域搞清采煤工作面和掘进工作面的位置、月进度以及工作面的煤岩层特征和地质构造；然后了解现有采煤工作面和掘进工作面的数目和配置情况。

（6）将平面图和剖面图结合起来识读。在采掘工程平面图上，有些矿井的巷道较为复杂，纵横交错、上下重叠，又未注明标高数值，不易看清各巷道的位置关系。这时，可以将平面图与有关剖面图对照识读，在平面图上先找出剖面线的位置；然后对照相应的剖面图进行识读，这样就容易搞清巷道的空间位置关系了。

采掘工程平面图识读

6.1.3 采掘工程平面图的绘制方法

1. 采掘工程平面图绘制的依据

在绘制采掘工程平面图时，应依据以下两个方面的资料进行绘制：

（1）采掘工程设计图。采掘工程设计图是按照设计所绘制的图件，在施工过程中一般不允许做较大改动，其中的地质资料和设计的技术方案是绘制采掘工程平面图的依据。

（2）生产过程中实际测绘的地质资料和采掘情况。采掘工程平面图是反映生产过程的动态图，应以实测为准。因此，在生产过程中揭露的地质情况以及测绘的采掘工程进尺，是绘制采掘工程平面图的基础资料。它主要包括新探明的地质构造，采掘工作面的位置，逐月的实际进度，采空区、发火区、积水区的范围以及采掘工程各种因素的变化情况等。

2. 采掘工程平面图绘制的方法

采掘工程平面图绘制的方法和步骤如下：

（1）绘出井筒。在煤层底板等高线图上，绘制出实测的井筒位置及方位。

（2）绘出运输大巷、总回风巷、井底车场及硐室。从井筒起依次将实测的运输大巷、总回风巷、井底车场及硐室绘出，根据巷道类别采用相应的图形符号绘制，并标注测点编号及巷道底板标高。根据井田开拓方式图和采区巷道布置图，绘出与本采区有关的主要运输大巷和总回风巷，以确定大巷在本采区或邻近本采区的具体位置，距采区边界及煤层顶（底）板的法线距离、水平距离、大巷底板标高等。

（3）绘出采区内的各种巷道、硐室及采空区。根据所测定的采区巷道参数（位置、长度、方位），绘制出采区上（下）山及区段巷道，标明各段巷道的底板标高，再结合采区各单项工程的施工方案，绘出采区上（下）山与运输大巷及总回风巷、区段巷道与采区上（下）山之间的各种联络巷道，其中包括采区石门、下部车场、中部车场、上部车场、采区煤仓、采区变电所、采区绞车房、行人通风联络巷等。明确这些巷道、硐室的形态、位置及尺寸，并需特别注意巷道之间的空间位置关系，标明各段巷道、巷道交叉点、变坡点等特征点标高。绘制出采空区的范围及开采时间。

（4）标注通风构筑物、风流系统及运输系统。按统一规定符号，绘出风门、风桥、调节风窗、密闭等通风构筑物及局部通风机的位置，新鲜风流和污浊风流的路线；绘出煤炭、材料、设备及矿石的运输路线。

（5）标注井巷名称及采区、工作面的有关参数。标注井巷的名称及主要参数，标注开拓井巷的主要参数，如井筒井口坐标、标向、井筒方位角、倾角、长度（深度）、大巷长度、方位及坡度等；采区主要参数，如采区走向、倾斜长度、采煤工作面长度、停采线位量、采区边界煤柱宽度、区段煤柱宽度、采区上（下）山之间及两侧煤柱宽度、相邻采区的名称等。标明采区内现有采煤工作面的名称、位置，掘进工作面的名称、位置，注明生产队组名称、月进度、采掘时间等。

综上所述，一幅完整的采掘工程平面图包含内容较多，在绘制时，每一方面、每一细节均应考虑周全，并力求准确，否则将给矿井生产和管理带来不良后果，甚至造成严重损失。

采掘工程平面图的应用

6.2 水平主要巷道布置平面图

6.2.1 水平主要巷道布置平面图概述

1. 水平主要巷道布置平面图的概念

矿井按开采水平的数目可分为单水平开拓（井田内只设一个开采水平）和多水平开拓（井田内设两个或两个以上开采水平）。将矿井某一开采水平面内的主要巷道和地质构造情况，用正投影的方法投影到水平面上，并按一定比例尺绘制的图件，称为水平主要巷道布置平面图。具体就一个矿井而言，需要开掘主井、副井、井底车场、主要运输石门、运输大巷、总回风巷、主要回风石门、回风井等巷道，水平主要巷道布置平面图就是反映这些主要巷道布置的图件。

如图6-9（a）所示为某矿用两个开采水平进行开采的示意图，该矿由一对竖井开拓。在-250 m水平，开掘了井底车场，煤层底板内开掘了运输大巷；然后在各采区掘采区石门及煤巷，形成了这个矿-250 m开采水平的生产系统。如图6-9（b）所示为将上述的巷道投影到水平面上，按比例尺绘出的该矿-250 m开采水平主要巷道平面图。水平主要巷道平面图上一般仅绘出该开采水平的一些主要巷道，如图中-250 m水平的井底车场和主要运输大巷，而其他一些为采区服务的巷道，如采区石门、区段巷道等，也可以不绘出。

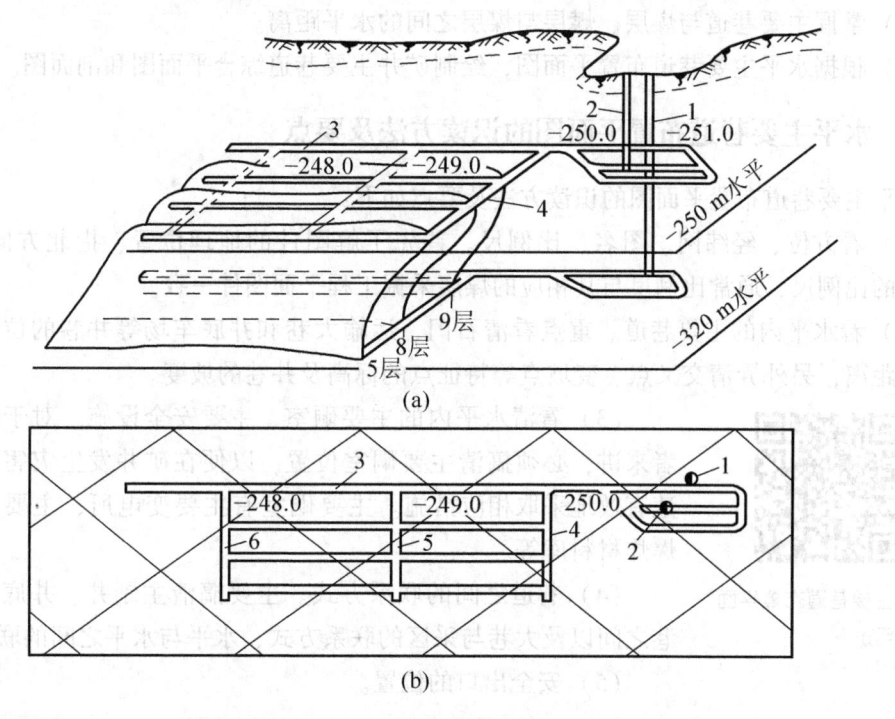

图6-9 某矿-250 m水平主要巷道布置平面图
1—主井；2—副井；3—运输大巷；4——石门；5—二石门；6—三石门

2. 水平主要巷道布置平面图的图示内容

水平主要巷道布置平面图包括以下图示内容：

（1）开采水平内的主要巷道和硐室。包括为该水平服务的井底车场、运输石门、运输大巷、回风石门、总回风巷及开采水平间的联络巷等。

（2）水平内的煤层埋藏和地质构造情况。

（3）重要的安全设施。如永久性防水闸门、水闸墙、防火门、永久性风门、放水钻孔及注浆孔等。

(4) 井田边界、主要保护煤柱（井筒保护煤柱、工业广场保护煤柱、铁路及重要公路保护煤柱、建筑物下保护煤柱、水体保护煤柱等）的边界线以及井田边界线以外 100 m 内邻矿的采掘情况。

(5) 永久导线点、水准点、巷道交叉点、变坡点以及大巷流水坡度等。

3. 水平主要巷道布置平面图的用途

水平主要巷道布置平面图的主要用途是：

(1) 了解开采水平内主要巷道布置和煤层采掘情况。

(2) 了解煤层沿走向的变化，指导巷道的设计和施工。

(3) 了解开采水平内主要断层和褶曲分布状况，分析确定本水平巷道延伸方向。

(4) 掌握主要巷道与煤层、煤层与煤层之间的水平距离。

(5) 根据水平主要巷道布置平面图，绘制矿井主要巷道综合平面图和剖面图。

6.2.2 水平主要巷道布置平面图的识读方法及要点

水平主要巷道布置平面图的识读方法及要点如下：

(1) 看方位、经纬网、图名、比例尺。首先了解图件的地理位置、指北方向、图名，再看图的比例尺，通常比例尺与其相应的煤层采掘工程平面图件一致。

(2) 看水平内的主要巷道。重点看清石门、运输大巷和井底车场等井巷的位置距煤层的水平距离，另外弄清交叉点、变坡点等特征点的标高及井巷的坡度。

(3) 看清水平内的主要硐室、主要安全设施。对于现场管理者来讲，必须搞清主要硐室位置，以便在矿井发生灾害时，能迅速有效地采取相应措施。主要硐室有主要变电所、主要水泵房和爆炸材料库等。

水平主要巷道布置平面图的用途

(4) 巷道之间的联系方式。主要搞清主副井、井底车场、大巷之间以及大巷与采区的联系方式，水平与水平之间的联系方式。

(5) 安全出口的位置。

6.3 井底车场平面图

6.3.1 井底车场平面图的概念

井底车场是由连接和环绕井筒的若干巷道和井筒附近的各种硐室组成的，它是联系井上下的总枢纽。

将井底车场内所有的巷道和硐室，用正投影的方法，投影到一个水平面上，并按比例尺绘出的图纸，称为井底车场平面图。

井底车场平面示意图

井底车场平面图详细反映了井筒附近巷道、硐室和运输线路的布置情况，是矿井不可缺

6.3.2 井底车场平面图的识读

井底车场平面图的比例尺一般采用 1:200 或 1:500,识读井底车场平面图,要注意看清重、空车的运行线路,看清井底车场内各巷道和硐室的位置及相互关系,看清井底车场内巷道及运输线路的坡度变化情况等。

1. 井底车场内调车系统

在井底车场内,重、空车的运行线路参考井底车场平面示意图二维码。了解井底车场内调车系统,必须具备矿井生产知识。

2. 装载系统及其硐室结构

从图 6-10 可看出,煤车内的煤炭,经翻笼硐室 3 翻入井下煤仓 4,通过箕斗装载硐室 5,被装入箕斗,经主井井筒 1 提升到地面。

翻笼硐室、井下煤仓、装载硐室及主井的相互位置关系如图 6-10 所示。图 6-10(a)为翻笼硐室附近的平面图,图 6-10(b)为沿 I—I 的剖面图,两个图对照看,不难看清各硐室之间的位置关系。

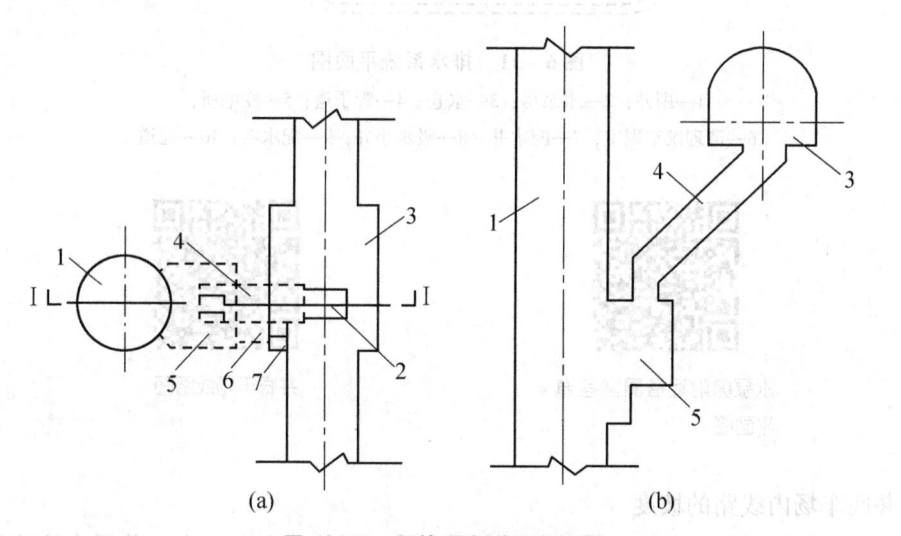

图 6-10 翻笼硐室附近平面图

1—主井井筒;2—翻笼口;3—翻笼硐室;4—煤仓;
5—箕斗装载硐室;6—人行道;7—行人立井

3. 排水系统及硐室结构

如图 6-11 所示,矿井涌水经井底车场巷道内的水沟流入水仓 3,由水泵房 2 中的水泵送入排水管路,经管子道 4,由副井 1 排出地面。

水仓是由低于井底车场标高的两条独立巷道组成的,其中一条巷道在清理煤泥时,另一条巷道可正常使用,水仓的一端设在井底车场标高的最低点,另一端和水泵房相连。

水泵房附近各硐室和巷道之间的位置关系也是较为复杂的，各硐室一般和中央变电所联合布置在副井附近，由水泵房 2、吸水小井 8、配水巷 9、配水井 7 和管子道 4 所组成。水泵房的一头经通道 10 与车场巷道相通，另一头经管子道 4 与副井 1 相连。

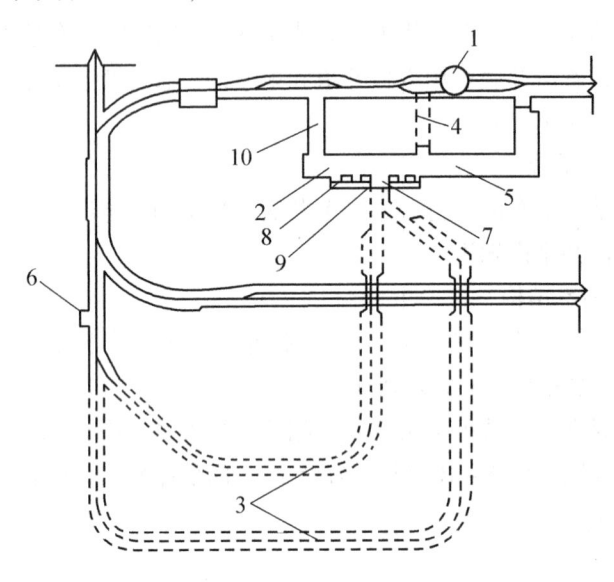

图 6-11 排水系统平面图

1—副井；2—水泵房；3—水仓；4—管子道；5—变电所；
6—清理绞车硐室；7—配水井；8—吸水小井；9—配水巷；10—通道

水泵房附近各硐室巷道平面图

井底车场线路图

4. 井底车场内线路的坡度

井底车场巷道线路的坡度，对矿车在车场内的运行状况和车场内矿井涌水流通都有重要的影响。

本章小结

本章主要包括采掘工程平面图、水平主要巷道布置平面图、井底车场平面图的概述、识读方法、绘制方法及应用。

以下是包含了本章内容的结构图，读者可借其所示流程对所学内容做一简要回顾。

第6章 采掘工程生产管理图

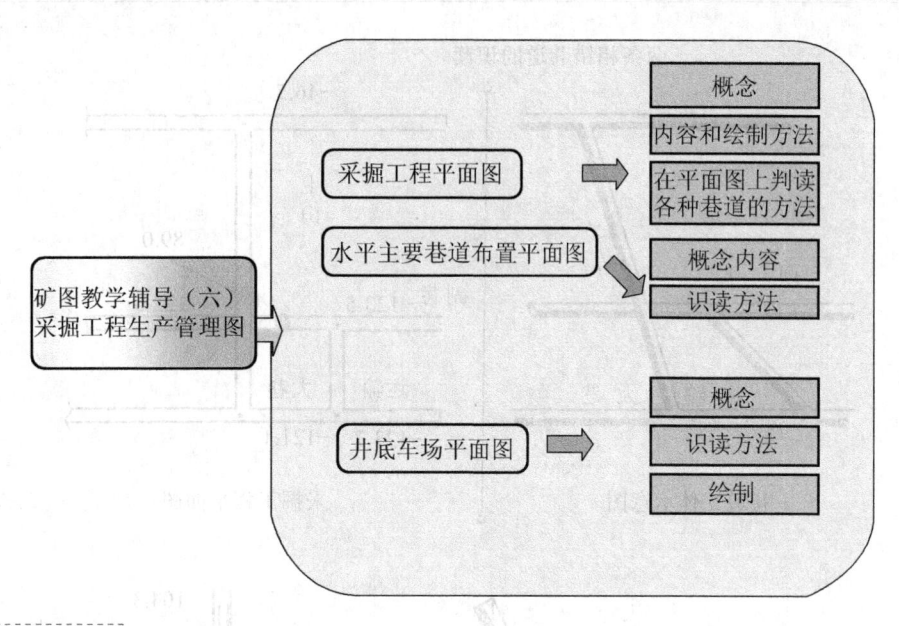

```
矿图教学辅导（六）
采掘工程生产管理图
  ├─ 采掘工程平面图 ─→ 概念
  │                    内容和绘制方法
  │                    在平面图上判读各种巷道的方法
  ├─ 水平主要巷道布置平面图 ─→ 概念内容
  │                            识读方法
  └─ 井底车场平面图 ─→ 概念
                       识读方法
                       绘制
```

学习活动

对照下图，识读采掘工程立体流程图与采掘工程平面图的对应关系。

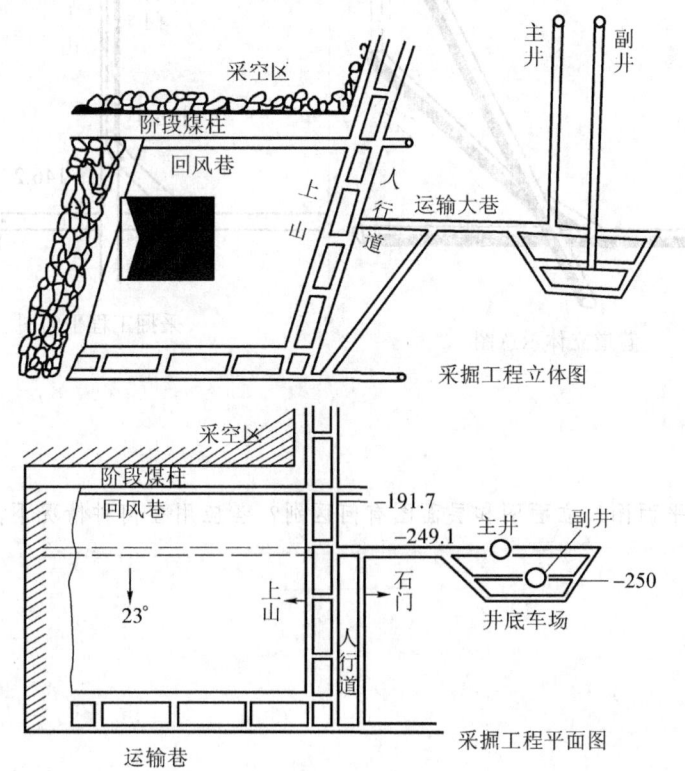

采掘工程立体图

采掘工程平面图

两条相错巷道的识读

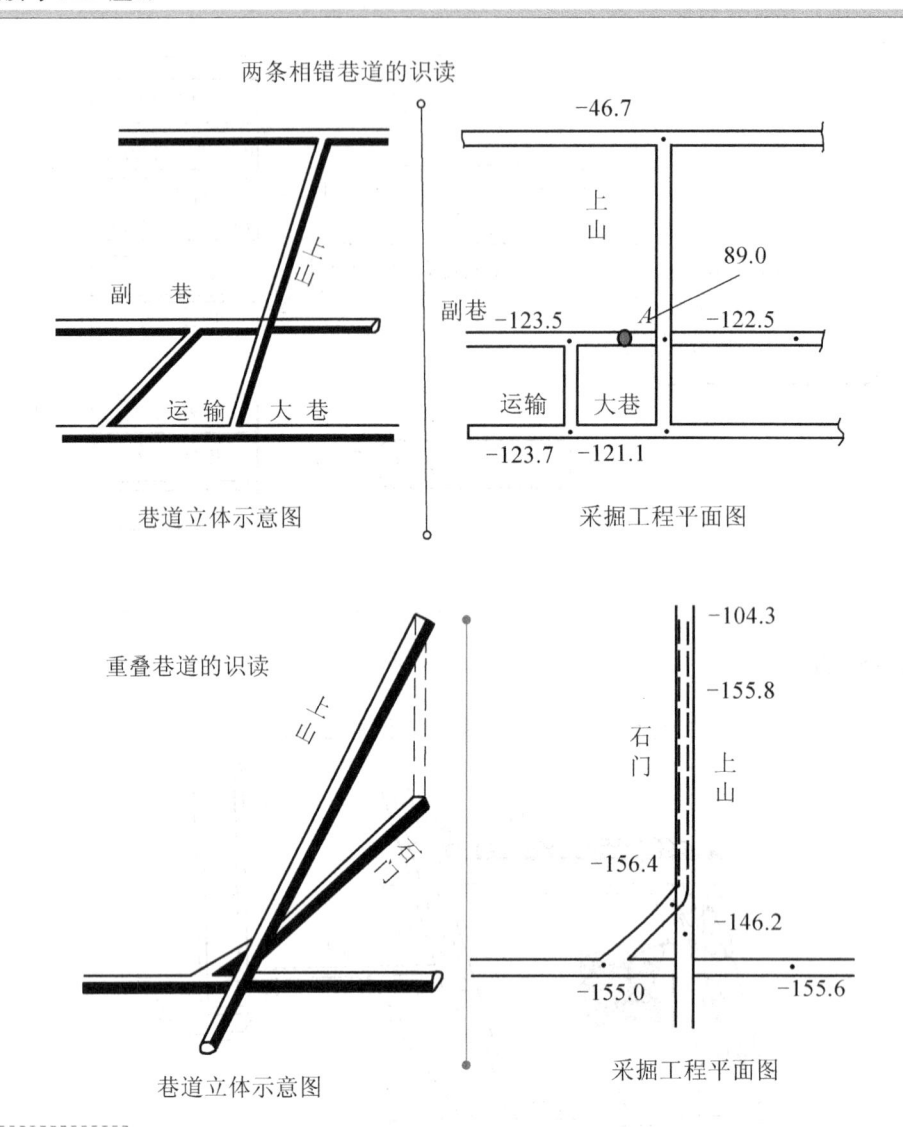

巷道立体示意图 / 采掘工程平面图

重叠巷道的识读

巷道立体示意图 / 采掘工程平面图

自 测 题

简答题

1. 采掘工程平面图、立面图和层面图有何区别？各应用在何种情况下？

2. 试述采掘工程平面图、水平主要巷道布置平面图、井底车场平面图的概念、内容、用途和常用的比例尺。

3. 任选一张某矿正在使用的全矿采掘工程平面图做识读练习，并按以下提纲写识读报告：全矿煤层产状及其变化情况，主要地质构造情况，井筒、水平主要巷道和采区巷道的布置情况，各巷道的形态、空间位置及其相互关系，全矿采掘工作面分布情况，全矿运输系统及通风系统。

第7章 井上下对照图

导　言

将井田范围内的地物、地貌和井下的采掘工程综合绘制在一张平面图上，这种图纸称为井上下对照图。井上下对照图主要包括两方面的内容：一是井田区域地形图所规定的内容，二是主要巷道综合平面图的内容。井上下对照图的比例尺一般为1:2 000或1:5 000。本章简要介绍了井上下对照图的概念、内容、绘制方法和应用。

学习目标

1. 了解井上下对照图的定义及用途。
2. 掌握井上下对照图的绘制及应用。

7.1 概述

用水平投影的方法将井下主要巷道投影到井田区域地形图上所得的图纸称为井上下对照图。

井上下对照图上应绘出以下内容：

(1) 井田区域地形图所规定的内容。

(2) 各个井口（包括废弃不用的井口和小窑开采的井口）位置。

(3) 井下主要开采水平的井底车场、运输大巷、主要石门、主要上（下）山、总回风巷和采区内的主要巷道，开采的工作面及编号。

(4) 井田技术边界线、保护煤柱围护带和边界线。

井上下对照图的主要用途是了解地面情况和井下采掘工程情况的相对位置关系，为地面建设规划、井下开采设计和施工服务。

7.2 井上下对照图的识读

识读井上下对照图时，应着重看清以下三方面的位置关系：

(1) 地面的地物、地貌，特别是通过矿区的河流、铁路，位于矿区内的湖泊、桥梁、工厂、村庄和其他重要建筑物等。

(2) 煤层埋藏情况，如煤层层数、厚度、走向、倾向、倾角等。

(3) 井下的采掘工程情况，如井下开采水平的数目、主要巷道的布置、采煤工作面和掘进工作面位置等。

7.3 井上下对照图的绘制方法

从井上下对照图的概念可知这是一种复合图。它是以井田区域地形图为基础绘制的。绘制时，首先在透明纸或聚酯薄膜上描绘井田区域地形图，标出井口位置、工业广场建筑物、道路、河流和其他地面重要建筑物等；然后用相同的比例尺，对好网格相应的坐标，再将主要巷道填绘上去，即得井上下对照图。随着井下采掘活动的不断变化，井上下对照图上也必须按一定时间，及时地将井下采掘情况填绘上去。

井上下对照图一般用1∶5 000或1∶2 000的比例尺绘制。

7.4 井上下对照图的应用

井上、下对照图的主要用途是了解地面情况和井下采掘工程情况的相互位置关系，为地面建设规划、井下开采设计和施工服务。例如在制订矿区规划时，应考虑将地面工厂、铁路和其他重要建筑物安置在井下采动影响范围之外；在进行井下开采设计时，井口位置的选择、井下巷道的布置、煤柱的留设、顶板管理方法的选择等，也要考虑地面具体情况。有了井上下对照图，解决这些问题就方便多了。现举例说明井上下对照图的应用。

1. 确定地表移动范围

由于井下采动所引起的岩层移动和地表沉降，可能使地表的铁路和重要建筑物遭受破坏，还可能使地面河流或湖泊之水随地表塌陷而涌入井下，造成重大灾害。因此，必须准确地确定受到采动影响地表移动的范围，以便采取必要措施。

如图7-1所示为某矿局部地区井上下对照图。地面有一个村庄，在井下-20~-60 m和-60~-100 m等高线间，布置了两个正在采煤的工作面，现在要研究开采这两个工作面后，村庄是否会有危险。为此，就必须确定由于煤层采出而引起的地面移动范围。其作图步骤如下：

(1) 在井上下对照图上画出剖面线Ⅰ—Ⅰ、Ⅱ—Ⅱ和Ⅲ—Ⅲ的位置，如图7-1所示，沿此三条线作地表和煤层的垂直剖面图。

(2) 在Ⅰ—Ⅰ、Ⅱ—Ⅱ和Ⅲ—Ⅲ剖面图的上部开采边界点上（Ⅰ—Ⅰ、Ⅱ—Ⅱ的5′点，Ⅲ—Ⅲ的6′点），按上山移动角γ作直线与地表相交，分别得到A'、B'、C'三点。图中的上山移动角γ与煤层厚度、开采深度、覆盖岩层性质等因素有关。

(3) 将A'、B'、C'投影到水平线上，得A、B、C三点。

(4) 将三个剖面图上的A、B、C三点分别转画到井上下对照图的三个剖面线上，得平

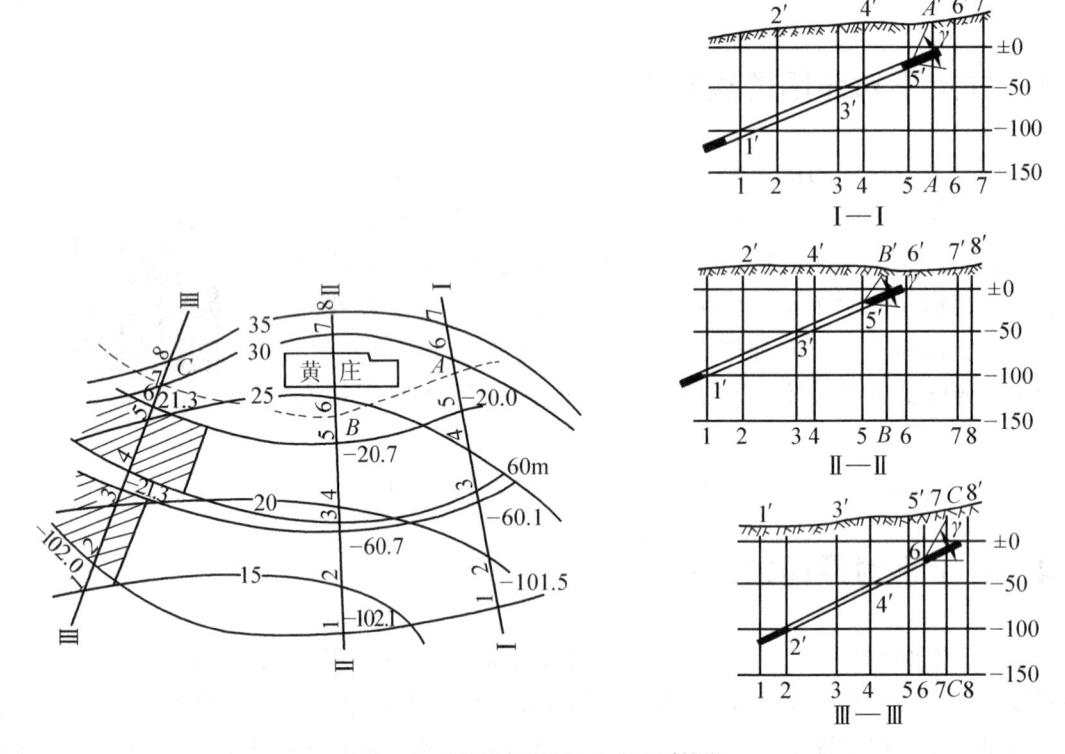

图 7－1　某矿局部地区井上下对照图

面图上的 A、B、C 三个点。

（5）过井上下对照图上的 A、B、C 三点作虚线，即确定了地表受岩层移动影响的范围。由图可知，村庄位于地表移动范围以外，井下开采不会危及村庄的安全。

2. 确定井下开采深度

在井上下对照图上，可同时知道地面某点标高 $H_上$ 和煤层底板标高 $H_下$，则该点的开采深度 H 为

$$H = H_上 - H_下$$

如图 7－1 所示 Ⅰ—Ⅰ 线上 5 点处的开采深度为：

$$H = 27.5 - (-20.0) = 47.5 \text{ m}$$

利用这种方法，可确定排水钻孔、灌浆灭火钻孔等各种钻孔的深度。

3. 考虑铁路下、建筑物下和水体下采煤的问题

在铁路下、建筑物下和水体下进行开采工作，由于岩层的塌陷会造成地表的沉降。为使地表发生的沉降不会引起铁路、建筑物的破坏和水体的水导入井下，则需要在开采方法、开采顺序和开采时间上采取适当的措施，有时还要在建筑物的结构上采取措施。井上下对照图是研究"三下采煤"问题的基础资料之一。

4. 确定钻孔位置

第7章　井上下对照图

在进行钻探、井下注浆灭火、排水或处理井下灾害事故中，往往需要向井下打钻，此时，准确定出钻孔位置是极其重要的。这项工作也需借助井上、下对照图来解决。

某矿局部地区井上下对照图

本章小结

本章主要包括井上下对照图的概念、内容、绘制方法及应用。

以下是包含了本章内容的结构图，读者可借其所示流程对所学内容做一简要回顾。

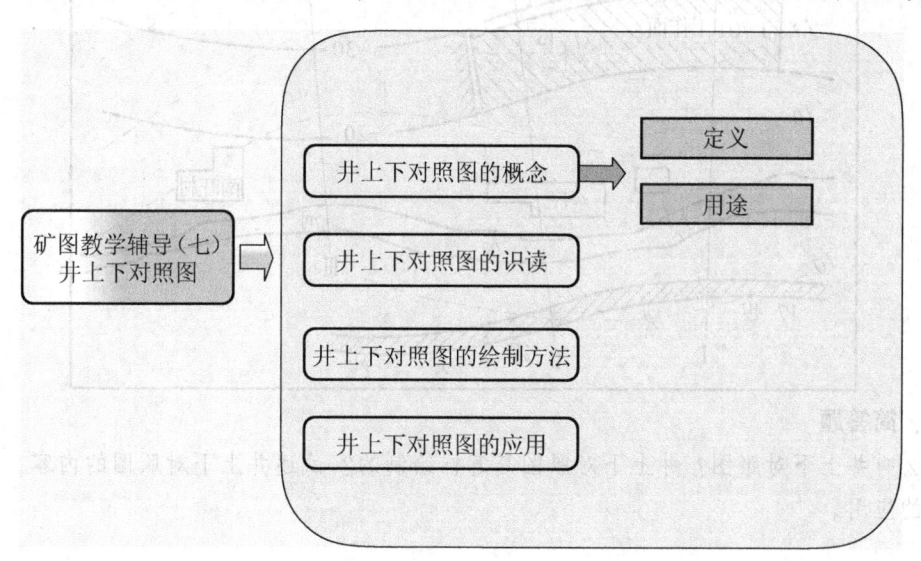

```
矿图教学辅导（七）  →  井上下对照图的概念  →  定义
井上下对照图                                用途
                      井上下对照图的识读
                      井上下对照图的绘制方法
                      井上下对照图的应用
```

学习活动

对照"山西某矿9号煤井上下对照图.dwg"，识读井上下对照图。（请扫二维码）

自测题

一、识图题

下图为某矿局部地区井上下对照图。虚线为地形等高线，实线为煤层底板等高线，煤层厚度为2.0 m，上山移动角为65°，图的比例尺为1∶2 000。试求：

（1）井下1701工作面采空后，是否会影响地表辛庄和南旺村的安全？

（2）M点的开采深度。

"山西某矿9号煤井上下对照图.dwg"

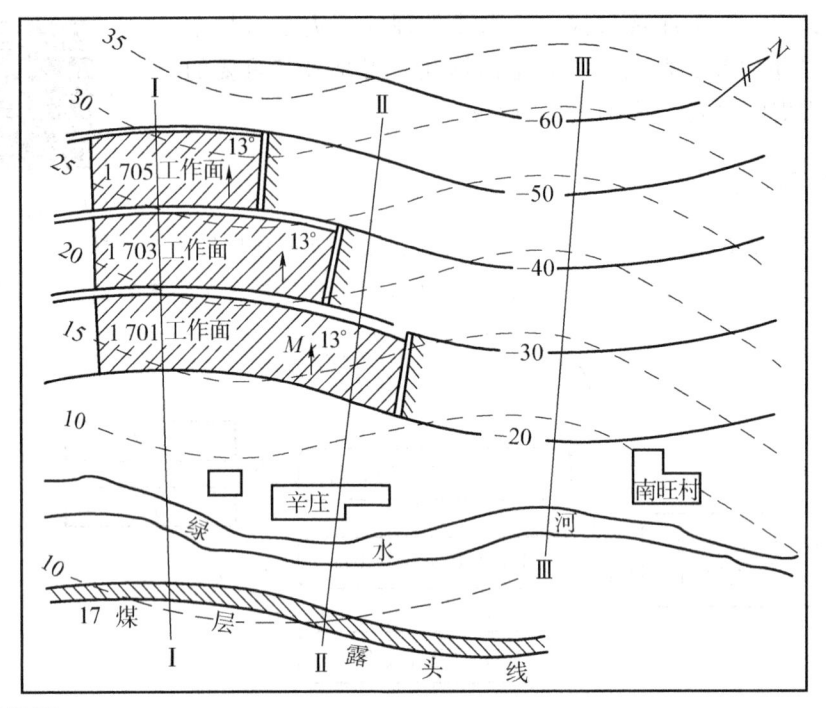

二、简答题

什么叫井上下对照图？井上下对照图是怎样绘制的？试述井上下对照图的内容，并举例说明它的应用。

第8章 安全工程图

导言

煤矿井下的环境条件十分复杂。瓦斯、煤尘、煤炭自然发火、透水、冒顶五大灾害事故时有发生，严重制约着煤矿的安全生产。为了煤矿的安全问题，国家制定了一系列有关煤矿安全生产的法律和法规，建立了较健全的煤矿安全监督监察管理体系，积极推广使用新技术、新装备、新工艺及现代科学管理方法，加强煤矿的安全管理。煤矿安全工程图是贯彻国家相关法律法规，按照煤矿自然灾害发生的客观规律，科学防治井下各种灾害的技术手段的反映。它是我国煤矿生产安全技术经验的总结，是煤矿设计、建设及生产中不可缺少的重要图件。

学习目标

1. 掌握各类安全工程图的概念、分类及用途。
2. 掌握各类安全工程图的绘制和识读方法。

8.1 矿井通风系统图及网络图

8.1.1 概述

矿井通风是借助各种动力向井下各用风地点输送适量新鲜空气，保证人员呼吸、稀释和排出各种有害气体与浮尘、降低热害、创造良好的气候条件，并在发生灾变时能够根据救灾的需要控制和调度风流的流动路径。因此，《煤矿安全规程》第一百零七条规定："矿井必须有完整的独立通风系统……"。矿井通风系统是矿井通风方式、主要通风方法和通风网络的总称。

矿井通风系统图是表示矿井通风网络，通风设备、设施，风流方向和风量等参数的图件。它是煤矿设计、建设和生产必须绘制和必备的图纸，亦是煤矿安全生产管理工程图中最基础的图纸。

矿井通风系统图中图示的主要内容包括：

(1) 矿井进风井、回风井的数目及布置方式。
(2) 矿井通风网络结构（井下通风巷道系统结构）。
(3) 矿井通风设备型号、台数、主要技术参数、安装位置。
(4) 矿井通风网络新鲜风流、污浊风流的方向及路线。
(5) 各巷道、硐室、采煤工作面、掘进工作面名称及通过的风量。

(6) 矿井通风设施及其位置。矿井通风设施包括防爆门、测风站、风桥、风门、调节风窗、风帘、密闭墙等。

8.1.2 矿井通风系统图的识读

识读矿井通风系统图，首先应认真仔细地阅读图纸的图名、图号、比例尺，然后根据图样、图例、技术说明，按以下顺序进行识读：

(1) 识读矿井开拓开采巷道布置及采掘情况。如井口位置、井筒数目、井底车场、主要巷道布置、采区巷道布置、采掘工作面位置及主要硐室分布等。通过这一步骤，对全矿井巷道的空间位置及相互联系建立起一个系统的框架。当矿井通风系统工程平面图巷道系统复杂，不易看清各巷道的位置关系时，可借助有关剖面图对照识读。

(2) 识读矿井进风井、回风井数目及相互关系（矿井通风方式）；矿井通风方法；进风大巷、总回风巷数目及相互关系；采区进、回风井上（下）山的数目及相互关系；采煤工作面通风系统；掘进工作面通风系统；硐室通风系统。

某矿井通风系统平面示意图

(3) 识读矿井总风量及各用风地点的风量；主要通风机及局部通风机设置位置及有关技术参数。

(4) 识读矿井通风设施种类、数量及其位置。

8.1.3 矿井通风系统图的绘制

1. 绘制依据

矿井通风系统图是矿井安全工程图中的一种，亦属于矿井生产系统图的一类。绘制矿井通风系统图的依据资料有：

(1) 矿井开拓开采技术资料。矿井开拓开采技术资料是绘制矿井通风系统图的首要基础资料。这些资料主要有矿井采掘工程平面图，矿井采掘工程剖面图，采掘工程单项图，矿井开拓方式平面图，矿井开拓方式剖面图，采区巷道布置平、剖面图等。

(2) 矿井通风技术资料。矿井通风技术资料是指依据矿井开拓开采布置所确定的矿井通风技术方案及其参数。主要包括矿井通风方式，矿井通风方法，矿井通风网络结构，通风路线，风流方向，采掘工作面，硐室、巷道配风量，通风设备（包括地面和井下）型号、技术参数、数量及设置位置，控制风流设施结构及设置位置。

2. 绘制方法和步骤

绘制矿井通风系统图，首先应识读矿井采掘工程平面图或矿井开拓方式平面图，掌握整个矿井巷道系统的空间相互联系，为绘制矿井通风系统图建立起基本框架。然后，根据通风系统方案、通风系统图技术要求及矿井井巷复杂程度，确定绘制矿井通风系统图的类别和图幅大小。最后，根据不同类型的通风系统图的绘制方法进行绘制。

1) 矿井通风系统工程平面图

矿井通风系统工程平面图是直接在采掘工程平面图或矿井开拓方式平面图上，加注风流方向、风量、通风设备及通风构筑物绘制而成的，其绘制方法和步骤如下：

(1) 先复制一张采掘工程平面图或矿井开拓方式平面图。为使图纸清晰、明了，可删去图中与矿井通风系统关系不大的图示内容，如保护煤柱线、煤层小柱状、运煤路线及采区、区段划分线等。保留坐标网、指北方向、煤层底板等高线、断层、采空区范围、巷道及采掘工作面等图示内容。

(2) 根据所确定的矿井通风方式、通风方法和通风风网结构，在复制图上用专用符号标注进风风流和回风风流路线、通风构筑物、巷道风量、局部通风机位置及数量。标注顺序为从进风井开始，先标注进风系统后标注回风系统；先标注采煤工作面系统后标注掘进工作面系统和硐室（巷道）系统。

(3) 标注矿井主要通风设备的型号、台数及技术参数。

(4) 标注绘制矿井通风系统图的依据资料。

(5) 绘制图例。

2）矿井通风系统平面示意图

矿井通风系统平面示意图是根据开拓巷道、准备巷道、回采巷道、在水平面上投影的相对位置关系，不按比例尺绘制。其绘制方法及步骤如下：

(1) 根据采掘工程平面图或矿井开拓方式平面图，不按比例尺，用双线条绘制出井下各种巷道、硐室及采掘工作面的平面位置。为使矿井通风系统平面示意图能较切合实际地反映矿井巷道相互关系，绘制矿井主要井巷，各采区及工作面相对位置、尺寸一般尽可能按投影关系与比例尺绘制。对于在水平投影下重叠或交叉的巷道，可不严格按照各巷道的实际位置和比例尺绘制，只要求能清楚地反映出各巷道在通风系统中的相互关系。

(2) 标注图示内容。

3）矿井通风系统立体示意图

矿井通风系统立体示意图是根据轴测投影原理绘制的。其绘制方法及步骤如下：

(1) 根据采掘工程平面图、剖面图，或矿井开拓方式平、剖面图，采用轴测投影方法绘制出矿井巷道轴测图。在绘制矿井通风系统轴测投影图时，可根据需要采用不同类型的轴测投影。为了作图方便和增强轴测图的立体感，一般多采用斜角二测投影和斜角三测投影。若以 X 轴表示煤层走向，Y 轴表示煤层倾向，Z 轴表示空间垂直方向，X—Y 轴间角可取 30°、45°、60°、75°中任何一种，X—Z 轴间角为 90°。X 轴的轴向变形系数和 Z 轴的轴向变形系数取 1，Y 轴的轴向变形系数取 0.5。

由于通风系统立体示意图是一种示意性的图，在绘制过程中，为了避免某些巷道重叠和拥挤，使图纸更清晰、立体感更强，巷道不必严格按照其平面位置和高程绘制，某些局部巷道可以简化和移动位置。

(2) 在绘制的矿井巷道轴测图上标注矿井通风系统图中应标注的图示内容。

8.1.4 矿井通风网络图

矿井通风网络图是用不按比例尺，不反映巷道空间关系的单线条表示矿井通风路线连接形式的示意图，是将矿井通风系统图抽象成点与线集合的网状线路示意图。它反映的内容包括风网结构，风流分汇点，支路性质（串联、并联、角联），风流方向，进风、回风及用风地点。

对于一个矿井，通风系统工作的稳定性、合理性和安全性在很大程度上取决于风流线路的结构。由于矿井通风系统风流结构的复杂性，往往难以通过矿井通风系统图对其风流结构及流动关系进行准确的判断与分析，而矿井通风网络图则能直观、清楚地反映出矿井通风系统中的风流线路结构和流动关系，便于分析、研究矿井通风系统的合理性、稳定性和安全性，进行网络解算，改善和加强通风管理工作。

矿井通风网络图的绘制方法与步骤如下：

（1）在矿井通风系统图上，沿风流方向对风流的分点和汇点进行有序编号。

（2）以通风系统图为依据用单线条代表巷道，由下而上或从左到右按节点的编号顺序和通风巷道的连接形式绘制风网图。

（3）按风流系统先绘主干线，后绘支线，减少风路的交叉。

（4）完成风网图的雏形后，应适当美化加工，尽量绘成光滑弧状对称图。

（5）在各条风路上标注风流方向，巷道风阻、风量及通风阻力等数值，以及通风设备和设施，工作面的位置等。

（6）按上述方法绘制的通风网络图，往往比较复杂，不便使用。还应根据分析问题的需要作进一步简化。简化原则如下：

① 若遇阻力很小的局部风网或两个节点之间的阻力很小时，场地可简化为一个点。如井底车场等。

② 某些并联（或串联）的分支群，可用风阻值与该并联（或串联）分支群的总风阻相等的等效分支来代替。

③ 正在掘进的局部通风巷由于不消耗主要通风机功率，可以不在通风网络图中绘出。

④ 简化、合并那些对整个风网不产生影响，解算风网时又不影响准确性的部分（一般多在风网的进风和回风区内）。但对重点分析的部分要慎重处理，不可随意简化，以免疏漏实际存在的通风问题。

矿井通风系统图及网络图

（7）简化后的网络图，还应对节点编号、风阻值、阻力值及风量等进行重新调整。各分支巷道也应按风流方向重新进行编号。

2. 井下消防洒水管路系统图的用途

井下消防洒水管路系统图的用途如下：

（1）反映矿井井下消防洒水管路系统现状和供水能力，为矿井后续开拓开采规划提供技术资料。

（2）随着矿井巷道的掘进，采区和采面位置的变化，利用井下消防洒水管路系统图可合理地调配生产用水和防尘、消防用水。

（3）分析井下供水管路系统图布置的科学性和合理性，以便调整系统，提高其运行的经济性和安全性。

（4）根据井下消防洒水管路系统图，可合理安排井下清洗巷道、清扫落尘等防尘工作。

（5）矿井一旦发生火灾，可依据井下消防洒水管路系统图及时迅速地制定和实施直接灭火方案，为扑灭火灾、抢险救灾赢得时间。

某矿井井下消防洒水管路系统工程平面图

8.2.2 灌浆管路系统图

1. 概述

目前，我国生产的矿井中，有近一半多的矿井开采煤层具有自然发火性。矿井火灾事故中内因火灾数占矿井总火灾数的 70%～90%，因此，矿井内因火灾防治工作十分艰巨。防治矿井内因火灾最常用、最有效的方法是灌浆。灌浆就是把黏土或粉碎的页岩、电厂粉煤灰等固体材料与水按适当比例混合，制成一定浓度的泥浆，借助输浆管路送往可能发生自燃火灾的地点，进行注入或喷洒以达到防火和灭火的目的。《煤矿安全规程》第二百三十二条规定，开采容易自燃的煤层时，必须对采空区、突出和冒落孔洞等空隙采取预防性灌浆或全部充填、喷洒阻化剂、注阻化泥浆、注凝胶、注惰性气体、均压等措施，编制相应的防灭火设计，防止自然发火。

灌浆管路系统图是表示矿井灌浆防灭火管路布置及有关技术参数的图件，是具有自然发火煤层矿井灌浆防灭火工程设计、施工、管理中的主要图纸。灌浆管路系统图图示的主要内容包括：

（1）灌浆系统类别及制浆方法。

（2）输浆管路布置。

（3）灌浆方法。

（4）灌浆管路系统管材及管径。

（5）灌浆系统输浆量及倍线值。

（6）井巷名称等。

某矿井黄泥灌浆管路系统工程平面图

2. 灌浆管路系统图的用途

灌浆管路系统图的用途如下：

（1）反映矿井灌浆防灭火管路系统布置状况和灌浆能力，是矿井开拓开采规划、生产

8.2 安全管路系统图

煤矿井下瓦斯、火、煤尘、水、顶板等五大灾害隐患的存在，使得煤矿生产的工作条件变得十分恶劣。人们在长期的煤矿生产中，总结出了一系列防治井下各种自然灾害的方法，对保障煤矿安全生产，促进煤炭工业持续稳定健康地发展发挥着积极的作用。其中，井下消防洒水、黄泥灌浆、抽放瓦斯等均是目前煤矿普遍采用且行之有效的防治措施。《煤矿安全规程》第十二条规定中将防尘（井下消防洒水）、防火注浆（黄泥灌浆）、抽放瓦斯等管路系统图列为井工煤矿必须及时填绘反映实际情况的图纸。本节主要介绍煤矿安全工程中常用的井下消防洒水管路系统图，灌浆管路系统图，瓦斯抽放管路系统图的图示内容、识读方法和绘制。

8.2.1 井下消防洒水管路系统图

1. 概述

井下火灾是煤矿的主要灾害之一。矿井一旦发生火灾，不仅烧毁设备和资源往往还可能引起瓦斯、煤尘爆炸，使灾害程度和范围相应扩大。为了安全、迅速、有效地控制火势扩大、蔓延，最大限度地减少火灾事故造成人员伤亡和财产损失，《煤矿安全规程》第二百一十八条规定，矿井必须设地面消防水池和井下消防管路系统。

矿尘亦是煤矿的主要灾害之一。煤矿在生产过程中，每道生产工序都会产生大量的粉尘，井下粉尘分布面广。煤尘能造成严重的煤尘爆炸灾害，岩尘和煤尘还能污染作业环境，使工人罹患尘肺病。为了消除或减轻煤矿粉尘的危害，就必须对井下各种尘源进行治理。目前治理粉尘的基本手段是水。《煤矿安全规程》第一百五十二条规定，矿井必须建立完善的防尘供水系统。没有防尘供水管路的采掘工作面不得生产。通常将井下消防管路系统和防尘洒水供水管路系统合二为一，称为井下消防洒水管路系统。该系统既能满足井下消防，又能满足井下防尘洒水。

井下消防洒水管路系统图是表示煤矿井下消防和防尘供水管路系统及有关技术参数的图件，是矿井消防洒水工程设计、施工、管理中的主要图纸。

井下消防洒水管路系统图中图示内容主要以图样形式反映，辅以文字和表格说明，主要内容包括：

（1）井下管网布置及供水方式。
（2）消防洒水水源及用水量。
（3）消火栓、阀门及三通、喷雾器、过滤器等的型号，设置位置及数量，净化水幕设置位置。
（4）井下用水点分布。
（5）井下管路系统管材及管径。
（6）减压（增压）设备（设施）及装置。
（7）井下巷道及硐室名称。

设计的基础技术资料。

（2）反映矿井生产与灌浆防灭火的相互关系，是矿井安全生产管理中常用的图纸，用于指导生产。

（3）根据矿井自然发火预测、预报，利用灌浆管路系统图，制定和实施切实可行的预防性防火方案。

（4）矿井一旦发生煤层自燃火灾，可利用灌浆管路系统图，迅速地制定和实施矿井灌浆灭火方案。

8.2.3　瓦斯抽放管路系统图

1. 概述

瓦斯是煤矿生产过程中从煤岩层中涌出的以甲烷为主的各种有害气体的总称。抽放瓦斯不仅可降低它在采掘工作面的涌出量，保证安全生产，也是防止煤与瓦斯突出的有效措施之一。同时，还可将涌出的瓦斯作为一种资源加以利用，变害为利。因此，瓦斯抽放是高瓦斯矿井、煤与瓦斯突出矿井防治瓦斯的根本途径。

瓦斯抽放管路系统图是表示矿井瓦斯抽放管路系统及其有关技术参数的图件，是高瓦斯及煤与瓦斯突出矿井瓦斯抽放工程设计施工、管理中的主要图纸。瓦斯抽放管路系统图图示的主要内容包括：

（1）瓦斯抽放管路布置。

（2）管材及管径。

（3）管路附属装置（如瓦斯流量计、放水器、阀门、测压嘴、三防装置、放空管等）的设置位置。

（4）瓦斯抽放方法及抽放钻孔布置。

（5）瓦斯抽放泵站位置及瓦斯抽放泵的型号、台数。

（6）矿井瓦斯抽放量及抽放率。

（7）巷道名称。

2. 瓦斯抽放管路系统图的用途

瓦斯抽放管路系统图的用途如下：

（1）指导矿井瓦斯抽放日常工作。如安排开凿钻场、打钻，敷设瓦斯抽放管路，测压与调压，统计抽放量等。

（2）指导制定矿井预防煤与瓦斯突出方案。

某矿瓦斯抽放管路系统图

（3）分析矿井瓦斯抽放效果，因地制宜地采取其他瓦斯防治措施。

（4）作为编制矿井采掘工程计划、矿井瓦斯利用计划及矿井安全监测系统方案的基础资料。

8.2.4　安全管路系统图的分类

矿井安全管路系统图的分类方法同矿井通风系统图。按照绘制原理的不同，可分为安全管路系统工程平面图、安全管路系统示意图和安全管路系统立体图三种。矿井消防洒水管路系统图、灌浆管路系统图、瓦斯抽放管路系统图等，也相应地分为工程平面图、示意图和立体图。安全管路系统工程平面图是目前矿井设计、建设和生产中最常用的图纸，是直接在矿井采掘工程平面图或矿井开拓方式平面图中，由标注反映井下安全管路系统图图示内容的专用符号和有关技术参数而形成的图件。

8.2.5　安全管路系统图的识读

识读安全管路系统图，首先应认真仔细地阅读图纸的图名、图号、比例尺。然后根据图样表示内容、图例、技术说明、表格，按以下顺序进行识读：

（1）识读矿井开拓开采巷道系统及采掘工作面的布置。如井口位置、开拓方式、井底车场、主要巷道布置、采区巷道布置、回采巷道布置等。对全矿井巷道的空间位置及相互连接建立一个系统的框架。对比较复杂的巷道系统，可借助有关图纸或文字资料对照识读。

（2）识读敷设安全管路的井筒及位置，井下主管、分管、支管的布置及连接关系。

（3）管路系统管材、管径及敷设长度。

（4）井下消防洒水管路系统图。识读供水方式（静压供水、动压供水）及供水水源；消火栓、阀门及三通、喷雾器、过滤器型号和设置位置及数量；净化水幕设置位置；井下用水点及分布；减压（增压）设备（设施）及装置。

（5）灌浆管路系统图。识读矿井灌浆系统类别（集中灌浆系统、分散灌浆系统），制浆材料及制浆方法，灌浆方法，灌浆系数及泥浆比，灌浆系统输浆能力及倍线值。

（6）瓦斯抽放管路系统图。识读矿井瓦斯抽放方法，管路附属装置，瓦斯抽放泵站位置及瓦斯抽放泵型号、台数，矿井瓦斯抽放量及抽放率。

8.3　矿井安全监测系统图

8.3.1　概述

煤矿安全监测系统是利用现代传感技术、信息传输技术、计算机信息处理、控制技术对煤矿井下瓦斯等环境参数进行实时采集、分析、存储和超限控制的装置。煤矿安全监测系统是人们认识煤矿自然灾害规律，预防矿井瓦斯、煤尘、火灾事故发生，增强矿井抗灾能力，改善煤矿井下作业环境，提高生产效益的重要的现代化技术手段，也是实现矿井电气化和自动化的必要条件。《煤矿安全规程》第一百五十八条规定，所有矿井必须装备矿井安全监控系统。目前，在我国国有高瓦斯矿井、煤（岩）与瓦斯突出矿井和大型低瓦斯矿井基本都装备了矿井安全监测系统，为矿井的安全生产发挥了重要的作用。

矿井安全监测系统图是表示矿井安全监测系统井下信息传输电缆、分站及各种传感器布置及有关技术参数的图件，是矿井安全监测系统工程设计、施工和管理的主要图纸。

矿井安全监测系统图图示的主要内容包括：

(1) 传输电缆（信道）的敷设。
(2) 井下分站、地面分站设置位置及其参数。
(3) 井下、地面传感器种类及布置位置。
(4) 地面监测中心站位置及设备配备。

8.3.2 矿井安全监测系统图的分类及用途

1. 矿井安全监测系统图的分类

矿井安全监测系统图按照绘制原理的不同，亦分为矿井安全监测系统工程平面图、矿井安全监测系统示意图和矿井安全监测系统立体示意图三种。其中，矿井安全监测系统工程平面图是目前矿井设计、建设和生产中最常用的图纸，是直接在矿井采掘工程平面图或矿井开拓方式平面图中，由标注反映矿井安全监测系统图图示内容的专用符号和有关技术参数而形成的图件。

2. 矿井安全监测系统图的用途

矿井安全监测系统图主要用于监测矿井井下瓦斯、风速、一氧化碳、风压、温度等环境参数，还可用于矿井生产监视、监控和监测，如井下风门开关、设备开停和煤仓煤位、水仓水位、胶带跑偏、称重、电力参数等。矿井安全监测系统图的主要用途如下：

(1) 分析矿井井下监测系统信号传输电缆、井下分站、传感器布置的合理性，发现问题及时处理。

(2) 指导矿井日常瓦斯等参数的监测工作。如随着采掘工作面位置的变动，传感器位置的调整、传感器的增减、井下分站位置的调整及增设等。

(3) 了解井下作业场所瓦斯等有害气体的浓度，分析其涌出量及其规律，掌握整个矿井瓦斯等有害气体的涌出情况，制定有效的防治瓦斯等有害气体措施的基础资料。

(4) 评价矿井抗灾能力强弱及现代化管理水平的高低。

(5) 用于矿井瓦斯管理。

8.3.3 矿井安全监测系统图的识读

识读矿井安全监测系统图，首先应认真仔细地阅读图纸的图名、图号、比例尺，然后根据图样表示内容、图例、技术说明、表格，按以下顺序进行识读：

(1) 识读矿井开拓开采巷道系统及采掘工作面的布置，如井口位置、开拓方式、井底车场、主要巷道、采区巷道、回采巷道的布置及井下主要机电硐室布置等。对整个矿井巷道的空间位置及相互关系建立一个系统的框架。当井下巷道系统较复杂时，可借助有关图纸或文字资料对照识读。

(2) 识读矿井安全监测系统地面监测站布置位置，监测站主要设备配量，敷设信号传输电缆井筒及位置，井下电缆的敷设及型号。

(3) 分站设置位置、监测范围、配备的传感器及功能。

(4) 各种传感器安设位置。

(5) 瓦斯监测点甲烷传感器的报警、断电、复电浓度和断电范围。

某矿井安全监测系统示意图

8.4 井下避灾路线图

8.4.1 概述

由于井下自然条件复杂，人们对瓦斯、火、水、顶板等灾害客观规律的认识不足，加之麻痹大意等违章指挥和操作，加大了井下开采煤矿发生某些灾害的可能性。据分析，在多数情况下，煤矿井下事故发生比较突出，而且重大事故还具有灾难性和继发性。因此，矿井一旦发生灾害，在矿山专业救护队难以及时到达现场抢救时，井下受灾人员在无法进行抢救和控制事故的情况下，应选择安全路线迅速撤离危害区域，沿着避灾路线从安全出口撤离至地面。避灾是减少井下工作人员伤亡损失的重要环节，因此井下工作人员必须熟悉避灾路线。

《煤矿安全规程》第九条规定，煤矿企业必须编制年度灾害预防和处理计划，并根据具体情况及时修改。煤矿企业每年必须至少组织一次矿井救灾演习。井下避灾路线是矿井年度灾害预防和处理计划的主要内容之一。

井下避灾路线图是表示矿井发生灾害时，井下人员安全撤离灾区至地面的路线图纸，是矿井安全生产必备图纸。

井下避灾路线图图示的主要内容包括：

(1) 矿井安全出口位置。

(2) 矿井通风网络进风及回风风流的方向、路线。

(3) 井下发生瓦斯、煤尘爆炸，煤（岩）与瓦斯突出，矿井火灾时的井下避灾路线。

(4) 井下发生水灾时的避灾路线。

(5) 矿井巷道名称。

8.4.2 井下避灾路线图的分类及用途

1. 井下避灾路线图的分类

井下避灾路线图分为井下避灾路线工程平面图、井下避灾路线示意图和井下避灾路线立体示意图三种。在矿井安全生产管理中，最常用的是井下避灾路线工程平面图。

2. 井下避灾路线图的用途

（1）用于井下职工安全基本知识培训，使职工熟悉井下避灾路线，具备一定的防灾抗灾能力。

（2）部署、指导和实施矿井救灾演习工作。

（3）矿井一旦发生灾害，井下灾区工作人员可根据事故性质、所处位置，按照井下避灾路线图规定的路线，安全而迅速地撤离灾区至地面，减少事故人员伤亡。

（4）作为井下发生灾害后，制定和实施营救井下被困人员方案的重要依据之一。

本章小结

本章主要介绍煤矿生产中常用的矿井通风系统图、各种安全管路系统图、安全监测系统图及井下避灾路线图的识读及绘制方法。

以下结构图包含了本章的内容结构，你可以利用以下线索对所学内容做一次简要回顾。

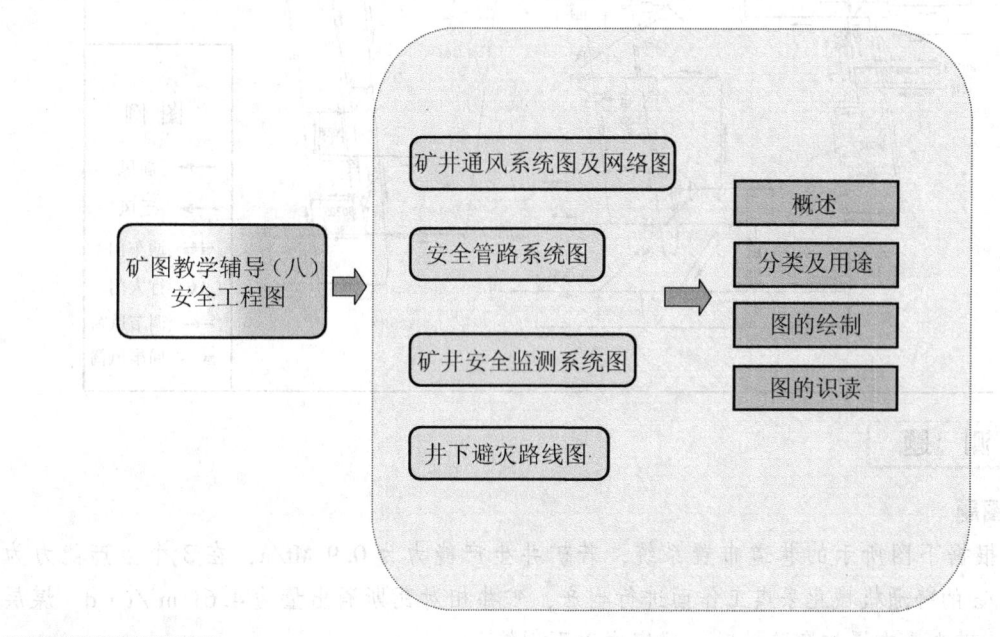

学习活动

对照下图，识读矿井通风系统图。

东风煤矿矿井通风系统示意图

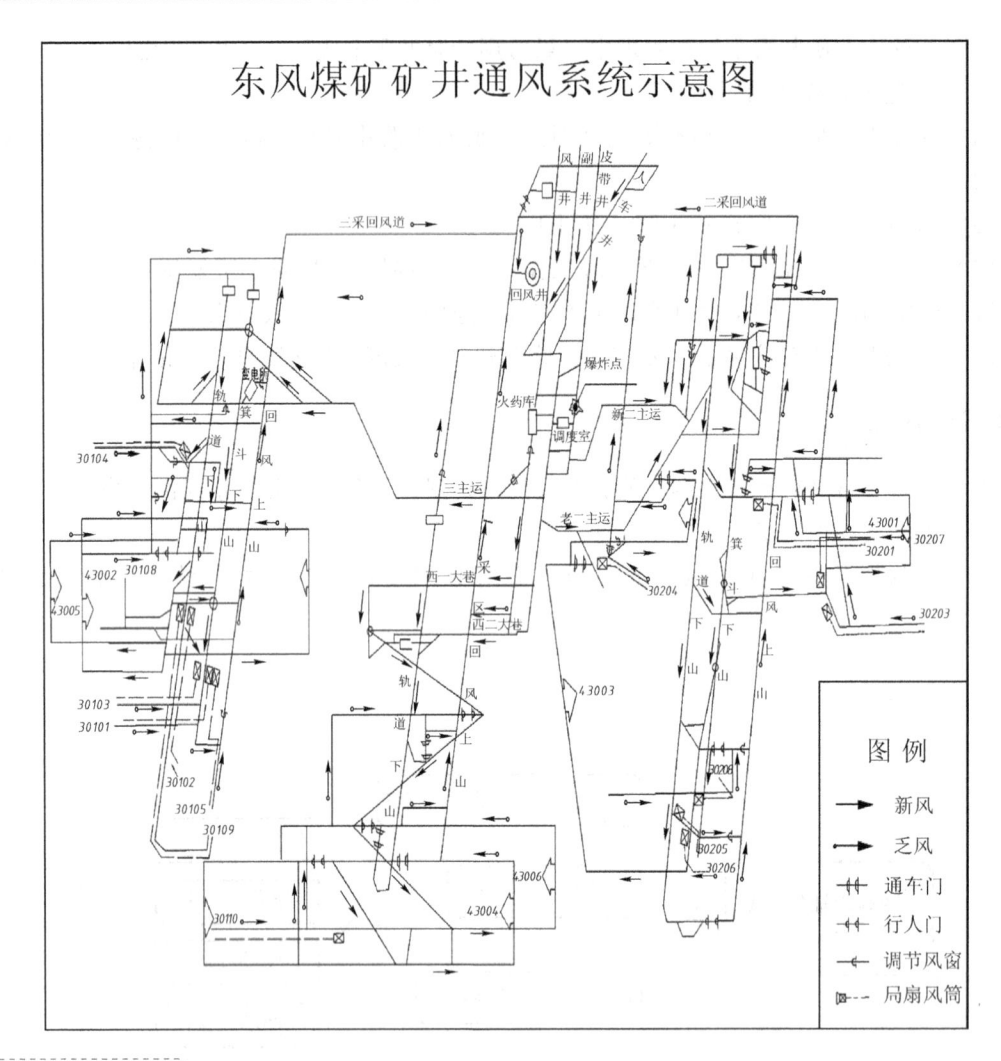

图例
→ 新风
→ 乏风
⫤ 通车门
⫣ 行人门
← 调节风窗
⊠--- 局扇风筒

自测题

识图题

1. 根据下图所示的巷道布置系统，若矿井生产能力为 0.9 Mt/a，在 3 个生产能力为 0.30 Mt/a 的普通机械化采煤工作面进行生产，矿井相对瓦斯涌出量为 4.61 $m^3/t \cdot d$，煤层不自燃，煤尘具有爆炸危险性时，试完成以下训练：

（1）确定矿井通风系统。

（2）计算矿井所需风量。

（3）绘制矿井通风系统立体示意图。

（4）绘制矿井通风网络图。

（5）确定矿井井下消防洒水管路系统，并绘制安全管路系统平面工程图。

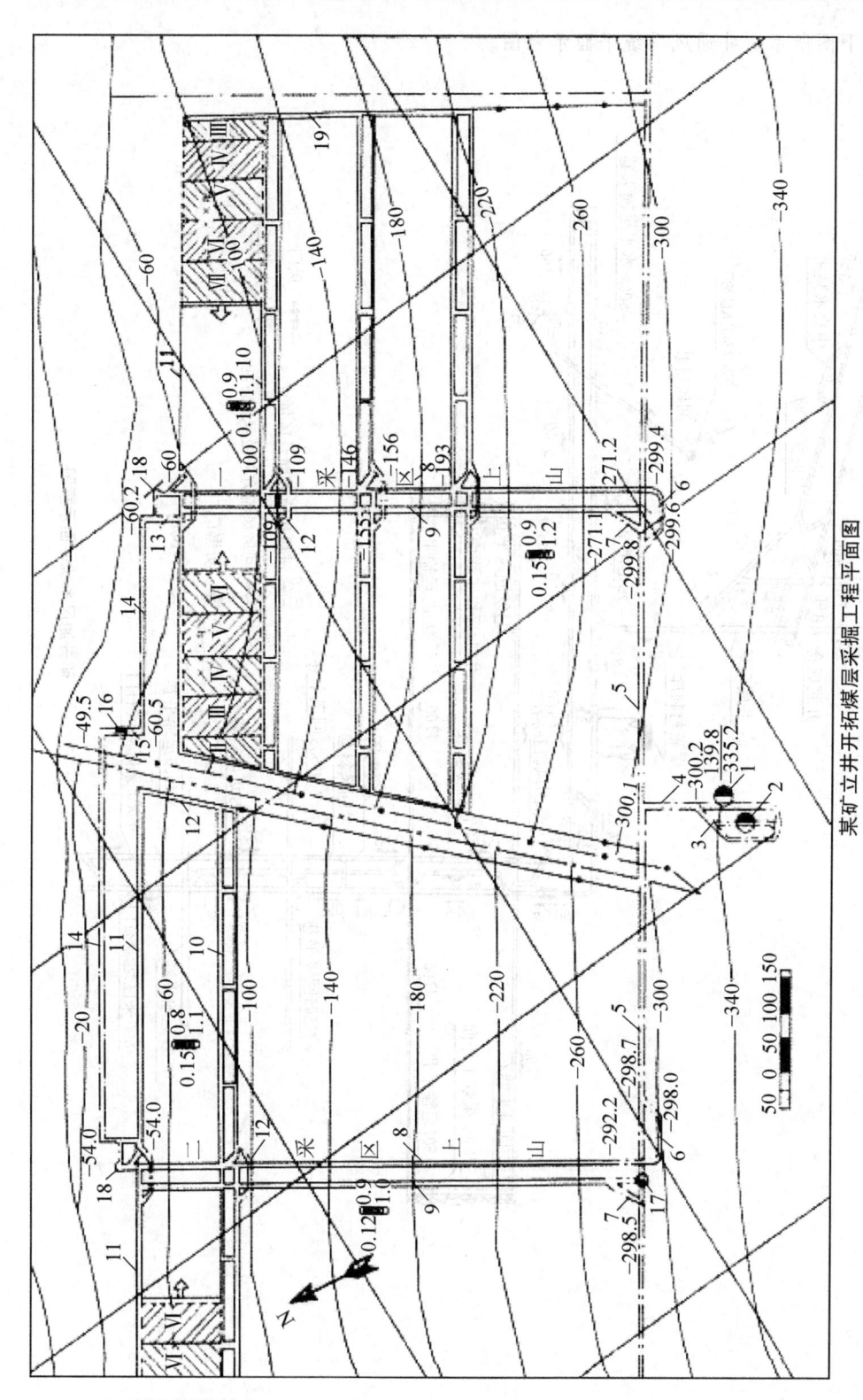

某矿立井开拓煤层采掘工程平面图

1—主井；2—副井；3—井底车场；4—主要石门；5—水平运输大巷；6—下部车场绕道；7—斜巷；8—轨道上山；9—带式运输机上山；10—区段运输巷；11—区段回风巷；12—中部车场绕道；13—采区回风石门；14—总回风巷；15—总回风石门；16—回风井；17—采区煤仓；18—绞车房；19—开切眼

2. 识读下图所示矿井通风系统平面示意图。

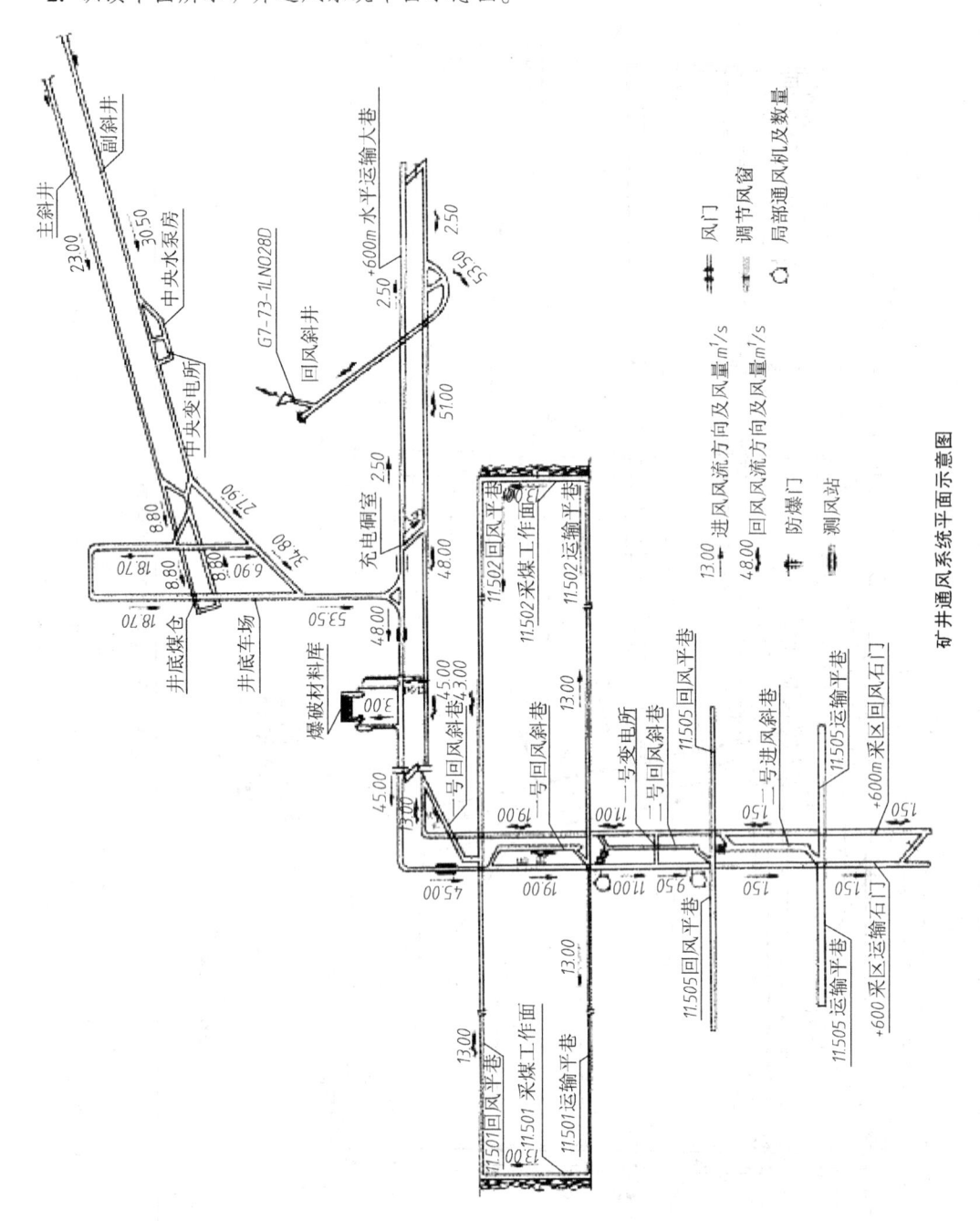

矿井通风系统平面示意图

第9章 AutoCAD 基础知识

> **导　言**

图形是表达和交流技术思想的工具。随着计算机辅助设计技术的飞速发展和普及，越来越多的工程设计人员开始使用计算机绘制各种图形，从而解决了传统手工绘图中存在的效率低、绘图准确度差及劳动强度大等缺点。在目前的计算机绘图领域，AutoCAD 是使用最为广泛的计算机绘图软件。

CAD（Computer Aided Design）是指计算机辅助设计，是计算机技术的一个重要应用领域。AutoCAD 是由美国 Autodesk 公司开发的通用计算机辅助绘图与设计软件包，是用于二维及三维设计、绘图的系统工具，用户可以使用它来创建、浏览、管理、打印、输出、共享设计图形。AutoCAD 软件具有完善的图形绘制功能和强大的图形编辑功能，可以用多种方式进行二次开发或用户定制，可以进行多种图形格式的转换，具有较强的数据交换能力。因此，AutoCAD 软件已经被广泛应用于电子、机械、建筑、航天、船舶等领域。

> **学习目标**

1. 了解 AutoCAD 安装及其基本功能。
2. 熟悉 AutoCAD 的界面。

9.1　AutoCAD 2007 的基本功能

AutoCAD 自 1982 年问世以来，经历了十多次的升级，在功能上逐步增强，且日趋完善。正因为 AutoCAD 具有强大的辅助绘图功能，它已成为工程设计领域中应用最为广泛的计算机辅助绘图与设计软件之一。其功能基本包含以下几点：

（1）绘制与编辑图形。
（2）标注图形尺寸。
（3）渲染三维图形。
（4）输出与打印图形。

9.1.1　绘制与编辑图形

绘制与编辑图形是 AutoCAD 最基本的功能。AutoCAD 的"绘图"菜单中包含有丰富的绘图命令，使用它们可以绘制直线、构造线、多段线、圆、矩形、多边形、椭圆等基本图形，也可以将绘制的图形转换为面域，并对其进行填充。如果再借助"修改"菜单中的修改命令，便可以绘制出各种各样的二维图形。

对于一些二维图形，通过拉伸、设置标高和厚度等操作就可以轻松地将其转换为三维图形。使用"绘图""建模"命令中的子命令，用户可以很方便地绘制圆柱体、球体、长方体等基本实体，以及三维网格、旋转网格等曲面模型。同样，再结合"修改"菜单中的相关命令，还可以绘制出各种各样的复杂三维图形，如图9-1所示。

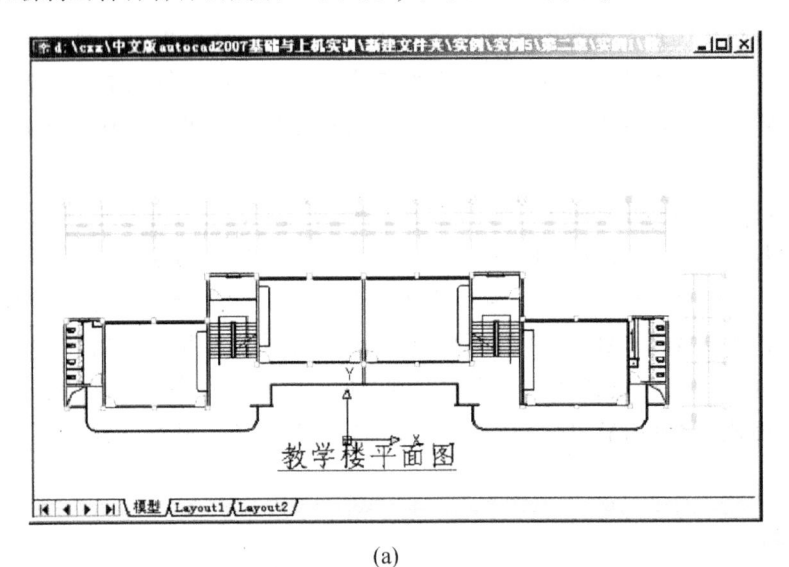

(a)

(b)

图9-1 CAD平面与三维图形

9.1.2 标注图形尺寸

尺寸标注是向图形中添加测量注释的过程,是整个绘图过程中不可缺少的一步。AutoCAD 的"标注"菜单中包含了一套完整的尺寸标注和编辑命令,使用它们可以在图形的各个方向上创建各种类型的标注,也可以方便、快速地以一定格式创建符合行业或项目标准的标注。

标注显示了对象的测量值,对象之间的距离、角度,或者特征与指定原点的距离。AutoCAD 提供了线性、半径和角度三种基本的标注类型,利用它们可以进行水平、垂直、对齐、旋转、坐标、基线或连续等标注。此外,还可以进行引线标注、公差标注,以及自定义粗糙度标注。标注的对象可以是二维图形或三维图形,如图 9-2 所示。

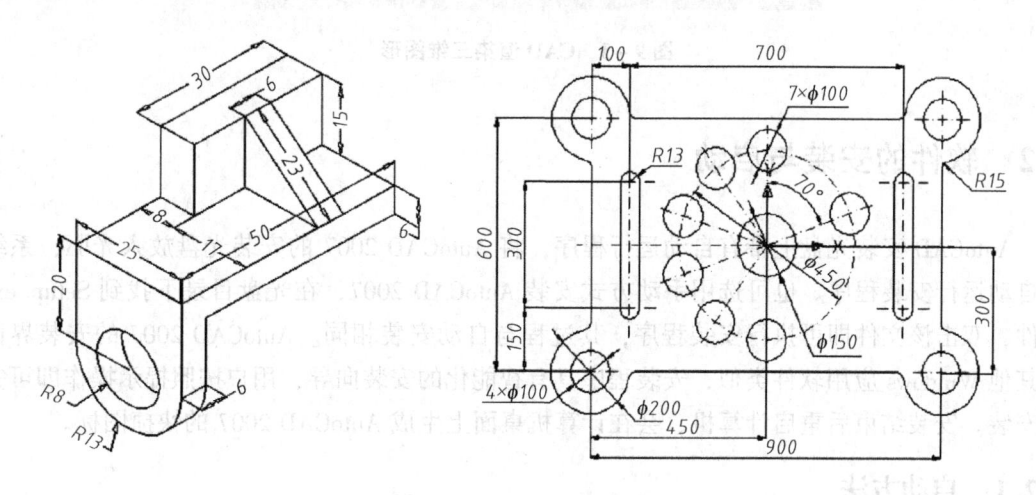

图 9-2 CAD 尺寸标注

9.1.3 渲染三维图形

在 AutoCAD 中,可以运用雾化、光源和材质,将模型渲染为具有真实感的图像(如图 9-3 所示)。如果是为了演示,可以渲染全部对象。如果时间有限,或显示设备和图形设备不能提供足够的灰度等级和颜色,就不必精细渲染。如果只需快速查看设计的整体效果,则可以简单消隐或设置视觉样式。

9.1.4 输出与打印图形

AutoCAD 不仅允许将所绘图形以不同样式通过绘图仪或打印机输出,还能够将不同格式的图形导入 AutoCAD,或将 AutoCAD 图形以其他格式输出。因此,当图形绘制完成之后,可以使用多种方法将其输出并供其他程序使用。

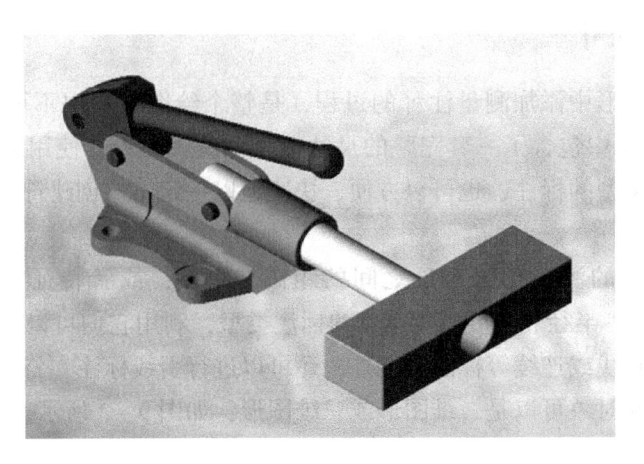

图 9 – 3　CAD 渲染三维图形

9.2　软件的安装与启动

AutoCAD 安装光盘上带有自动运行程序，将 AutoCAD 2007 的安装光盘放入光驱，系统会自动运行安装程序。也可选用手动方式安装 AutoCAD 2007，在光盘目录下找到 Setup.exe 文件，双击该文件即可执行安装程序，其过程与自动安装相同。AutoCAD 2007 的安装界面与其他 Windows 应用软件类似，安装程序具有智能化的安装向导，用户按照提示操作即可完成安装。安装结束后重启计算机，会在计算机桌面上生成 AutoCAD 2007 的快捷图标。

9.2.1　启动方法

AutoCAD 2007 的启动方法有如下几种：

（1）单击"开始"→"程序"→"Autodesk"→"AutoCAD 2007—Simplified Chinese"→"AutoCAD 2007"。

（2）双击 Windows 桌面上的快捷图标。

（3）双击已存盘的 AutoCAD 图形文件（*.dwg 文件）。

9.2.2　退出方法

AutoCAD 2007 的退出方法有如下几种：

（1）单击标题栏上的关闭按钮 ![X] 。

（2）利用菜单："文件"→"退出"。

（3）右键单击 Windows 桌面下方"任务栏"的 AutoCAD 2007 活动图标，在弹出的快捷菜单中单击"关闭"。

（4）利用命令行："exit"或"quit"按回车键。

如果图形文件没有存盘，退出时系统会弹出"退出警告"对话框，操作该对话框即可保存文件并退出 AutoCAD。

9.3 AutoCAD 2007 经典界面组成

AutoCAD 2007 的操作界面如图 9-4 所示，它由标题栏、菜单栏、工具栏、绘图窗口、十字光标、坐标系图标、文本窗口与命令行、状态栏、滚动条和视区标签组成。

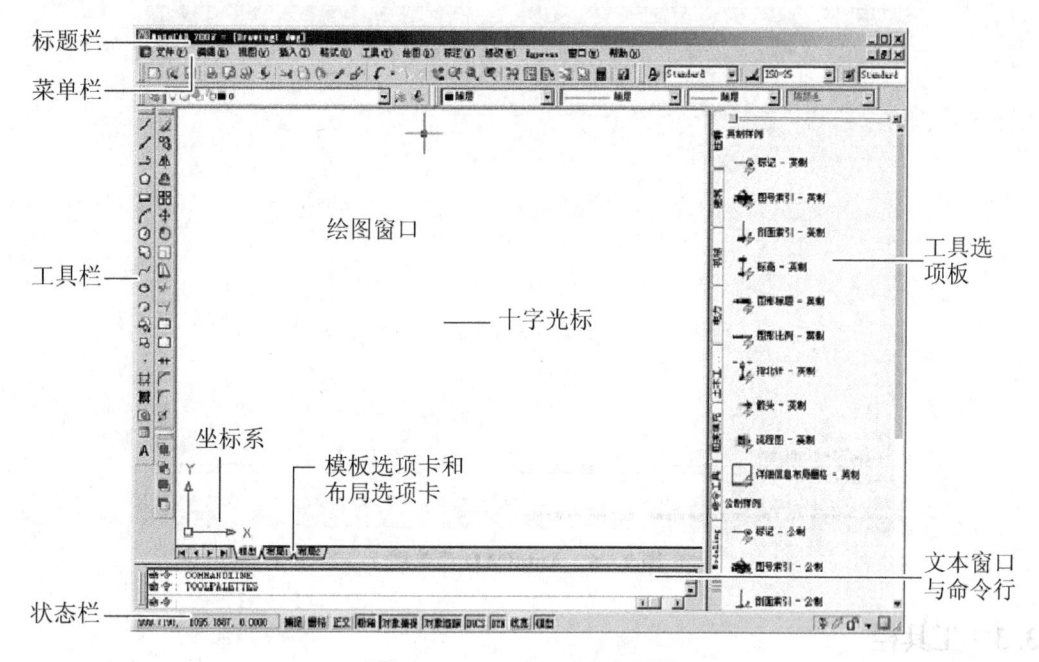

图 9-4 AutoCAD 2007 界面

9.3.1 标题栏

标题栏位于屏幕的顶部，其中显示的内容有 AutoCAD 的程序图标、软件名称（AutoCAD 2007）、当前打开的文件名等信息，如图 9-5 所示。标题栏的右边是 Windows 标准应用程序的控制按钮（ _ 、 □ 、 × ），用户可以通过单击相应的按钮使 AutoCAD 窗口最小化、最大化或者关闭。

图 9-5 AutoCAD 标题栏

9.3.2 菜单栏

AutoCAD 2007 的菜单栏中共有 11 个菜单命令，如图 9-6 所示，分别为文件、编辑、视图、插入、格式、工具、绘图、标注、修改、窗口、帮助。每一个主菜单项均对应各自的下拉菜单，下拉菜单中集合了相关的操作命令，用户可利用下拉菜单执行 AutoCAD 的命令。某些菜单项后面有一个黑色小三角，把光标放在上面，就会自动显示子菜单，子菜单包含了该命令进一步的选项。

图 9-6　AutoCAD 菜单栏

9.3.3 工具栏

工具栏包含许多由图标表示的命令按钮，并提供了调用命令的快捷方式，是菜单的简化，最大程度替代了菜单栏。工具栏包括标准、绘图和修改等 30 多种工具，当鼠标移到按钮上时，界面左下角会出现相应简单的解释及操作命令。

工具栏都处于完全自由浮动的状态（可移动、调整、隐藏、增减和锁定）。通过执行"视图"→"工具栏…"命令弹出"自定义"对话框，进行工具栏的自定义。

9.3.4 绘图窗口

绘图窗口是用户绘图的工作区域，类似于手工绘图的图纸，所有的绘图结果都反映在这个窗口中。其默认效果是黑底白线。用户可以根据需要隐藏或关闭绘图窗口周围的选项板和工具栏来扩大绘图区域，也可以按"Ctrl+0"组合键（视图→清除屏幕）或右下角清除屏幕标志切换到"专家模式"，最大限度地扩大绘图区域。

（1）十字光标。

十字光标用于定位，其反映了光标在当前坐标系中的位置。

(2) 坐标系。

为精确定位某个对象，必须以某个坐标系作为参照。在 AutoCAD 中，坐标系分为世界坐标系（WCS）和用户坐标系（UCS）。默认情况下，在开始绘制新图形时，当前坐标系为世界坐标系，即 WCS。用户坐标系即 UCS，原点以及 X 轴、Y 轴、Z 轴方向都可以移动及旋转，甚至可以依赖于图形中某个特定的对象进行这些操作。

(3) 模型与布局。

绘图窗口的下方有"模型"和"布局"选项卡，单击其标签可以在模型空间或图纸空间之间来回切换。

9.3.5 命令行和文本窗口

命令行位于操作界面的底部，是用户与 AutoCAD 进行交换对话的窗口，如图 9-7 所示。在"命令:"提示下，AutoCAD 接受用户使用各种方式输入的命令，然后显示出相应的提示，如命令选项、提示信息和错误信息等。

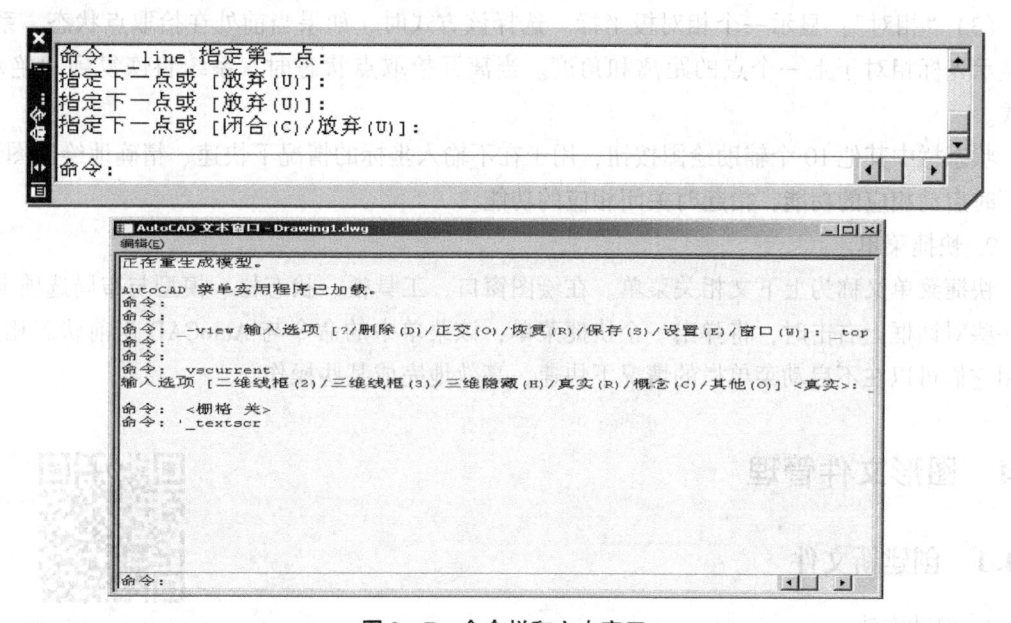

图 9-7 命令栏和文本窗口

命令行中显示文本的行数可以改变，将光标移至命令提示行上边框处，光标变为双箭头后，按住左键拖动即可。命令行的位置可以在界面的上、下，也可以浮动在绘图窗口内。将光标移至该窗口上边框处，当光标变为箭头时，单击并拖动即可。使用 F2 功能键能放大显示命令行。

9.3.6 状态栏

状态栏位于 AutoCAD 界面的最下端，如图 9-8 所示，用来显示当前的绘图状态。

图 9-8 状态栏

1. 坐标状态

坐标状态是动态显示绘图区中光标定位点的坐标。坐标显示取决于所选择的模式和程序中运行的命令，共有"关""绝对"和"相对"三种模式。

（1）"关"：显示上一个拾取点的绝对坐标。此时，指针坐标将不能动态更新，只有在拾取一个新点时，显示才会更新。但是，从键盘输入一个新点坐标时，不会改变其显示方式。

（2）"绝对"：显示光标的绝对直角坐标，该值是动态更新的，默认情况下，是打开的。

（3）"相对"：显示一个相对极坐标。选择该方式时，如果当前处在拾取点状态，系统将显示光标相对于上一个点的距离和角度。当离开拾取点状态时，系统将恢复到"绝对"模式。

状态栏中其他10个辅助绘图按钮，用于在不输入坐标的情况下快速、精确地绘制图形。按下时启动相应的功能，抬起时关闭相应的功能。

2. 快捷菜单

快捷菜单又称为上下文相关菜单。在绘图窗口、工具栏、状态栏、模型与布局选项卡以及一些对话框上右击时，将弹出一个快捷菜单，该菜单中的命令与 AutoCAD 当前状态相关。使用它们可以在不启动菜单栏的情况下快速、高效地完成某些操作。

9.4 图形文件管理

9.4.1 创建新文件

图形文件管理操作演示

1. 启动方法

创建新文件的几种方法如下：

（1）命令输入：new ↵。

（2）文件菜单："文件"→"新建"。

（3）标准工具栏：单击新建图标。

（4）快捷键输入：Ctrl + N。

2. 对话框说明

执行创建文件命令后，系统弹出"选择文件"对话框，如图 9-9 所示。在"名称"列

图 9-9 "选择文件"对话框

表框中列出了系统提供的样板文件,每个样板文件的图幅和格式均不同,用户可根据需要自行选择。

9.4.2　打开图形文件

打开图形文件的几种方法如下:
(1) 命令输入:open↵。
(2) 文件菜单:"文件"→"打开"。
(3) 标准工具栏:单击打开图标。
(4) 快捷键输入:Ctrl + O。

在 AutoCAD 中,可以采用"打开""以只读方式打开""局部打开"和"以只读方式局部打开"4 种方式打开图形文件。当以"打开""局部打开"方式打开图形时,可以对打开的图形进行编辑;如果以"以只读方式打开"或"以只读方式局部打开"方式打开图形,则对打开的图形进行编辑后不能保存,因该文件已被写保护。

9.4.3　图形文件的保存

图形文件的保存方法有如下几种:

(1) 命令输入：save 或 qsave ↵。
(2) 文件菜单："文件"→"保存"→"另存为"。
(3) 标准工具栏：单击保存图标。
(4) 快捷键输入：Ctrl + S。

执行上述任意一条命令后，系统自动弹出"图形另存为"对话框。用户利用该对话框可对当前文件进行保存。

9.4.4 图形文件的关闭与退出

图形文件的关闭与退出方法有如下几种：
(1) 命令输入：quit 或 close ↵。
(2) 文件菜单："文件"→"关闭"。
(3) 标准工具栏：单击关闭图标。
(4) 快捷键输入：Ctrl + Q。

9.4.5 图形文件的加密

打开"文件"→"保存"→"另存为"，进入"图形另存为"对话框，单击"工具"按钮，进入"安全选项"对话框，如图 9 – 10 所示。单击"密码"选项卡，在"用于打开此图形的密码或短语"文本框中输入相应的密码，单击"确定"按钮，系统会弹出"确认密码"对话框，用户再次输入密码后单击"确定"按钮，即可完成密码设置。

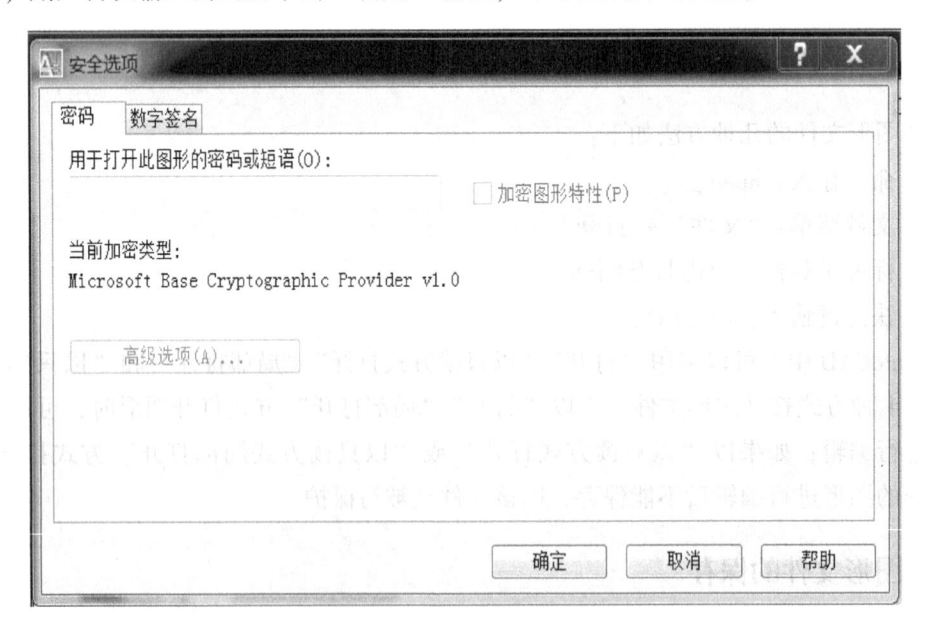

图 9 – 10 "安全选项"对话框

9.5 绘图环境设置

通常情况下，软件安装好之后就可以在其默认状态下绘制图形，但有时为了个人绘图习惯，在绘制图形前需要先对绘图环境参数进行必要的设置。

9.5.1 系统参数设置

选择"工具"→"选项"命令（options、config），可打开"选项"对话框，如图9-11所示，进行对颜色、"十"字光标大小、文件保存、右键定义等选项的设置。

绘图环境及命令输入操作演示

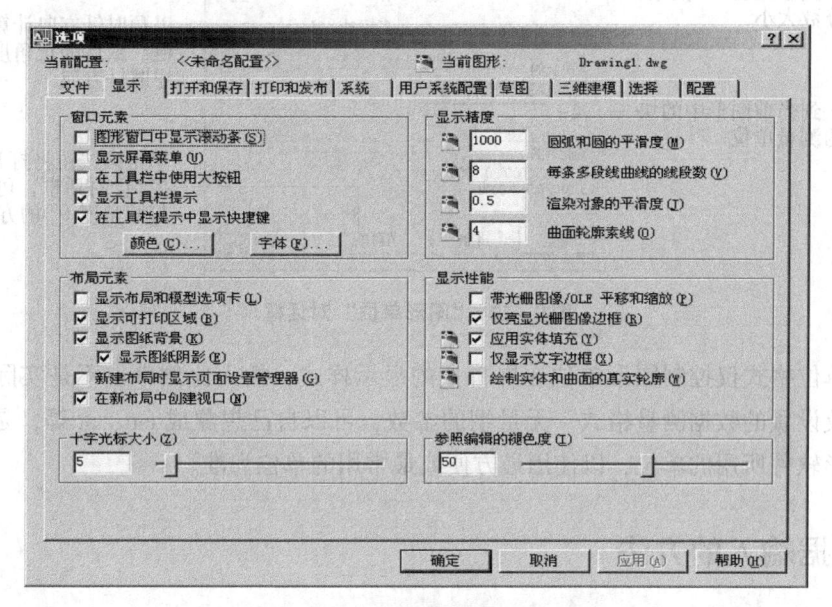

图9-11 系统图参数设置对话框

9.5.2 图形界面设置

可将绘图窗口看作无边界的图纸，但实际图纸是有大小的，所以要给图形界面设置界限。设置界限就是在绘图空间中设置一个假想的矩形绘图区域，相当于用户选择的图纸图幅大小，它确定的区域是可见栅格指示的区域，也是选择"视图"→"缩放"→"全部"命令时决定显示多大图形的一个参数，这会影响按图形界限打印方式。格式—图形界限（Limits）如下：

A4 297×210 mm；A3 420×297 mm；A2 594×420 mm；A1 841×594 mm；A0 1 189×841 mm；B5 237×182 mm；B4 354×250 mm；B2 707×500 mm；B1 1 000×707 mm。

设置完成后将其全部进行缩放在界限之内。边界的限制功能分两种：开——不能超出边界；关——超出边界也可以画出。

9.5.3 图形单位设置

"图形单位"对话框如图 9-12 所示。与手工绘图不同，使用 AutoCAD 绘图在创建图形之前不必设置比例。即使最终以指定比例打印到图纸上，用户仍可以 1:1 的比例创建模型，以真实大小来绘制。但是，在创建图形之前，必须先决定使用哪种图形单位。

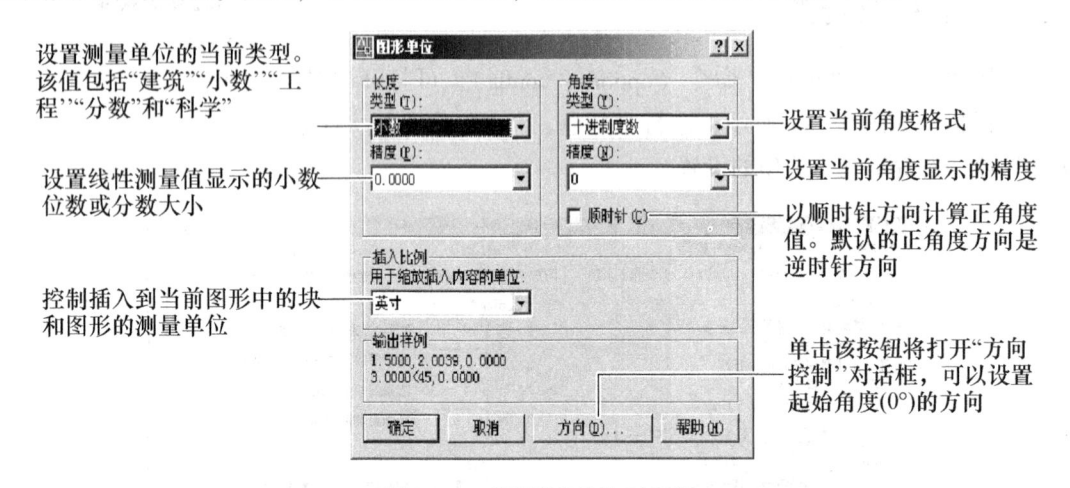

图 9-12 "图形单位"对话框

图形单位格式仅控制图形单位在屏幕上的显示样式，插入比例单位不是实际的测量单位，仅涉及设置的数据测量格式。无量纲的参数，可以自己想象成 cm、m 等，是文件导入到其他图形软件所用的单位，以使用最方便或最常用的单位为准。

9.6 数据输入的方法

在 AutoCAD 中数据的输入主要分为点、距离和角度。坐标的表示方法有 4 种：绝对直角坐标、绝对极坐标、相对直角坐标和相对极坐标。

绝对坐标是以坐标原点出发的位移。相对坐标则是相对于上一输入点的位移。

直角坐标（笛卡尔）用点在 X、Y、Z 的实际坐标值来表示，中间用逗号隔开，如图 9-13（a）所示。

极坐标用两点之间距离和角度来表示，中间用 < 隔开，如图 9-13（b）所示。

距离用数值表示，角度规定 0°与 X 轴正方向相同，90°与 Y 轴正方向相同，逆时针方向为正。

由于 AutoCAD 2007 默认使用的是相对坐标，因此，在输入绝对坐标时要加"#"。若 AutoCAD 2007 默认使用的是绝对坐标，则在输入相对坐标时要加"@"。

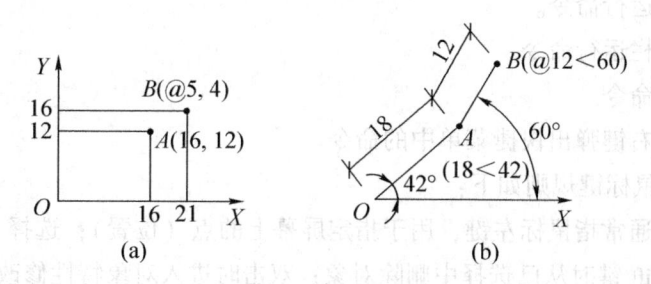

图 9-13 点的坐标
(a) 直角坐标；(b) 极坐标

在 AutoCAD 图纸的绘制过程中，经常要了解一些图形的实时信息，利用动态输入 DYN 就可以得到预期的效果。DYN（动态输入按钮）："设置"→"草图设置"→"启用指针输入"→"设置"。如果关闭动态输入（状态栏上的 DYN 按钮），输入绝对坐标的方法将不同。在这种情况下，指定绝对坐标不需要添加"#"，而在指定相对坐标时则要加"@"。

9.7 AutoCAD 的命令执行

9.7.1 AutoCAD 命令分类

在 AutoCAD 中，各种绘图过程都是通过命令来实现的，AutoCAD 的命令分为一般命令和透明命令两种。

1. 一般命令

在一般情况下，AutoCAD 每次只能执行一条命令。在一条命令执行过程中，如果输入另一条命令，那么正在执行的命令将被系统中止而去执行后输入的命令，我们把后输入的这条命令称为一般命令。例如，在执行"圆"命令画圆时，若输入了画直线段的命令"直线"，此时"圆"命令将被系统中止，同时，AutoCAD 开始执行"直线"命令，那么后输入的这条"直线"命令就是一般命令。

2. 透明命令

在 AutoCAD 中，有时可以在不中断某一条命令执行的状态下插入并执行另一条命令，这种在其他命令执行过程中能够执行的命令叫作透明命令。例如，在执行"直线"命令自制一条折线的过程中，可以使用"缩放"命令对绘图窗口中的对象进行观察，观察完毕退出"缩放"后，可继续利用"直线"命令进行画线。

9.7.2 命令执行

一般情况下，用户可通过以下 5 种方式运行 AutoCAD 命令：
(1) 通过键盘输入命令。

(2) 通过菜单运行命令。

(3) 通过工具栏运行命令。

(4) 重复调用命令。

(5) 单击鼠标右键弹出快捷菜单中的命令。

执行命令时，鼠标键规则如下：

(1) 拾取键：通常指鼠标左键，用于指定屏幕上的点（位置）；选择对象、工具栏按钮和菜单命令；按 Shift 键时从已选择中删除对象；双击时进入对象特性修改对话框。

(2) 快捷菜单键：指鼠标右键，其操作取决于上下文。可以显示包含相关命令和选项的快捷菜单。根据移动光标位置的不同，显示的快捷菜单也不同。

(3) 滚轴：①滚动滚轴放大或缩小图形（界面以 10% 比例在放大或缩小）；②双击滚轴可全屏显示所有图形；③按住滚轴可平移界面。

(4) 弹出菜单：当使用 Shift 键和鼠标右键的组合时，系统将弹出一个快捷菜单，用于设置捕捉点的方法。

本章小结

本章主要介绍了 AutoCAD 的基本功能与安装，让读者在实际使用 AutoCAD 2007 之前对软件有一个初步认识和了解。

以下结构图包含了本章的内容结构，可以利用以下流程对所学内容做一次简要回顾。

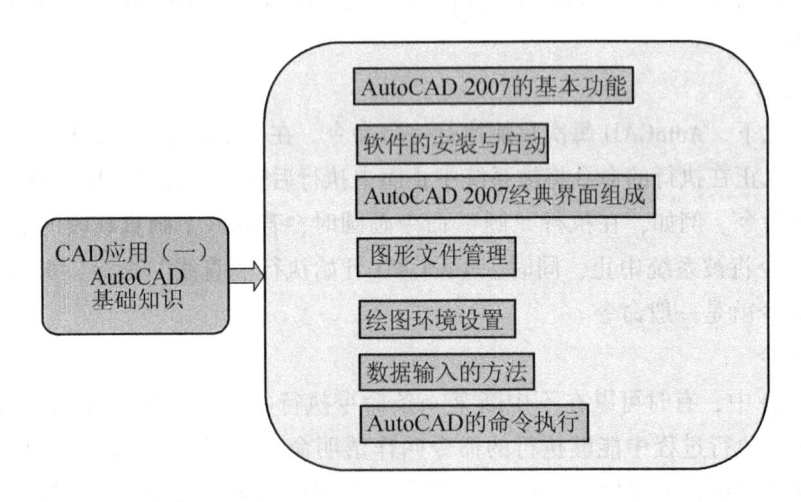

```
                    ┌─────────────────────────┐
                    │  AutoCAD 2007的基本功能  │
                    ├─────────────────────────┤
                    │     软件的安装与启动      │
┌──────────────┐    ├─────────────────────────┤
│ CAD应用（一）│───▶│  AutoCAD 2007经典界面组成 │
│   AutoCAD    │    ├─────────────────────────┤
│   基础知识   │    │      图形文件管理        │
└──────────────┘    ├─────────────────────────┤
                    │      绘图环境设置        │
                    ├─────────────────────────┤
                    │      数据输入的方法      │
                    ├─────────────────────────┤
                    │     AutoCAD的命令执行    │
                    └─────────────────────────┘
```

学习活动

(1) 安装 AutoCAD，了解 AutoCAD 的发展史，掌握最新的 AutoCAD 改进内容。

(2) 尝试建立 4 个图层，在 4 个图层上分别画不同属性的图形，完成以后尝试关闭、冻结等图层按钮功能，并观察桌面显示情况，打印相应情况下桌面图形，观察输出情况。

自 测 题

一、选择题

1. 关于 AutoCAD 中角度的默认状态，以下说法正确的是(　　)。
A. X 轴正方向为 $0°$，逆时针角度增加
B. X 轴正方向为 $0°$，顺时针角度增加
C. Y 轴正方向为 $0°$，逆时针角度增加
D. Y 轴正方向为 $0°$，顺时针角度增加

2. AutoCAD 屏幕在默认状态下有 4 个工具栏，即"标准""对象属性""绘图"和"修改"，对它们的正确理解为(　　)。
A. 这 4 个工具栏包括了所有 AutoCAD 命令
B. 这 4 个工具栏是对所有 AutoCAD 命令的进一步补充
C. 这 4 个工具栏是 Windows 系统内的常用命令
D. 这 4 个工具栏包括 AutoCAD 的一些常用命令

3. AutoCAD 中的图形文件是(　　)。
A. 矢量图　　　　B. 位图　　　　C. 点阵图　　　　D. 矢量图或位图

4. AutoCAD 文件的扩展名为(　　)。
A. DOC　　　　B. BAK　　　　C. DWG　　　　D. DWT

二、简答题

1. AutoCAD 是现在绘图应用最广的软件之一，它的基本功能有哪些？

2. AutoCAD 命令分哪两种？请分别简要说明。

第10章 基本二维图形绘制

导　言

二维图形是由一些基本的图形对象（亦称图元）组成的，因此熟练掌握CAD二维图形绘制变得尤为重要。AutoCAD 2007提供了十余个基本图形对象，包括点、直线、圆弧、圆、椭圆、多段线、矩形、正多边形、圆环、样条曲线、文本、图案填充等。本章将利用常用的绘制工具介绍这些基本图形对象的绘制方法。

学习目标

1. 认识掌握AutoCAD 2007二维图形绘制。
2. 应用AutoCAD 2007绘制实际二维图形。

二维图形对象绘制是整个AutoCAD的绘图基础，其中包括点、直线、圆、圆弧、多边形、多段线、样条曲线等的绘制。"绘图"工具栏如图10-1所示。

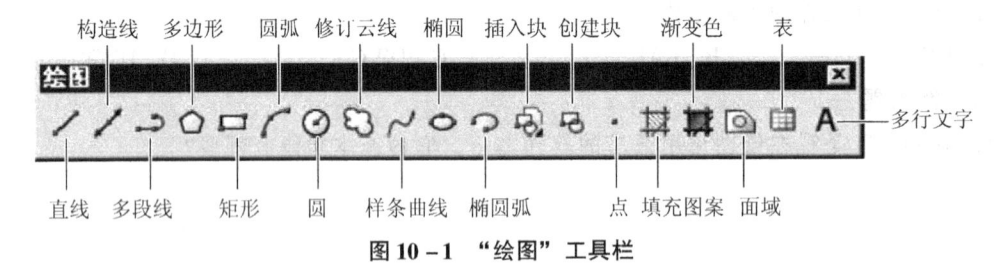

图10-1　"绘图"工具栏

10.1　绘制点

点是组成图形的基本对象之一，它不仅表示一个小的实体，而且还具有构造的目的，用户可以利用AutoCAD提供的"点"命令来绘制这些实体。

画点操作演示

1. "点"命令的启动方法
(1) 命令输入：point 或 po↵。
(2) 绘图菜单："绘图"→"点"→"单点"/"多点"。
(3) 绘图工具栏：单击图标 ．。

2. "点"类型
(1) 命令输入：ddptype↵。

130

(2) 格式菜单："格式"→"点样式"。

执行命令后，将出现如图 10-2 所示的"点样式"对话框。其中"点大小"文本框用于设置点的大小。"相对于屏幕设置大小"表示按屏幕尺寸的百分比来控制点的尺寸，点的大小不随缩放改变。"按绝对单位设置大小"表示按实际图形的大小来控制点的尺寸，点的大小随屏幕的缩放改变。

图 10-2 "点样式"对话框

3. 定数等分与定距等分

(1) 命令输入：divide 或 measure ↵。
(2) 绘图菜单："绘图"→"点"→"定数等分"/"定距等分"。

在执行完命令后，AutoCAD 命令行提示选择等分对象，然后输入相应等分数和定距即可。（在定距等分中，定距等分从靠近光标拾取点的一端开始等分对象）。等分操作一般用于如下操作：

① 将直线、圆弧、圆及多段线用点记号平均分开。
② 在等分点处插入块，即利用指定的块将对象等分。

10.2 绘制直线

1. 启动方法

(1) 命令输入：line 或 l ↵。

二维图形绘制操作演示（1）

（2）绘图菜单："绘图"→"直线"。

（3）绘图工具栏：单击图标 ✎。

2. 命令操作及说明

（1）line 命令 1。

作用：绘制直线。

输入 line 命令后，系统将提示确定第一点，按要求输入。

输入格式：横坐标，纵坐标。例如：4，5 10＜30

（2）line 命令 2。

可连续输入多个点，画出几根相交的直线。例如：

Command：LINE［回车］

Specify first point 移动光标，并按左键确定第一点

Specify next point or［Undo］移动光标，并按左键确定第二点

Specify next point or［Undo］确定第三点

Specify next point or［Close/Undo］用 ENIER 键结束 LINE 命令

（3）line 命令 3。

再次连续使用 line 命令时，在"指定第一点"提示下直接回车，可以从上一次绘制线段的终点开始绘制新的线段。

指定线段的起点和终点有两种方法：用鼠标在绘图窗口直接点取，或用键盘输入坐标。

（4）line 命令 4：close 选项。

条件：连续画了两条或两条以上的直线后。

作用：将当前点与第一条线的初始点连接起来。

使用方法：在连续输入三个点后出现，可输入 c 完成。

（5）line 命令 5：undo 选项。

如果发现画错了一条线，直接输入 undo 或者（u）即可删除上次所画直线。

如果画错的线超过一条，可重复使用 undo 命令。

（6）line 命令 6：直接距离输入。

在输入直线的下一点时，可直接输入距离，表示沿下一点的方向延伸该距离值；就是先用鼠标指定直线方向，再在命令行输入线段的长度，则会沿着指定方向绘制给定长度的线段；该命令经常在正交模式下使用。

3. 射线及构造线绘制

射线为一端固定，另一端无限延伸的直线。选择"绘图"→"射线"（ray）命令，指定射线的起点和通过点即可绘制一条射线。在 AutoCAD 中，射线主要用于绘制辅助线。

指定射线的起点后，可在"指定通过点："提示下指定多个通过点，绘制以起点为端点的多条射线，直到按 Esc 键或 Enter 键退出为止。

构造线为两端可以无限延伸的直线，没有起点和终点，可以放置在三维空间的任何地方，主要用于绘制辅助线。选择"绘图"→"构造线"（xline）命令，或在"绘图"工具栏中单击"构造线"按钮，都可绘制构造线。

10.3 绘制圆

1. 启动方法

（1）命令输入：circle 或 c ↵。
（2）绘图菜单："绘图"→"圆"，以不同方式画圆如图 10-3 所示。
（3）绘图工具栏：单击图标 ⊙。

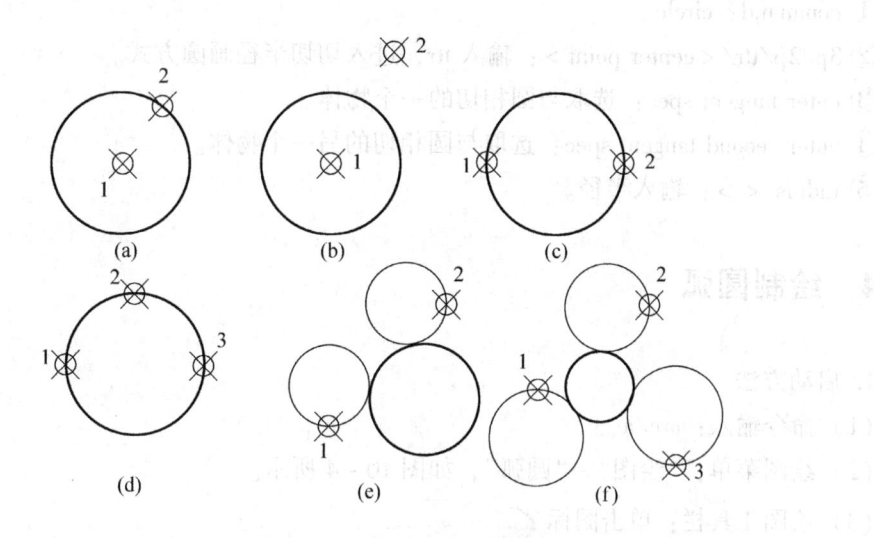

图 10-3　不同方式画圆
(a) 圆心、半径画圆；(b) 圆心、直径画圆；(c) 两点画圆；
(d) 三点画圆；(e) T 方式画圆；(f) A 方式画圆

2. 命令操作及说明

（1）圆心、半径或直径 →默认方式。

通过确定圆心和半径或直径画圆。

① 3p/2p/ttr/ < center point >：输入一个点，表示圆心。
② diameter/ < radius >：输入半径；输入 d 后，再输入直径。

（2）三点画圆。

① command：circle。
② 3p/2p/ttr/ < center point >：输入 3p，进入三点画圆方式。
③ first point：输入圆周上第一点。

④ second point：输入圆周上第二点。

⑤ third point：输入圆周上第三点。

(3) 两点画圆。

两点画圆是依据直径上的两点确定圆。

① command：circle。

② 3p/2p/ttr/<center point>：输入 2p，进入两点画圆方式。

③ first point：输入圆周上第一点。

④ second point：输入圆周上第二点。

(4) 切切半径画圆。

通过确定与圆相切的两个物体，以及圆的半径来画圆。

① command：circle。

② 3p/2p/ttr/<center point>：输入 ttr，进入切切半径画圆方式。

③ enter tangent spec：选取与圆相切的一个物体。

④ enter second tangent spec：选取与圆相切的另一个物体。

⑤ radius <>：输入半径。

10.4 绘制圆弧

1. 启动方法

(1) 命令输入：arc/a↵。

(2) 绘图菜单："绘图"→"圆弧"，如图 10-4 所示。

(3) 绘图工具栏：单击图标 。

2. 命令操作及说明

(1) 三点方式画弧。

通过圆弧上的三个点绘制圆弧。

① command：arc。

② center/<start point>：输入第一点。

③ center/end/<second point>：输入第二点。

④ end point：输入第三点。

(2) SCE 方式。

① command：arc。

② center/<start point>：输入起点。

③ center/end/<second point>：输入 c。

④ center：输入圆心。

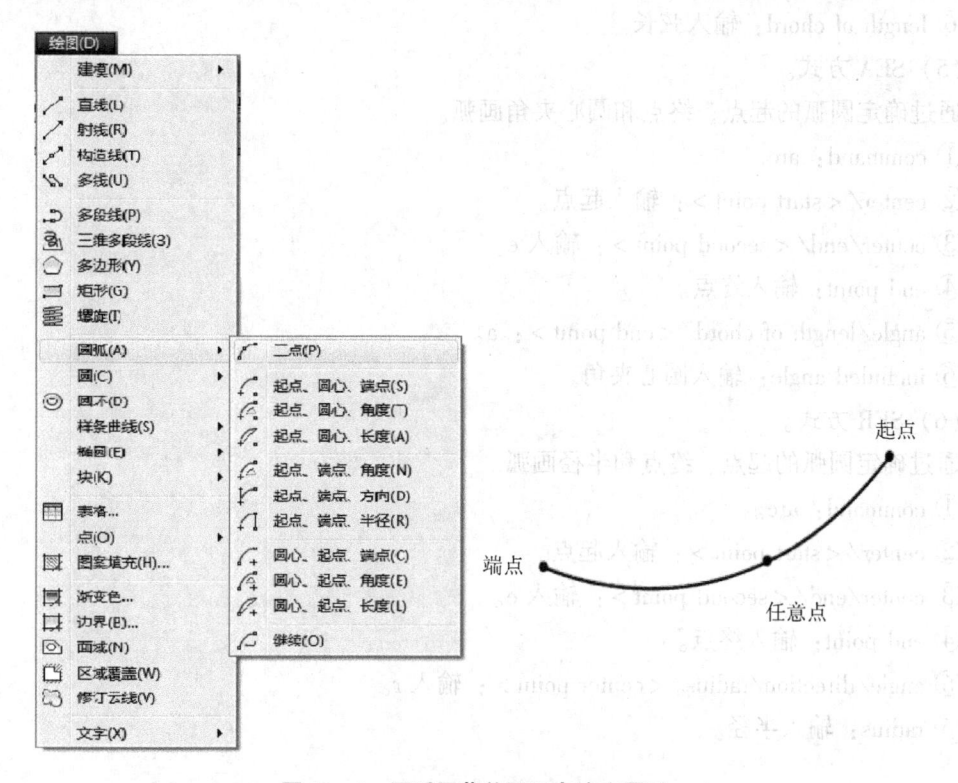

图 10-4　画弧子菜单及三点确定圆弧

⑤ angle/length of chord/ < end point >：输入终点。

（3）SCA 方式。

通过确定圆弧的起点、圆心和圆心夹角画圆弧。

① command：arc。

② center/ < start point >：输入起点。

③ center/end/ < second point >：输入 c。

④ center：输入圆心。

⑤ angle/length of chord/ < end point >：a。

⑥ included angle：角度。

（4）SCL 方式。

通过确定圆弧的起点、圆心和弦长画弧。

① command：arc。

② center/ < start point >：输入起点。

③ center/end/ < second point >：输入 c。

④ center：输入圆心。

⑤ angle/length of chord/ < end point >：l。

⑥ length of chord：输入弦长。

(5) SEA 方式。

通过确定圆弧的起点、终点和圆心夹角画弧。

① command：arc。

② center/＜start point＞：输入起点。

③ center/end/＜second point＞：输入 e。

④ end point：输入终点。

⑤ angle/length of chord/＜end point＞：a。

⑥ included angle：输入圆心夹角。

(6) SER 方式。

通过确定圆弧的起点、终点和半径画弧。

① command：arc。

② center/＜start point＞：输入起点。

③ center/end/＜second point＞：输入 e。

④ end point：输入终点。

⑤ angle/direction/radius/＜center point＞：输入 r。

⑥ radius：输入半径。

10.5　绘制椭圆

1. 启动方法

(1) 命令输入：ellipse/el↵。

(2) 绘图菜单："绘图"→"椭圆"。

(3) 绘图工具栏：单击图标 ⬭。

2. 命令操作及说明

(1) 轴、端点方式。

该方式用定义椭圆与两轴的三个交点画椭圆。

① command：ellipse。

② 指定椭圆的轴端点或［圆弧（a）中心点（c）］：

③ 指定轴的另一端点：指定该轴上第二点。

④ 指定另一条半轴长度或［旋转（r）］。

(2) 椭圆中心方式。

该方式用定义椭圆中心和椭圆与两轴的各一交点（半轴长）画椭圆。

① command：ellipse。

二维图形绘制操作演示（2）

② 指定椭圆的轴端点或 [圆弧 (a) 中心点 (c)]：c↵。
③ 指定轴的端点：指定轴端点 1 或其半轴长度。
④ 指定另一条半轴长度或 [旋转 (r)]。

10.6 绘制正多边形

1. 启动方法
(1) 命令输入：polygon/pol↵。
(2) 绘图菜单："绘图"→"正多边形"。
(3) 绘图工具栏：单击图标 ◇。

2. 命令操作及说明
(1) 直接输入正多边形的中心点。

在输入"pol"命令后，AutoCAD 将提示：输入选项 [内接于圆 (i)/外切于圆 (c)]。

① 内接正多边形。用户在提示下指定圆的半径，输入完成后产生所要内接正多边形，一般辅助圆不显示。

② 外切正多边形。用户输入相应命令后，AutoCAD 提示指定圆的半径，输入完成后产生所需要的外切正多边形。

(2) 指定边界方法绘制正多边形。

在 AutoCAD 中输入正多边形命令后，输入 e，执行选项后按照提示指定第一个端点和第二个端点，AutoCAD 将根据用户指定的边长绘制正多边形。

输入边的两个端点以指定一边长度的方法构造正多边形，输入两点的顺序确定了正多边形的方向。用户可以在图 10 – 5 中看到区别。

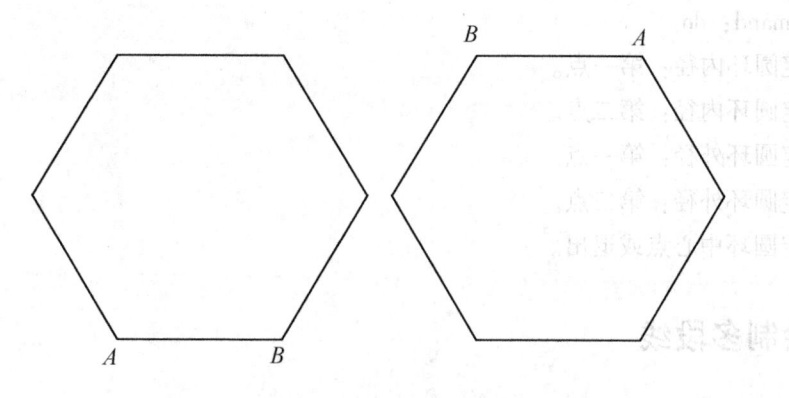

图 10 – 5　用指定边界的方法绘制正多边形

10.7 绘制矩形

1. 启动方法

（1）命令输入：rectang/rec ↵。

（2）绘图菜单："绘图"→"矩形"。

（3）绘图工具栏：单击图标 ▭。

2. 命令操作及说明

输入命令完成后，系统提示指定第一个角点，确定完成后继续确定第二个角点，回车产生 5 个选项，用户根据需要更改设置。

（1）倒角，设置倒角距离。

（2）标高，用于三维绘图。

（3）圆角，设置圆角半径。

（4）厚度，用于三维绘图。

（5）宽度，设置线宽。

10.8 绘制圆环

1. 启动方法

（1）命令输入：donut/do ↵。

（2）绘图菜单："绘图"→"圆环"。

2. 命令操作及说明

① command：do。

② 指定圆环内径：第一点。

③ 指定圆环内径：第二点。

④ 指定圆环外径：第一点。

⑤ 指定圆环外径：第二点。

⑥ 指定圆环中心点或退出。

10.9 绘制多段线

1. 启动方法

（1）命令输入：pline/pl ↵。

（2）绘图菜单："绘图"→"多段线"。

（3）绘图工具栏：单击图标 ⌐｡

2. 命令操作及说明

多段线可以包含带有宽度的直线和圆弧，整条线段是一个实体，可以统一对其进行编辑。多段线中不同线段可有不同线宽和不同线型。

输入命令后先指定起点，出现如下 6 个选项：

（1）圆弧 A——转入画弧方式，有多种选项，L——转入画直线方式。
（2）闭合 C——将线段闭合。
（3）半宽 H——指定线段半宽值。
（4）长度 L——定义下一线段的长度。
（5）放弃 U——取消刚刚绘制的线段。
（6）宽度 W——设置多义线的宽度，分起点宽度和终点宽度，可绘制锥形线段。

本章小结

通过本章的学习，读者应掌握在 AutoCAD 2007 中绘制二维图形对象的基本方法，如点、直线、射线和构造线、矩形和正多边形，以及圆、圆弧、椭圆和圆环等对象的绘制方法。下图标出了本章的内容结构，读者可以利用以下流程对所学内容做一次简要回顾。

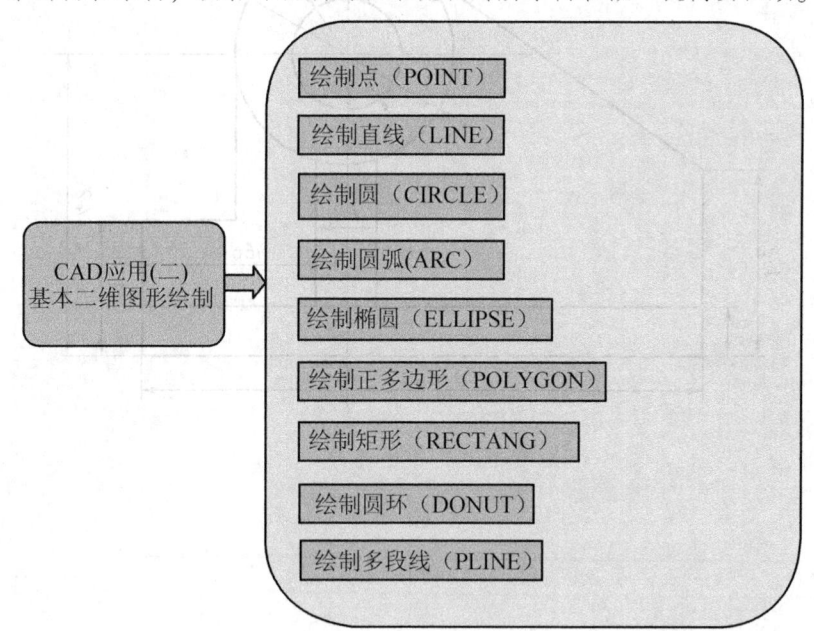

```
                    ┌─ 绘制点（POINT）
                    ├─ 绘制直线（LINE）
                    ├─ 绘制圆（CIRCLE）
CAD应用(二)         ├─ 绘制圆弧(ARC)
基本二维图形绘制 ──→├─ 绘制椭圆（ELLIPSE）
                    ├─ 绘制正多边形（POLYGON）
                    ├─ 绘制矩形（RECTANG）
                    ├─ 绘制圆环（DONUT）
                    └─ 绘制多段线（PLINE）
```

学习活动

（1）想想自己到现在所用过的所有画图工具，谈谈它们的优缺点。谈谈 AutoCAD 与它们有什么不同，有什么特点。

（2）在 AutoCAD 上绘制本章所学的基本二维图形，利用 AutoCAD 寻找按钮直接测量所绘图形的边长、半径、角度、面积等参数，并查找各按钮的快捷命令。

自 测 题

一、选择题

1. 关于 AutoCAD 中画弧的命令是( )。
   A. arc　　　　　　B. circle　　　　　　C. ellipse　　　　　　D. line
2. 使用"多段线"命令画图时，( )将画图方式由画直线转为画弧。
   A. C　　　　　　　B. L　　　　　　　　C. W　　　　　　　　D. A
3. 当使用 line 命令封闭多边形时，最快的方法是输入( )后单击"回车"键。
   A. C　　　　　　　　　　　　　　　　　B. B
   C. PLOT　　　　　　　　　　　　　　　D. DRAW

二、作图题

应用所学知识在 AutoCAD 中绘制下面图形。

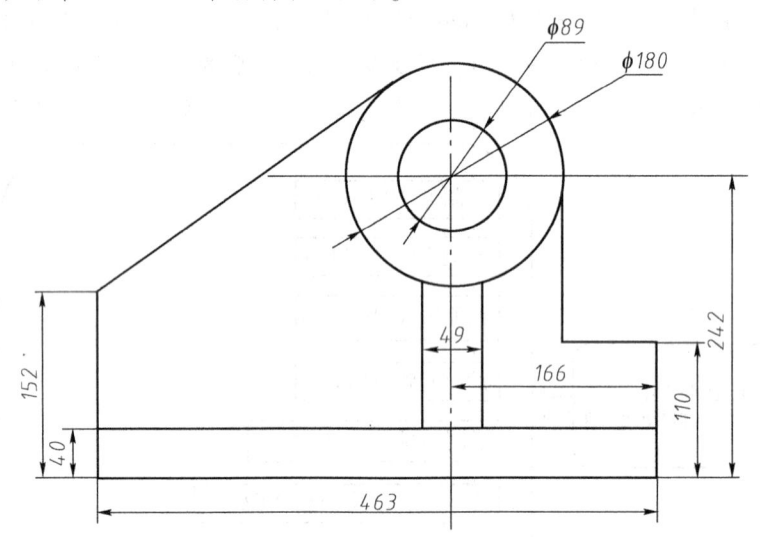

第 11 章　辅助绘图工具

导　言

AutoCAD 的辅助绘图工具很多，它们可以帮助用户快速有效地绘制图形，控制图形的显示。例如所有图形对象都具有图层、颜色、线型和线宽 4 个基本属性，因此，可以使用不同的图层、颜色、线型和线宽绘制不同的对象元素，以便于控制对象的显示和编辑，提高绘制复杂图形的效率和准确性。如果要灵活地显示图形的整体效果或局部细节，就需使用"视图"菜单和工具栏、视口、鸟瞰窗口等方法来观察图形。

学习目标

1. 熟练掌握动态输入、捕捉和正交、对象捕捉、自动追踪在绘图中的具体应用。
2. 掌握显示控制的使用方法，特别是窗口缩放和全部缩放的应用。
3. 了解查询信息等辅助工具的使用方法，并能在实际绘图中得到应用。

11.1　对象选择的方法

对已有的图形进行编辑，AutoCAD 提供了两种不同的编辑顺序：一是先下达编辑命令，再选择对象；二是先选择对象，再下达编辑命令。但无论选取哪种编辑顺序，都必须要选择对象。

辅助绘图工具操作演示

1. 点选

直接拾取，适用于单个或少数对象。通过鼠标移动拾取框，当拾取框压住需要选择的对象后单击鼠标左键，该对象会以虚线形式显示，表示已被选中。

2. 全选

在选择对象提示下输入"all"，选中屏幕上全部对象。

3. 默认窗口方式

从左到右，蓝色实框，包含式。

4. 默认窗交方式

从右到左，绿色虚框，穿越式。

5. 其他方式

当命令行提示"选择对象："时，还可在其后键入以下字母：

（1）W 或 C。与框选方式一样，不同之处在于此方式拾取第一角点后拖动光标不受向左向右影响。

（2）WP 或 CP（多边形窗口或交叉多边形窗口方式）。拾取多个角点构成多边形窗口，窗口内的对象被选中或窗口内及与多边形边界相交的对象均被选中。

（3）F（围栏）。根据给定点形成的直线或折线栏选对象，即凡与此直线或折线相交的对象均被选中。

（4）选择集（op）中对象的删除，按住 Shift 键的同时单击对象。

（5）快速选择：Qselect，"工具"→"快速选择"。

（6）过滤选择：Filter。

11.2 功能按钮

11.2.1 捕捉

捕捉（F9/snap）用于限制十字光标，使其按照用户定义的间隔移动。打开"捕捉"后，光标看上去像是附着或"捕捉"到一个不可见的栅格。使用定点设备捕捉有助于使定位点更精确。它能迅速地捕捉图形目标的端点、交点、中点、切点等特殊点的位置。

捕捉分为栅格捕捉和极轴捕捉。极轴捕捉与极坐标追踪或对象捕捉追踪结合使用，如均未启用，则设置无效。

11.2.2 栅格

栅格（F7/grid）是点构成的矩形图案，显示在图形栅格界限指定的范围内，起坐标纸作用。利用栅格可以对齐对象，并直观、形象化地显示对象之间的距离。栅格不会出现在打印图形中。

栅格无须和当前的捕捉间距相对应。例如，可以设置较宽的栅格间距作为参照，同时使用较小的捕捉间距以保证指定点时的精确性。

"自适应栅格"在放大或缩小图形时，自动调整栅格的显示间距，使其更适合新的缩放比例。

打开栅格设置的方法主要有：

（1）工具菜单："工具"→"草图设置"→"捕捉和栅格"，如图 11-1 所示。

（2）状态栏：在栅格按钮或捕捉按钮上，单击鼠标右键，在弹出的快捷菜单中选择"设置"选项。

11.2.3 正交

正交（F8/ortho）将定点设备的输入限制为水平或垂直方向。正交不能和"极轴追踪"同时打开。在打开正交时，将关闭"极轴追踪"，输入坐标或指定对象捕捉时将忽略"正交"。

启用"正交"命令的方法如下：

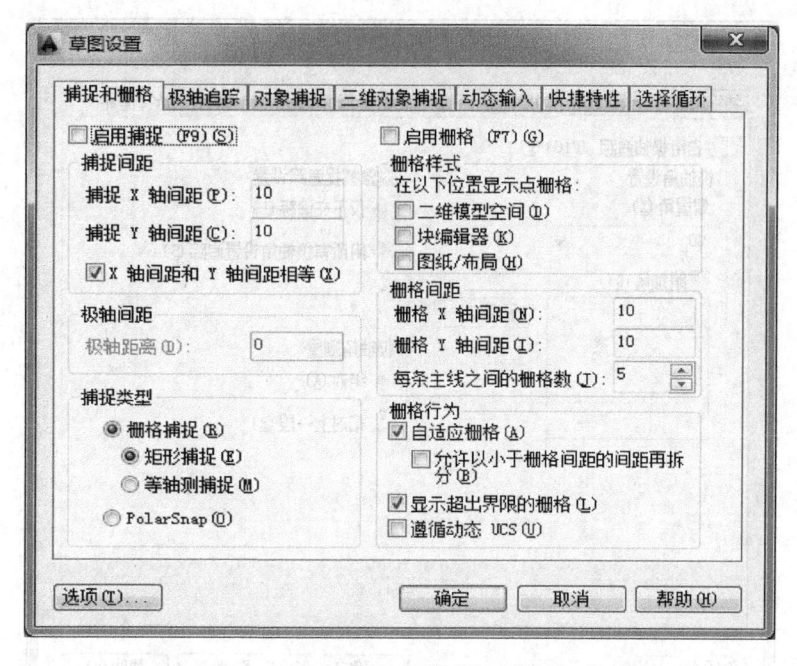

图 11-1 "草图设置"-"捕捉和栅格"对话框

（1）单击状态栏中"正交"按钮。

（2）单击 F8 快捷键。

（3）输入命令 ortho。

启用"正交"命令后，意味着用户只能画水平和垂直两个方向的直线。

11.2.4 极轴/极轴追踪

自动追踪可用于按指定角度绘制对象，或者绘制其他有特定关系的对象。自动追踪包含两种追踪选项：极轴追踪和对象捕捉追踪，用户可根据状态栏上的极轴和对象追踪按钮打开或关闭功能，如图 11-2 所示。

极轴追踪（F10）是按事先给定的角度增量来追踪特征点。而对象捕捉追踪则按与对象的某种特定关系来追踪，这种特定的关系确定了一个未知角度。也就是说，如果事先知道要追踪的方向（角度），则使用极轴追踪；如果事先不知道具体的追踪方向（角度），但知道与其他对象的某种关系（如相交），则用对象捕捉追踪。极轴追踪和对象捕捉追踪可以同时使用。

11.2.5 对象捕捉

在绘图的过程中，经常要指定一些对象上已有的点，例如端点、圆心和两个对象的交点等。如果只凭观察来拾取，不可能非常准确地找到这些点。在 AutoCAD 中，调用对象捕捉

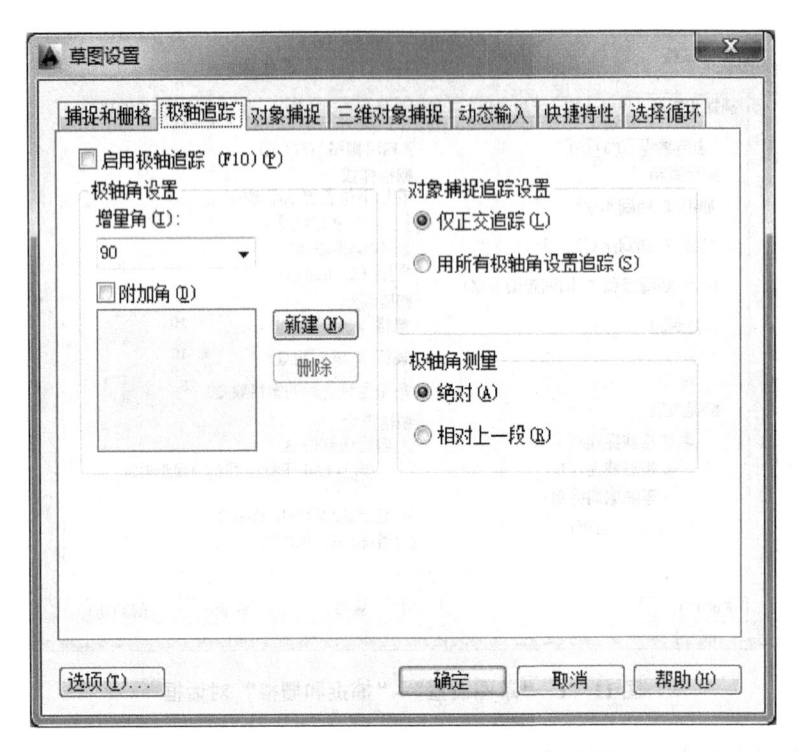

图11-2 "草图设置"-"极轴追踪"对话框

(F3)功能，迅速、准确地捕捉到某些特殊点，从而精确地绘制图形。

1. "对象捕捉"工具栏

调用"对象捕捉"工具栏，在绘图过程中，当要求指定点时，单击"对象捕捉"工具栏中相应的特征点按钮，再把光标移到要捕捉对象上的特征点附近，即可捕捉到相应的对象特征点。

2. 使用自动捕捉功能

绘图的过程中，使用对象捕捉的频率非常高。为此，AutoCAD又提供了一种自动对象捕捉模式（草图设置/F3）。自动捕捉就是当把光标放在一个对象上时，系统自动捕捉到对象上所有符合条件的几何特征点，并显示相应的标记。如果把光标放在捕捉点上多停留一会儿，系统还会显示捕捉的提示。这样，在选点之前，就可以预览和确认捕捉点。

打开对象捕捉模式，可在如图11-3所示"草图设置"对话框的"对象捕捉"选项卡中，（或右击按钮）选中"启用对象捕捉"复选框，然后在"对象捕捉模式"选项组中选中相应复选框。

当要求指定点时，可以按Shift键或者Ctrl键，右击打开对象捕捉快捷菜单。选择需要的子命令，再把光标移到要捕捉对象的特征点附近，即可捕捉到相应的对象特征点。如图11-4所示。

第 11 章 辅助绘图工具

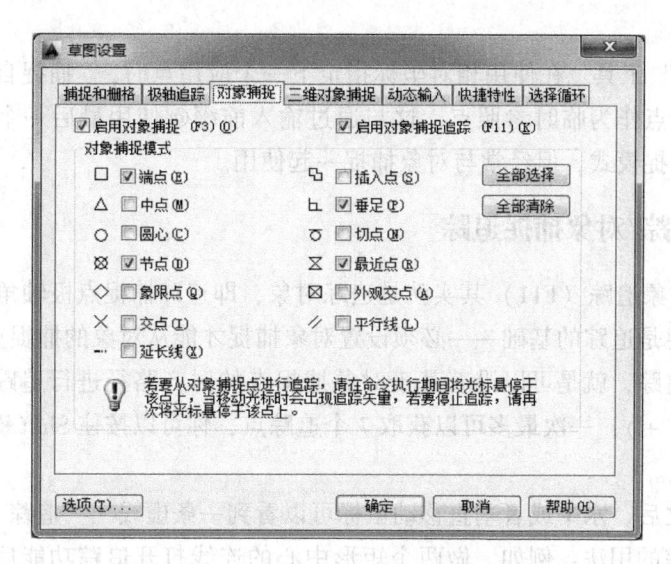

图 11-3 "草图设置"对象捕捉对话框

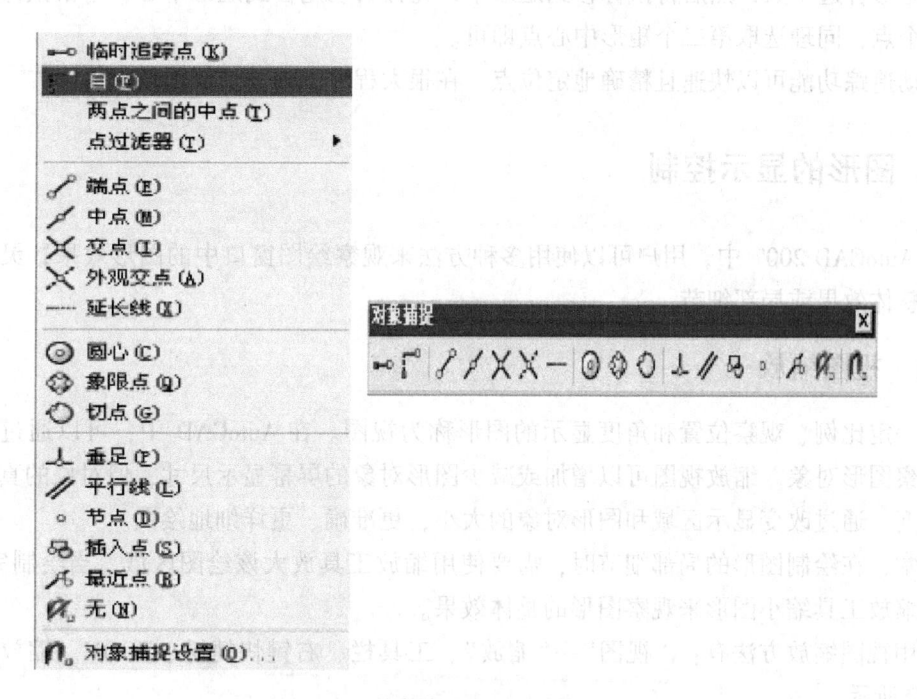

图 11-4 弹出菜单及对象捕捉工具栏

3. 使用临时追踪点和捕捉自功能

在"对象捕捉"工具栏中，还有两个非常有用的对象捕捉工具，即"临时追踪点"和"捕捉自"工具。

（1）"临时追踪点"工具：可在一次操作中创建多条追踪线，并根据这些追踪线确定所

145

要定位的点。

（2）"捕捉自"工具：在使用相对坐标指定下一个应用点时，"捕捉自"工具可以提示输入基点，并将该点作为临时参照点，这与通过输入前缀@使用最后一个点作为参照点类似。它不是对象捕捉模式，但经常与对象捕捉一起使用。

11.2.6　对象追踪/对象捕捉追踪

顾名思义，对象追踪（F11）其实就是追踪对象，即追踪捕捉点极轴角度线。

（1）对象捕捉是追踪的基础——必须设置对象捕捉才能从对象的捕捉点进行追踪。

（2）所谓的追踪，就是可以沿着基于对象捕捉点的对齐路径进行追踪。已获取的点将显示一个小加号（+），一次最多可以获取 7 个追踪点，你可以按住 Shift 键，单击鼠标右键来选取临时追踪点。

（3）获取点之后，水平或者垂直移动鼠标可以看到一条虚线——追踪"路径"。

（4）对象追踪的用法：例如，做两个矩形中心的连线打开追踪功能后选用画线命令鼠标找到矩形各边中点，然后将鼠标移到矩形中，光标自动定位到矩形中心，单击鼠标左键选取第一个点，同理选取第二个矩形中心点即可。

自动追踪功能可以快速且精确地定位点，在很大程度上提高了绘图效率。

11.3　图形的显示控制

在 AutoCAD 2007 中，用户可以使用多种方法来观察绘图窗口中的图形效果，灵活观察图形的整体效果或局部细节。

11.3.1　视图缩放

按一定比例、观察位置和角度显示的图形称为视图。在 AutoCAD 中，可以通过缩放视图来观察图形对象。缩放视图可以增加或减少图形对象的屏幕显示尺寸，但对象的真实尺寸保持不变。通过改变显示区域和图形对象的大小，更准确、更详细地绘图。

通常，在绘制图形的局部细节时，需要使用缩放工具放大该绘图区域，当绘制完成后，再使用缩放工具缩小图形来观察图形的整体效果。

常用视图缩放方法有："视图"→"缩放"、工具栏、右键快捷键、ZOOM。缩放菜单如图 11-5 所示。

11.3.2　视图平移

视图平移可以重新定位图形，以便看清图形的其他部分，但不会改变图形中对象的位置或比例。常用方法有："视图"→"平移"、工具栏、右键快捷键、PAN。视图平移菜单如图 11-6 所示。

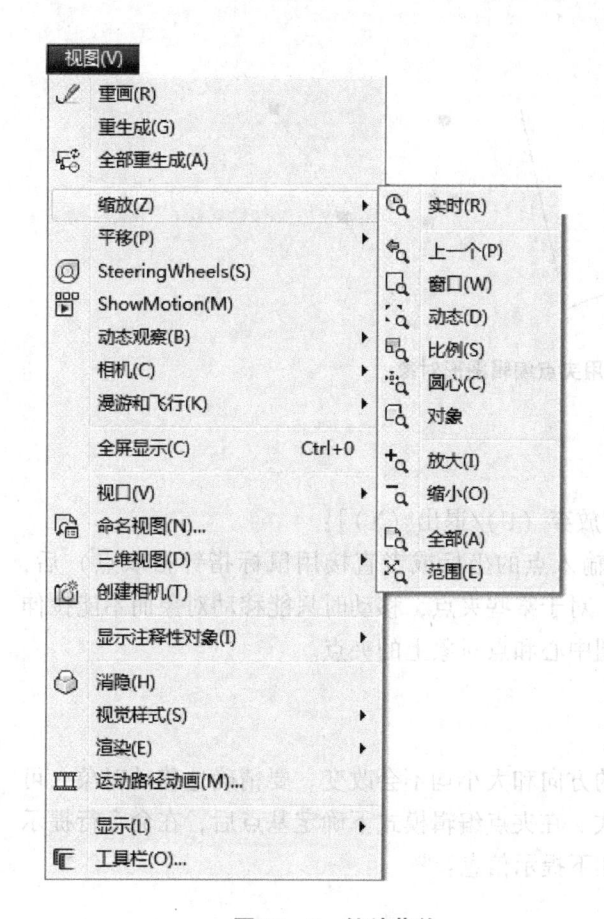

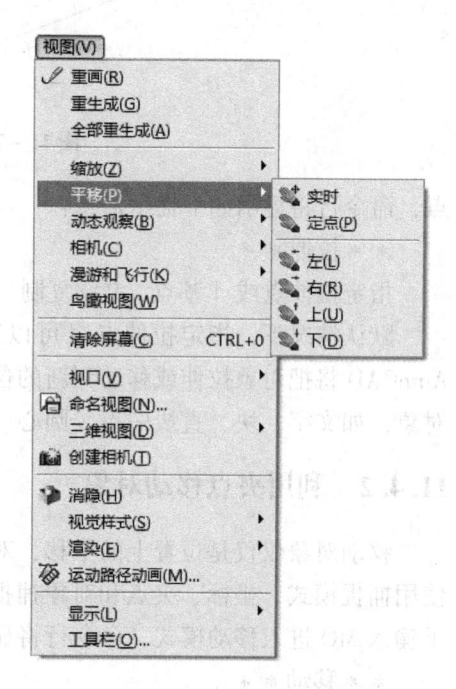

图 11-5　缩放菜单　　　　　　　　　　图 11-6　视图平移菜单

11.4　夹点编辑

如果在没有执行任何命令的时候直接选择图形对象，通常在被选中图形对象上的某些部位会出现实心小方框（默认颜色为蓝色），即夹点。利用夹点可以快速实现拉伸、移动、旋转、缩放以及镜像等操作。

夹点编辑操作演示

AutoCAD 中，夹点是一种集成的编辑模式。当鼠标单击对象时，进入夹点模式，对象呈虚线，其特征点呈蓝色小方框，如图 11-7 所示。当特征点呈红色时表明其处于激活状态，以此为基点可进行编辑。

11.4.1　利用夹点拉伸对象

在 AutoCAD 中，夹点是一种集成的编辑模式，提供了一种方便快捷的编辑操作途径。在不执行任何命令的情况下选择对象，显示其夹点，然后单击其中一个夹点作为拉伸的基

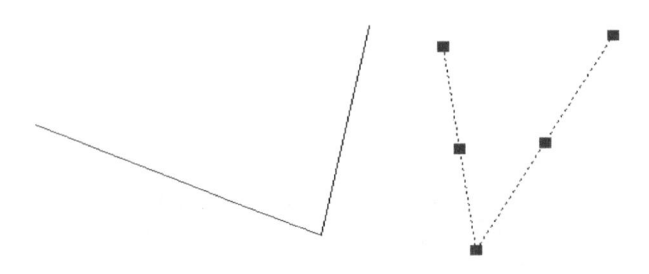

图 11-7 利用夹点编辑图形对象

点,命令行将显示如下提示信息:

拉伸

指定拉伸点或 [基点 (B)/复制 (C)/放弃 (U)/退出 (X)]：

默认情况下,指定拉伸点(可以通过输入点的坐标或者直接用鼠标指针拾取点)后,AutoCAD 将把对象拉伸或移动到新的位置。对于某些夹点,移动时只能移动对象而不能拉伸对象,如文字、块、直线中点、圆心、椭圆中心和点对象上的夹点。

11.4.2 利用夹点移动对象

移动对象仅仅是位置上的平移,对象的方向和大小均不会改变。要精确地移动对象,可使用捕捉模式、坐标、夹点和对象捕捉模式。在夹点编辑模式下确定基点后,在命令行提示下输入 MO 进入移动模式,命令行将显示如下提示信息：

移动

指定移动点或 [基点 (B)/复制 (C)/放弃 (U)/退出 (X)]：

通过输入点的坐标或拾取点的方式来确定平移对象的目的点后,即可以基点为平移的起点,以目的点为终点将所选对象平移到新位置。

11.4.3 利用夹点旋转对象

在夹点编辑模式下,确定基点后,在命令行提示行输入 RO 进入旋转模式,命令行将显示提示信息：

旋转

指定旋转角度或 [基点 (B)/复制 (C)/放弃 (U)/退出 (X)]：

默认情况下,输入旋转的角度后或通过拖动方式确定旋转角度后,即可将对象绕基点旋转指定的角度。也可以选择"参照"选项,以参照方式旋转对象,这与"旋转"命令中的"对照"选项功能相同。

11.4.4 利用夹点缩放对象

在夹点编辑模式下确定基点后,在命令提示行输入 SC 进入缩放模式,命令行将显示如下提示信息：

＊＊比例缩放＊＊

指定比例因子或［基点（B）/复制（C）/放弃（U）/退出（X）］：

默认情况下，当确定了缩放的比例因子后，AutoCAD 将相对于基点进行缩放对象操作。当比例因子大于 1 时放大对象；当比例因子大于 0 小于 1 时缩小对象。

11.4.5 利用夹点镜像对象

与"镜像"命令的功能类似，镜像操作后将删除原对象。在夹点编辑模式下确定基点后，在命令行提示下输入 MI 进入镜像模式，命令行将显示如下提示信息：

＊＊镜像＊＊

指定第二点或［基点（B）/复制（C）/放弃（U）/退出（X）］：

指定镜像线上的第二个点后，AutoCAD 将以基点作为镜像线上的第一点，新指定的点为镜像线上的第二个点，将对象进行镜像操作并删除原对象。

11.5 查询命令

查询命令可以方便用户计算两点间的距离、图形面积、点的坐标及图形实体的其他属性等，查询子菜单如图 11-8 所示。

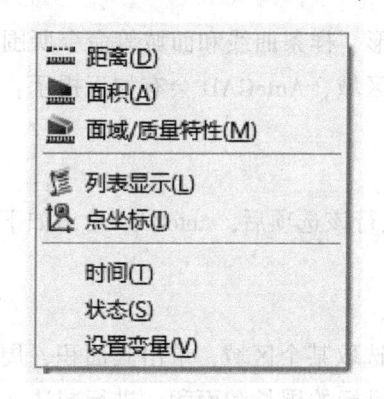

图 11-8 查询子菜单

11.5.1 距离查询

1. 启用方法

（1）命令输入：dist↵。

（2）工具菜单："工具"→"查询"→"距离"。

（3）查询工具栏：单击距离图标 。

2. 命令的操作

执行命令后，AutoCAD 命令行提示：

指定第一点：（拾取第一个点）

指定第二点：（拾取第二个点）

11.5.2 面积查询

AutoCAD 提供的面积查询命令，可以方便地查询用户指定区域的面积，同时还可以进行加减运算。

1. 启用方法

（1）命令输入：area↵。

（2）工具菜单："工具"→"查询"→"面积"。

(3) 查询工具栏：单击距离图标 。

2. 命令的操作

执行命令后，AutoCAD 命令行提示：

指定第一点或 [对象 (O)/加 (A)/减 (S)]：

① 指定第一个角点。

用户执行该选项后，AutoCAD 命令行提示：

指定下一个角点或按 ENTER 键全选：（输入点）

指定下一个角点或按 ENTER 键全选：↵

此时，AutoCAD 会给出如下计算结果：

面积 = 计算出的面积

周长 = 计算出的周长

② 对象 (O)。

计算选定对象的面积和周长。执行该命令后，AutoCAD 命令行提示：

选择对象：（选取对象）

AutoCAD 会给出所选对象的如下信息：

面积 = 计算出的面积

周长 = 计算出的周长

本选项只能计算由圆、椭圆、多段线、矩形、正多边形、样条曲线和面域等命令所围成封闭区域的面积和周长。如果所选的对象不能构成封闭区域，AutoCAD 会有如下提示：

选定的对象没有面积

③ 加 (A)。

面积加法运算，即把新选图形的面积加入总面积中。执行该选项后，AutoCAD 给出如下提示：

指定第一点或 [对象 (O)/加 (A)/减 (S)]：

用户既可以执行"指定第一个角点"或"对象"项，选取某个区域，求出其面积、周长，并进行加法运算；也可以执行"减"选项，计算所选目标的周长和面积，进行减法运算。此时，AutoCAD 会有如下提示：

面积 = 计算出的面积

周长 = 计算出的周长

总面积 = 计算出的总面积

指定第一点或 [对象 (O)/加 (A)/减 (S)]：

用户既可以继续执行面积加法运算，也可以直接回车求出面积。

④ 减 (S)。

面积减法运算，即把所选实体的面积从总面积中减去。执行该选项后，AutoCAD 给出如下提示：

指定第一点或 [对象 (O)/加 (A)/减 (S)]：

在此提示下，用户既可以执行"指定第一个角点"或选择"对象"选项某个区域，求出其面积、周长，并进行减法运算；也可以执行"加"选项，计算所选目标的面积和周长，然后进行加法运算。

11.5.3 列表显示

列表显示是 AutoCAD 提供的查询实体特性参数的命令，可以方便用户查询所选实体的类型、所属图层、空间等特性参数。

1. 启用方法

(1) 命令输入：list↵。

(2) 工具菜单："工具"→"查询"→"列表显示"。

(3) 查询工具栏：单击距离图标 。

2. 命令的操作

执行命令后，AutoCAD 命令行提示：

选择对象：(选取对象)

执行此命令后，AutoCAD 会自动切换到文本框窗口显示所选对象的相关信息，如图 11 – 9 所示。

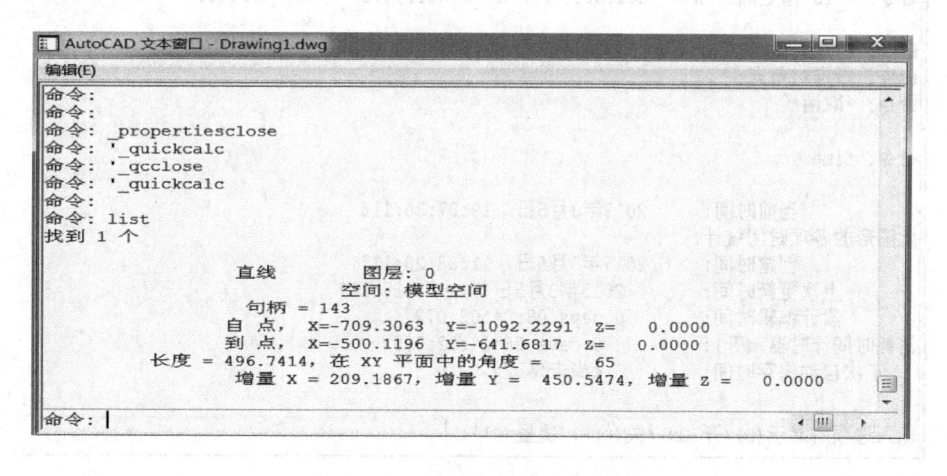

图 11 – 9　显示实体特征属性参数

11.5.4 查询点坐标

1. 启用方法

(1) 命令输入：id↵。

（2）工具菜单："工具"→"查询"→"点坐标"。

（3）查询工具栏：单击距离图标 ![icon]。

2. 命令的操作

执行命令后，AutoCAD 命令行提示：

指定点：（选取一点）

则 AutoCAD 会显示如下结果：

X = 点的 X 轴坐标；Y = 点的 Y 轴坐标值；Z = 点的 Z 轴坐标值

11.5.5　时间查询

1. 启用方法

（1）命令输入：time↵。

（2）工具菜单："工具"→"查询"→"时间"。

2. 命令的操作

执行命令后，系统会自动切换到文本窗口，并显示相关信息，如图 11-10 所示。

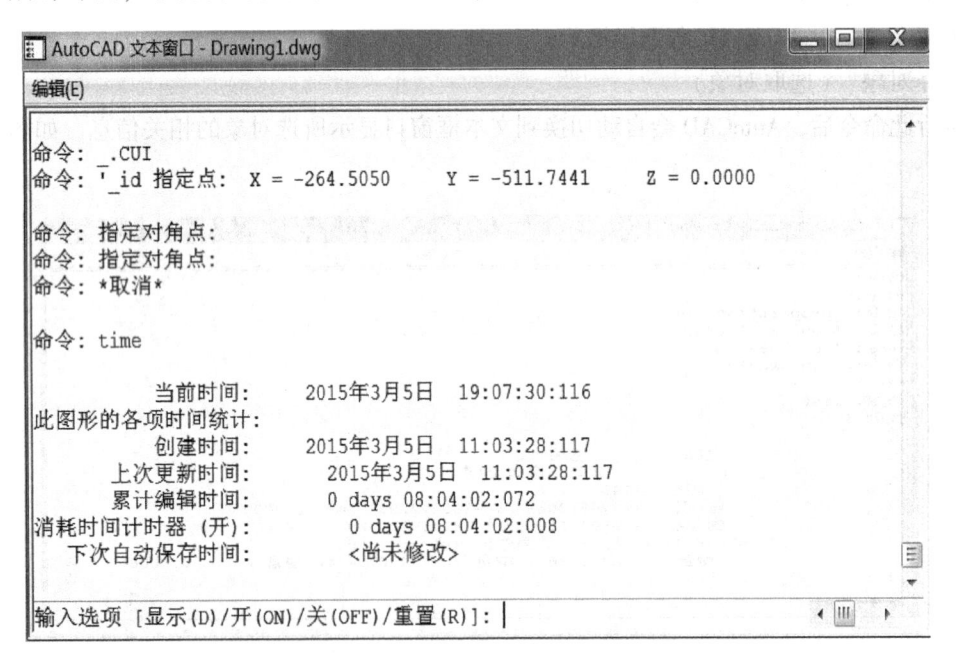

图 11-10　"时间查询"文本窗口

11.5.6　状态显示

1. 启用方法

（1）命令输入：status↵。

（2）工具菜单："工具"→"查询"→"状态"。

2. 命令的操作

执行命令后，AutoCAD 自动切换到文本窗口，并显示当前图形文件的特征信息。例如，当前图形文件中实体对象的数目、当前图层名称、当前颜色、当前线型、当前目标捕捉的状态等。

本章小结

本章通过对 AutoCAD 辅助绘图工具的学习，了解并掌握对象选择的方法、功能按钮的知识，以及图形显示控制、夹点编辑和查询。本章知识结构图如下：

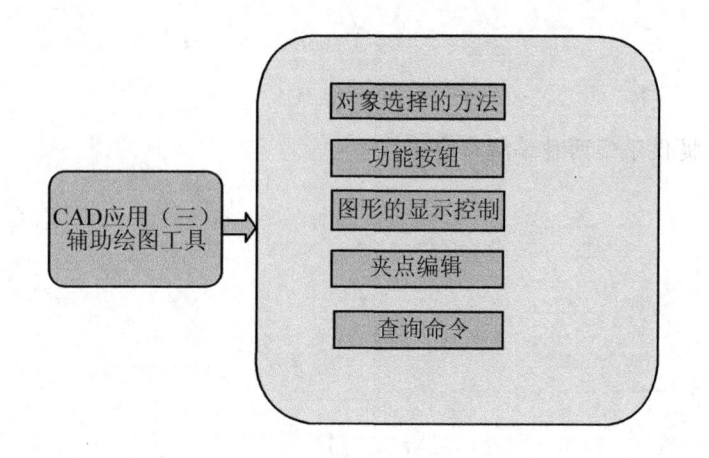

```
                    ┌─────────────────┐
                    │  对象选择的方法  │
                    ├─────────────────┤
┌──────────────┐    │    功能按钮     │
│ CAD应用（三）│──→ ├─────────────────┤
│ 辅助绘图工具 │    │  图形的显示控制 │
└──────────────┘    ├─────────────────┤
                    │    夹点编辑     │
                    ├─────────────────┤
                    │    查询命令     │
                    └─────────────────┘
```

学习活动

（1）在基本了解 AutoCAD 后，你能用它做出复杂图吗？下载 SketchUp，尝试做模型，对比两者，说说各自的特点。

（2）在 AutoCAD 上利用本章所学知识尝试按比例绘制国旗、旗杆，尝试移动国旗到旗杆的不同位置（旗杆和国旗左边界重合），并缩放国旗。尝试寻找快速绘制半径为等差数列的同心圆方法，并且绘制其中部分图形。

自测题

一、选择题

1. 按(　　)显示的图形称为视图。
   A. 一定比例　　　B. 观察位置　　　C. 角度　　　D. 大小
2. 捕捉键的快捷方式为(　　)。
   A. F1　　　　　　B. F7　　　　　　C. F8　　　　D. F9
3. 图形对象都具有图层、(　　)、线型和线宽四个基本属性。
   A. 颜色　　　　　B. 图幅　　　　　C. 大小　　　D. 形状

二、简答题

1. 什么是对象捕捉？

2. 执行对象捕捉的方式有哪些？

3. AutoCAD 提供了哪两种编辑命令方式？

第12章 基本编辑命令

导　言

AutoCAD 2007 的"修改"菜单中包含了大部分编辑命令，通过选择该菜单中的命令或子命令，可以帮助用户合理地构造和组织图形，保证绘图的准确性，简化绘图操作。本章将详细介绍移动、旋转、复制、偏移、镜像、创建倒角、创建圆角和打断对象等命令的使用方法。

学习目标

通过本章学习，掌握删除、复制、镜像、移动、偏移、阵列、旋转、延伸、圆角、拉伸等命令编辑对象的方法。

12.1　删除对象

1. 启动方法

（1）命令输入：erase ↙。

（2）修改菜单："修改"→"删除"。

（3）修改工具栏：单击图标 。

2. 命令操作及说明

执行命令后，AutoCAD 命令行提示：

选择对象：（选择要删除的对象，选择时直接拾取即可）

选择对象可以单选或窗选，ALL 表示全选，执行 OOPS 命令可恢复最近一次删除的实体。

基本编辑命令操作演示

12.2　复制对象

复制对象用于将选中的对象复制到指定点。"复制"命令示例如图 12-1 所示。

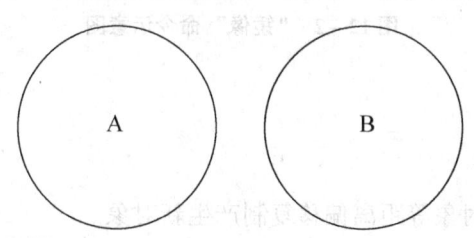

图 12-1　"复制"命令示例

1. 启动方法

(1) 命令输入：copy/co↵。

(2) 修改菜单："修改"→"复制"。

(3) 修改工具栏：单击图标 ⌘。

2. 命令操作及说明

执行命令后，AutoCAD 命令行提示：

选择对象：(选择要复制的对象)

指定基点或 [位移 (D)/模式 (O)]：

12.3 镜像对象

1. 启动方法

(1) 命令输入：mirror↵。

(2) 修改菜单："修改"→"镜像"。

(3) 修改工具栏：单击图标 ⊿⊾。

2. 命令操作及说明

执行命令后，AutoCAD 命令行提示：

选择对象：(选择要镜像的对象)

指定镜像线的第一点

指定镜像线的第二点

删除源对象吗？[是 (Y)/否 (N)] <N>：

执行镜像操作时，可以选择删除原对象，相当于翻转对象，也可以保留原对象，这相当于在翻转的同时进行复制。如果选择集中的文字不想被镜像后反置，则在镜像前在命令行输入 Mirrtext，将其值设置为 0。"镜像"命令示意图如图 12 - 2 所示。

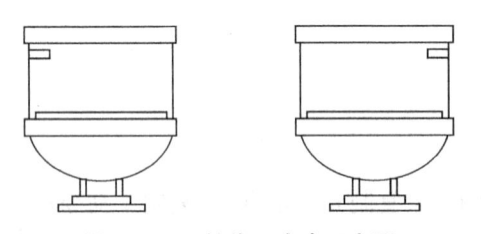

图 12 - 2 "镜像"命令示意图

12.4 偏移对象

偏移对象是将选定的对象等距离偏移复制产生新对象。

1. 启动方法

(1) 命令输入：offset/o↵。

(2) 修改菜单："修改"→"偏移"。

(3) 修改工具栏：单击图标 ⟃。

2. 命令操作及说明

执行命令后，AutoCAD 命令行提示：

指定偏移距离或 ［通过 (T)/删除 (E)/图层 (L)］ ＜通过＞：

默认情况下，需要指定偏移距离，再选择要偏移复制的对象，然后指定偏移方向，以复制出对象。"偏移"命令示意图如图 12 - 3 所示。

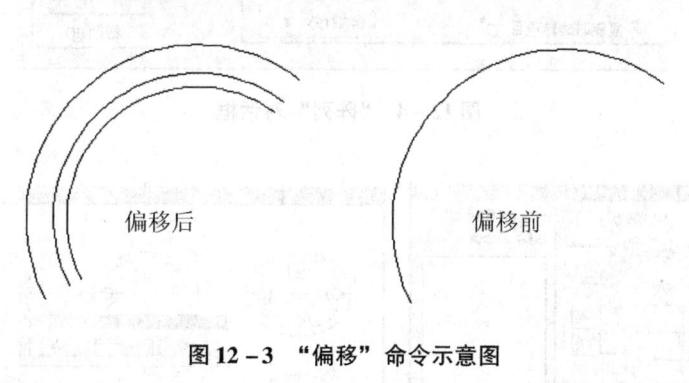

图 12 - 3　"偏移"命令示意图

12.5　阵列对象

在绘制图形的过程中，有时需要绘制完全相同、成矩形或环形排列的一系列图形实体，可以只绘制一个，然后使用阵列命令进行矩形或环形复制。

1. 启动方法

(1) 命令输入：array↵。

(2) 修改菜单："修改"→"阵列"。

(3) 修改工具栏：单击图标 ▦。

2. 命令操作及说明

执行命令后，AutoCAD 将弹出"阵列"对话框，如图 12 - 4 所示。

在"阵列"对话框中，选择"矩形阵列"单选按钮，可以以矩形阵列方式复制对象。如图 12 - 5 所示。

在"阵列"对话框中，选择"环形阵列"单选按钮，可以以环形阵列方式复制图形。如图 12 - 6 所示。

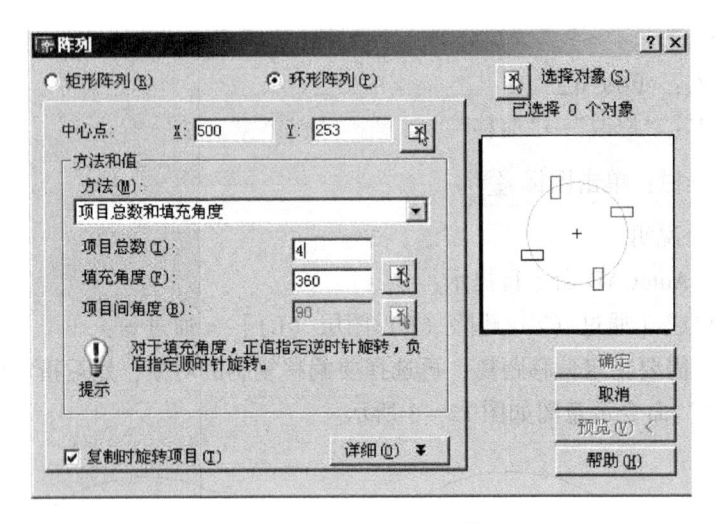

图 12-4 "阵列"对话框

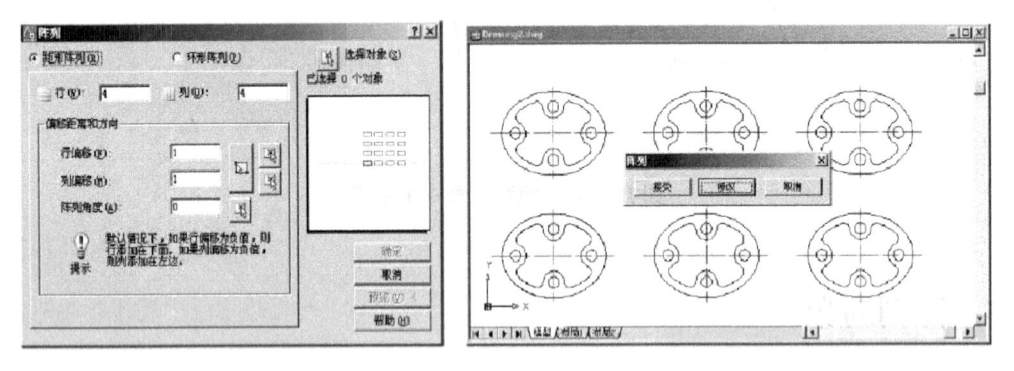

图 12-5 "矩形阵列"对话框及示意图

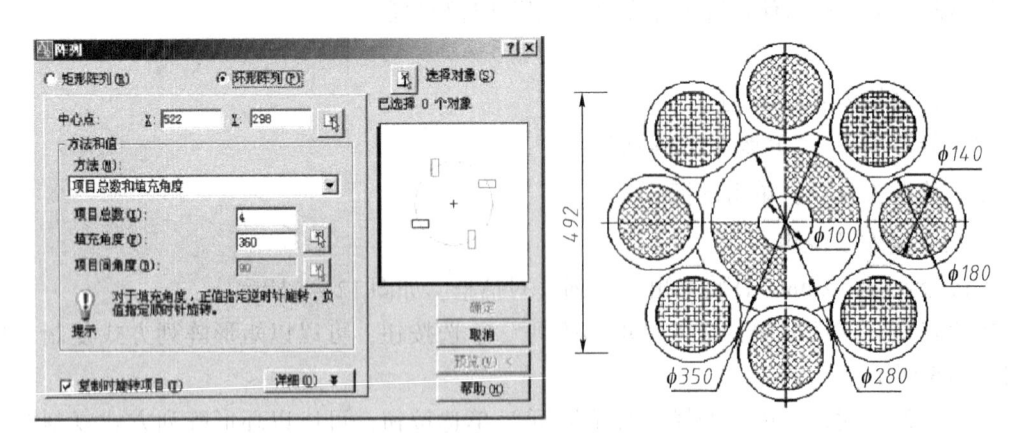

图 12-6 "环形阵列"对话框及示意图

12.6 移动对象

移动对象是指将选定的对象从一个位置移动到另一个位置。

1. 启动方法

（1）命令输入：move↲。

（2）修改菜单："修改"→"移动"。

（3）修改工具栏：单击图标 ✥。

2. 命令操作及说明

执行命令后，AutoCAD 命令行提示：

选择对象：↲

指定基点或［位移］：

指定第二个点或＜使用第一个点作为位移＞：

在移动时，首先要选取一个基点，按照此点进行平移。

12.7 旋转对象

旋转对象是将对象围绕一个固定点（基点）旋转一定角度。

1. 启动方法

（1）命令输入：rotate/ro↲。

（2）修改菜单："修改"→"旋转"。

（3）修改工具栏：单击图标 ◯。

2. 命令操作及说明

执行命令后，AutoCAD 命令行提示：

UCS 当前的正角方向：ANGDIR = 逆时针 ANGBASE = 0

选择对象：（选择要旋转的对象）

选择对象：↲

指定基点：

指定旋转角度或［复制（C）/参照（R）］：

（1）指定旋转角度。确定旋转角度。如果直接在"指定旋转角度或［复制（c）/参照（R）］＜0＞:"提示下输入角度值后按 Enter 键或空格键，即执行默认项，AutoCAD 将选定的对象绕基点旋转。

（2）复制（C）。以复制形式旋转对象，即创建出旋转对象后仍在原位置保留原对象。执行该选项后，根据提示指定旋转角度即可。

(3) 参照（R）。以参照方式旋转对象。执行该选项后，AutoCAD 命令行提示：

指定参照角：

指定新角度或［点 p］：

12.8 缩放对象

缩放对象是将对象以某一基点为基准进行等比例缩放。

1. 启动方法

(1) 命令输入：scale/sc↵。

(2) 修改菜单："修改"→"缩放"。

(3) 修改工具栏：单击图标 。

2. 命令操作及说明

执行命令后，AutoCAD 命令行提示：

选择对象：（选择要缩放的对象）

选择对象：↵

指定基点：

指定比例因子或［复制（C)/参照（R)］：

(1) 指定比例因子。确定缩放比例因子，为默认项。若执行该默认项，即输入比例因子后按回车键，AutoCAD 将所选对象按该比例相对于基点放大或缩小，当比例因子大于 0 小于 1 时缩小对象，比例因子大于 1 时放大对象。

(2) 复制（C）。以复制的形式进行缩放，即创建出缩小或放大的对象后仍在原位置保留原对象。

(3) 参照（R）。将对象以参照方式缩放。执行该选项后，AutoCAD 命令行提示：

指定参照长度：

指定新的长度或［点 p］：

12.9 拉伸对象

拉伸通过改变节点位置使图形变形，保持原来结构。

1. 启动方法

(1) 命令输入：stretch↵。

(2) 修改菜单："修改"→"拉伸"。

(3) 修改工具栏：单击图标 。

2. 命令操作及说明

执行命令后，AutoCAD 命令行提示：

以交叉窗口或交叉多边形选择要拉伸的对象…（执行"拉伸"命令后，此时只能以交叉窗口或交叉多边形方式选择对象。所以，此时应在"选择对象："提示下用"C"或"CP"响应，然后根据提示选择对象）

选择对象：↵

12.10 拉长对象

拉长对象用于拉长或缩短已知线段或圆弧的长度。

1. 启动方法

（1）命令输入：length ↵。

（2）修改菜单："修改"→"拉长"。

2. 命令操作及说明

执行命令后，AutoCAD 命令行提示：

选择对象或 [增量（DE）/百分数（P）/全部（T）/动态（DY）]：

（1）选择对象。该选项用于显示所指定直线或圆弧的现有长度和包含角，为默认项。

（2）增量（DE）。通过设定长度增量或角度增量来改变对象的长度和角度。执行此选项后，AutoCAD 命令行提示：

输入长度增量或 [角度（A）] <0.0000>：

① 输入长度增量。执行该选项后，AutoCAD 命令行提示：

选择要修改的对象或 [放弃（u）]：（在该提示下选择线段或圆弧给定的长度增量在离拾取点近的一端改变长度，且长度增量为正值时变长；反之，则变短）

选择要修改的对象或 [放弃（u）]：

② 角度（A）。根据圆弧的包含角增量改变弧长。执行该选项后，AutoCAD 命令行提示：

输入角度增量 <0>：

选择要修改的对象或 [放弃（u）]：（在该提示下选择圆弧，该圆弧按指定的角度增量离拾取点近的一端改变长度，且角度增量为正值时圆弧变长；反之，则变短）

选择要修改的对象或 [放弃（u）]：

（3）百分数（P）。使直线或圆弧按百分比改变长度。执行该选项后，AutoCAD 命令行提示：

输入长度百分数：

选择要修改的对象或 [放弃（u）]：

注意：当所输入的值大于 100 时（相当于大于 100%），对象的长度变长；反之，则变短。若输入的值等于 100 时，则对象的长度不变。

（4）全部（T）。根据直线的新长度或圆弧的新包含角度改变长度。执行该选项后 AutoCAD 命令行提示：

指定总长度或 [角度（A）]：

① 指定总长度。要求输入直线或圆弧的新长度，为默认项。执行该选项后，AutoCAD 命令行提示：

选择要修改的对象或 [放弃（u）]：

② 角度（A）。确定圆弧的新包含角度（此选项只适用于圆弧）。执行该选项后，AutoCAD 命令行提示：

指定总角度；（输入角度值后按回车键）

选择要修改的对象或 [放弃（u）]：

（5）动态（DY）。动态改变对象的长度。执行该选项后，AutoCAD 命令行提示：

选择要修改的对象或 [放弃（u）]：

指定新端点：（拖动光标确定对象的新长度）

12.11 修剪对象

修剪是将超过边界的多余部分修剪删除。

1. 启动方法

（1）命令输入：trim/tr↵。

（2）修改菜单："修改"→"修剪"。

（3）修改工具栏：单击图标 -/-。

2. 命令操作及说明

执行命令后，AutoCAD 命令行提示：

当前设置：投影 = UCS，边 = 无

选择剪切边…

选择对象或 <全部选择>：（选择作为剪切边的对象，如果按回车键则选择全部对象）

选择对象：↵

选择要修剪的对象，或按住 Shift 键选择要延伸的对象，或 [栏选（F）/窗交（C）/投影（P）/边（E） 删除（R）/放弃（u）]：

"修剪"命令示例如图 12-7 所示。

(a) 修剪前　　　　　　　　　　　(b) 修剪后

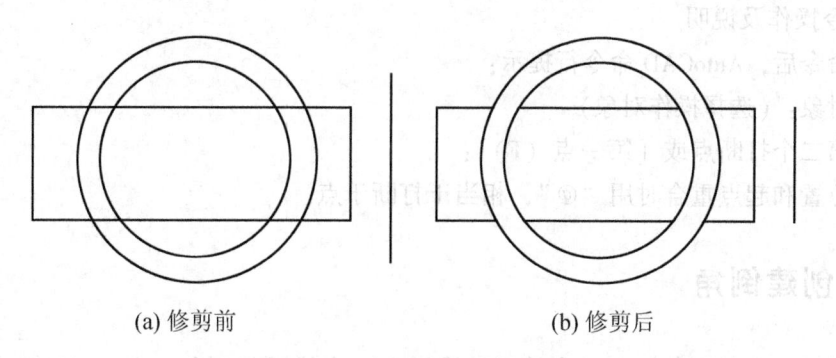

图 12-7 "修剪"命令示例

12.12 延伸对象

延伸是将选中的对象（直线、圆弧等）延伸到指定的边界。

1. 启动方法

（1）命令输入：extend/ex↵。
（2）修改菜单："修改"→"延伸"。
（3）修改工具栏：单击图标 --/。

2. 命令操作及说明

执行命令后，AutoCAD 命令行提示：

当前设置：投影 = UCS，边 = 无

选择边界的边…

选择对象或 <全部选择>：（选择作为边界边的对象，如果按回车键则选择全部对象）

选择对象：↵

选择要延伸的对象，或按住 Shift 键选择要延伸的对象，或 [栏选（F）/窗交（C）/投影（P）/边（E）删除（R）/放弃（u）]：

12.13 打断对象

打断是将选中的对象（直线、圆弧、圆等）在指定的两点间的部分删除，或将一个对象切断成两个具有同一端点的实体。

1. 启动方法

（1）命令输入：break↵。
（2）修改菜单："修改"→"打断"。
（3）修改工具栏：单击图标 □。

2. 命令操作及说明

执行命令后, AutoCAD 命令行提示:

选择对象:(选择操作对象)

指定第二个打断点或 [第一点 (F)]:

终点位置和起点重合时用"@", 相当于打断于点。

12.14　创建倒角

倒角是对选定的两条相交(或其延长线相交)直线进行倒角, 也可以对整条多义线进行倒角。

1. 启动方法

(1) 命令输入: chamfer/cha↵。

(2) 修改菜单:"修改"→"倒角"。

(3) 修改工具栏:单击图标 ⌐。

2. 命令操作及说明

执行命令后, AutoCAD 命令行提示:

("修剪"模式) 当前倒角距离 1 = 0.0000, 距离 2 = 0.0000

选择第一条直线或 [放弃 (U)/多段线 (P)/距离 (D)/角度 (A)/修剪 (T)/方式 (E)/多个 (M)]:

"倒角"命令示例如图 12 - 8 所示。

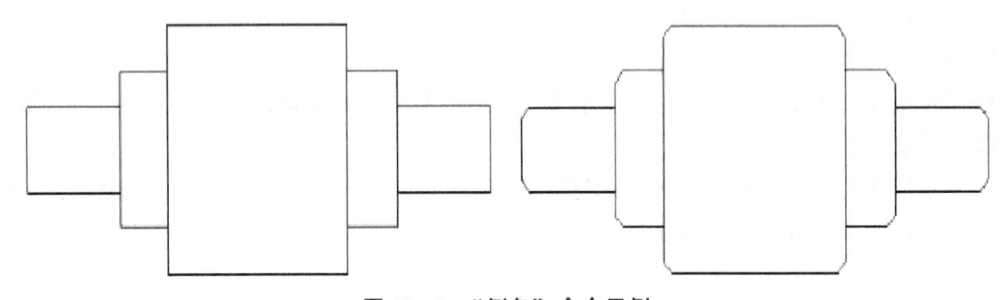

图 12 - 8　"倒角"命令示例

12.15　创建圆角

圆角是用指定的半径, 对选定的两个实体(直线、圆弧或圆)或者对整条多义线进行光滑的圆弧连接。

1. 启动方法

(1) 命令输入: fillet/f↵。

（2）修改菜单："修改"→"圆角"。

（3）修改工具栏：单击图标 。

2. 命令操作及说明

执行命令后，AutoCAD命令行提示：

（"修剪"模式）半径=0.0000

选择第一条直线或［放弃（U）/多段线（P）/距离（D）/角度（A）/修剪（T）/方式（E）/多个（M）］：

注意半径大小的确定，有时可出现半径太大而不能创建圆角的情况。

12.16 分解

分解用于两边斜面的过渡。

1. 启动方法

（1）命令输入：explode/e↵。

（2）修改菜单："修改"→"分解"。

（3）修改工具栏：单击图标 。

2. 命令操作及说明

执行命令后，在AutoCAD桌面中选取要分解的对象，按Enter键即可完成分解。

本章小结

本章详细介绍了移动、旋转、复制、偏移、镜像、创建倒角、创建圆角和打断对象等基本编辑命令的使用方法，通过本章学习读者即可进行简单图形的编辑。

以下结构图包含了本章的内容结构，可以利用以下流程对所学内容做一次简要回顾。

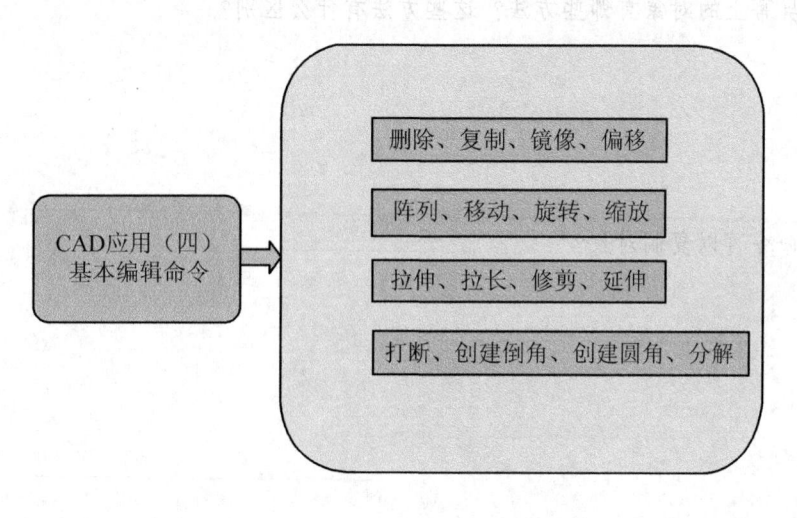

CAD应用（四）基本编辑命令 →
- 删除、复制、镜像、偏移
- 阵列、移动、旋转、缩放
- 拉伸、拉长、修剪、延伸
- 打断、创建倒角、创建圆角、分解

学习活动

应用所学知识绘制下图，并记录步骤与其他人交流，看看有多少种不同的方法。

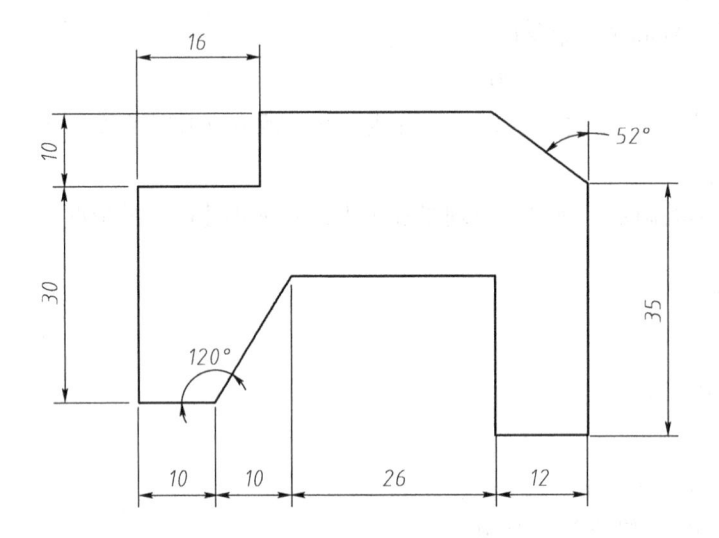

自测题

一、简答题

1. 用 AutoCAD 绘制图形时为什么要对图形对象进行一些必要的编辑和修改操作？

2. 选择屏幕上的对象有哪些方法？这些方法有什么区别？

3. 哪些命令可以复制对象？

4. 在进行对象的拉伸操作时，是否必须采用交叉窗口选择方式？

5. 当需要连续多次执行同一个命令时，有几种方法？

二、作图题

根据所学的编辑命令，将下图所示的左侧图形变换成右侧图形。（编辑步骤提示：将中间两个圆平移到长方形角点→复制到其他三个角点→将最小圆复制到左侧直线两端→阵列中间小圆和中心线→镜像）

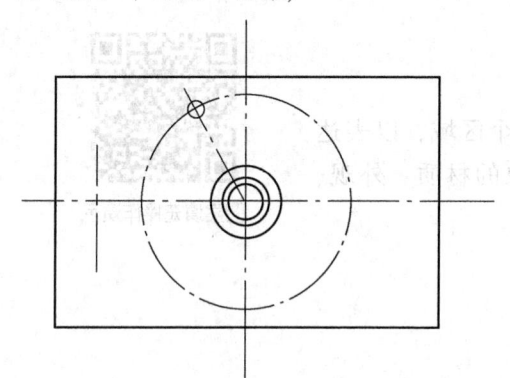

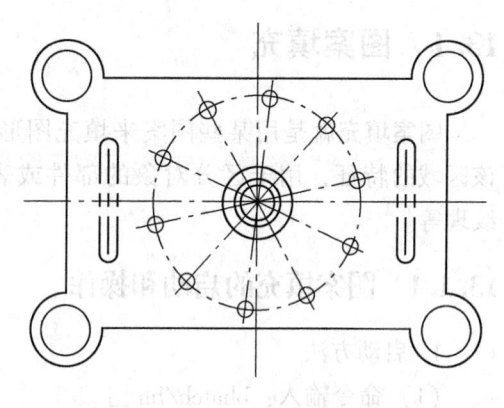

第 13 章　图案填充与图层管理

导　言

图案填充就是用某种图案填充图形中的指定封闭区域。在大量的机械制图样、建筑图样上，需要在剖视图、断面图上绘制填充图样。可以将图层看成是无厚度的透明薄膜，运用图层可以很好地组织不同类型的图形信息。通过本章学习，用户可以方便、快捷地查找和创建不同专题的图样。

学习目标

1. 掌握线型设置和图案填充方法。
2. 熟悉图层管理器的使用。

13.1　图案填充

图案填充就是用某些图案来填充图形中的一个区域，以表达该区域的特征，用于区分对象的部件或表示对象的材质、外观、纹理等。

图案填充操作演示

13.1.1　图案填充的启动和操作

1. 启动方法

（1）命令输入：bhatch/bh ↵。

（2）绘图菜单："绘图"→"图案填充"。

（3）绘图工具栏：单击图标 ▨。

2. 命令操作及说明

执行命令后，AutoCAD 会弹出"图案填充和渐变色"对话框，如图 13-1 所示。

（1）类型。用户可以通过下拉列表在"预定义""自定义""用户定义"之间进行选择。其中，"预定义"表示用 AutoCAD 提供的图案进行填充；"自定义"表示选择用户事先定义好的图案进行填充；"用户定义"表示用户可以临时定义填充图案，该图案由一组平行线或相互垂直的两组平行线组成。

（2）图案。用于设置填充图案的类型。只有在"类型"下拉列表中选择"预定义"时，"图案"下拉框才有效。用户可以直接在"图案"下拉框中选择图案，也可以单击列表框右侧的按钮，在弹出的如图 13-2 所示的"填充菜单选项板"对话框中选择图案。

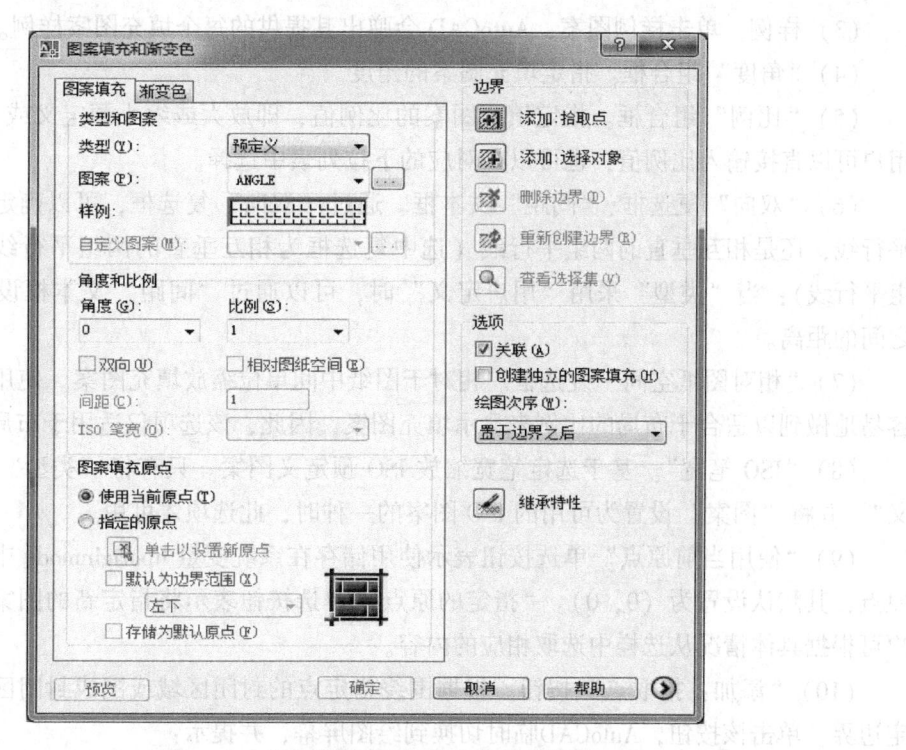

图 13 – 1 "图案填充和渐变色"对话框

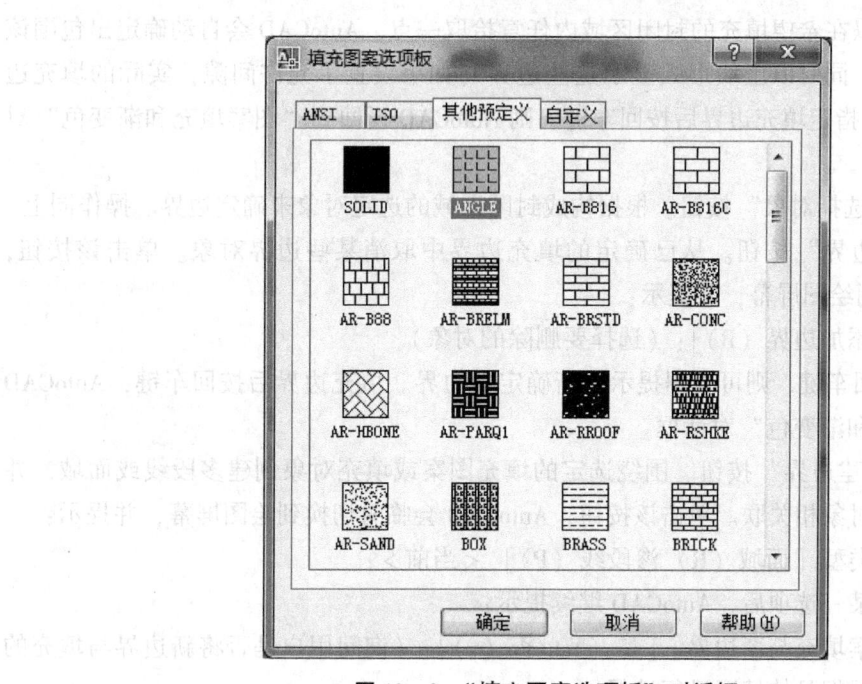

图 13 – 2 "填充图案选项板"对话框

（3）样例。单击样例图案，AutoCAD 会弹出其提供的每个填充图案样例。

（4）"角度"组合框。指定填充图案的角度。

（5）"比例"组合框。指定填充图案的比例值，即放大或缩小预定义或自定义的图案，用户可以直接输入比例值，也可以在对应的下拉列表中选择。

（6）"双向"复选框、"间距"文本框。通过"双向"复选框，可以确定填充线是一组平行线，还是相互垂直的两组平行线（选中复选框为相互垂直的两组平行线，否则，为一组平行线）；当"类型"采用"用户定义"时，可以通过"间距"文本框设置填充平行线之间的距离。

（7）"相对图纸空间"复选框。相对于图纸中间单位缩放填充图案。使用此选项，可以容易地做到以适合于布局的比例来显示填充图案，因此，该选项仅适用于布局。

（8）"ISO 笔宽"。基于选定笔宽缩放 ISO 预定义图案。只有将"类型"设置为"预定义"，并将"图案"设置为可用的 ISO 图案的一种时，此选项才可用。

（9）"使用当前原点"单选按钮表示使用储存在系统变量 hporiginmode 中的设置来确定原点，其默认设置为（0，0）。"指定的原点"单选按钮表示将指定新的图案填充原点，用户可根据具体情况从选样中选取相应的内容。

（10）"添加：拾取点"按钮。根据围绕指定点的封闭区域或围成封闭区域的对象来确定边界。单击该按钮，AutoCAD 临时切换到绘图屏幕，并提示：

拾取内部点：

此时，用户可以在希望填充的封闭区域内任意拾取一点，AutoCAD 会自动确定出包围该点的封闭填充边界，同时以虚线形式显示这些边界（如果设置了允许间隙，实际的填充边界则可以不封闭）。指定填充边界后按回车键，则 AutoCAD 返回到"图案填充和渐变色"对话框。

（11）"添加：选择对象"按钮。根据构成封闭区域的选定对象来确定边界。操作同上。

（12）"删除边界"按钮。从已确定的填充边界中取消某些边界对象。单击该按钮，AutoCAD 临时切换到绘图屏幕，并提示：

选择对象或［添加边界（B）］：（选择要删除的对象）

若输入 B，按回车键，则可根据提示重新确定新边界。填充边界后按回车键，AutoCAD 返回到"图案填充和渐变色"对话框。

（13）"重新创建边界"按钮。围绕选定的填充图案或填充对象创建多段线或面域，并使其与填充的图案对象相关联。单击该按钮，AutoCAD 会临时切换到绘图屏幕，并提示：

输入边界对象类型［面域（R）渗段线（P）］＜当前＞：

从提示中执行某一选项后，AutoCAD 继续提示：

要重新关联图案填充与新边界？［是（Y）/否（x）］：（询问用户是否将新边界与填充的图案建立关联，可根据具体情况进行选择）

（14）"查看选择集"按钮。查看所选择的填充边界。单击该按钮，AutoCAD 会切换到绘图屏幕，并将已选择的填充边界以虚线形式显示。

（15）"关联"复选框。控制所填充的图案与填充边界是否建立关联关系，一旦建立关联，当通过编辑命令修改填充边界后，对应的填充图案会更新，以与边界相适应。

（16）"创建独立的图案填充"复选框。当指定几个独立的闭合边界时，是通过他们创建单一的图案填充对象（即各个填充区域的填充图案属于一个对象），还是创建多个图案填充对象。

（17）"绘图次序"下拉列表框。为填充图案指定绘图次序。填充的图案可以放在所有其他对象之后、所有其他对象之前、图案填充边界之后或图案填充边界之前等。

（18）"继承特性"按钮。将选择图形中已有的填充图案作为当前填充图案。单击此按钮，AutoCAD 会临时切换到绘图屏幕，并在命令行提示：

选择图案填充对象：（选择某一填充图案）

拾取内部点或 [选择对象（S）删除边界（B）]：（通过拾取内部点或其他方式确定填充边界，如果在此之前已确定了填充区域，则没有该提示）

拾取内部点或 [选择对象（S）删除边界（B）]：（在此提示下可以继续确定填充边界，如果按回车键，AutoCAD 将返回到"图案填充和渐变色"对话框）

（19）"渐变色"选项卡。该选项卡用于以渐变方式进行填充，如图 13 – 3 所示。其中"单色"和"双色"单选按钮用于确定是以一种颜色填充，还是以两种颜色填充。单击位于

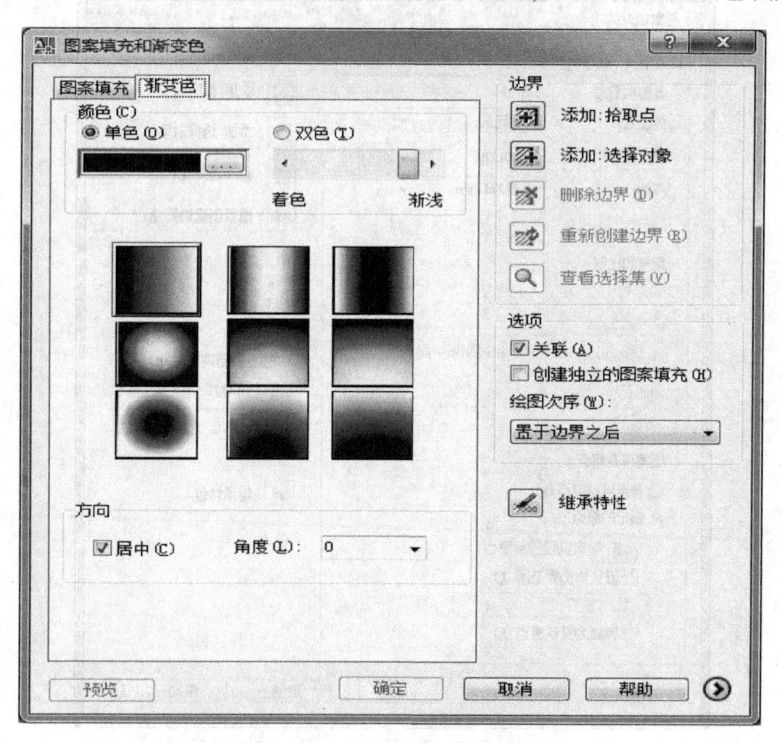

图 13 – 3　"渐变色"选项卡

"单色"单选按钮下方的按钮,AutoCAD 会弹出"选择颜色"对话框,用以确定填充颜色。当以一种颜色填充时,可以利用位于"单色"单选按钮下方的滑块调整所填充颜色的浓淡度;当以两种颜色填充时,位于"双色"单选按钮下方的滑块变成与其左侧相同的颜色框和按钮,用来确定另一种颜色。选项卡左侧中部的 9 个按钮用于确定填充方式。"居中"复选框用来指定是否采用对称形式的渐变。"角度"下拉列表框确定以渐变方式填充时的旋转角度。

13.1.2 图案填充编辑

用于更换填充图案或调整填充图案的比例和角度等参数。

1. 启动方法

(1) 命令输入:hatchedit↵。

(2) 菜单栏:"修改"→"对象"→"图案填充"。

2. 命令操作及说明

执行命令后,AutoCAD 命令行提示:

选择图案填充对象:

在该提示下选择已有的填充图案,AutoCAD 会弹出如图 13 – 4 所示的"图案填充编辑"

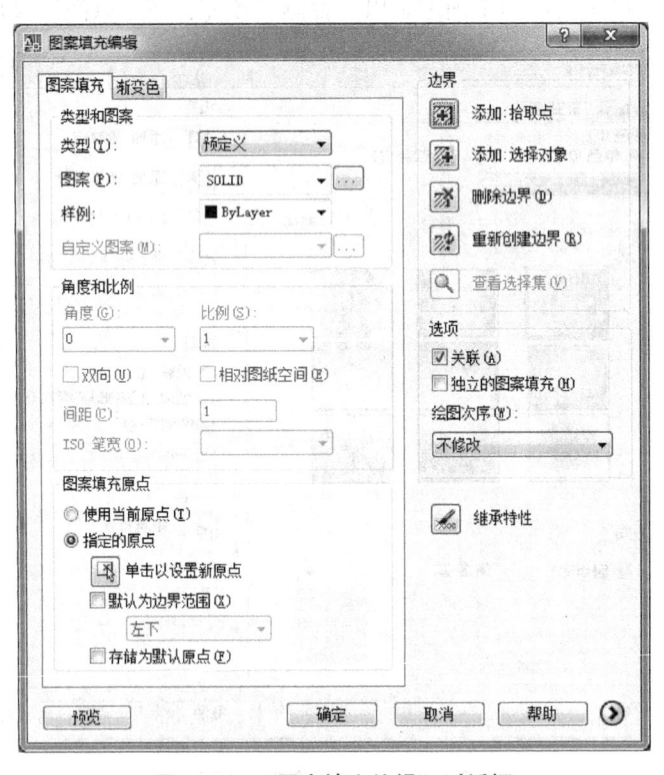

图 13 – 4 "图案填充编辑"对话框

对话框，该对话框中只有用正常颜色显示的项才可以被用户操作。该对话框中各选项的含义与"图案填充和渐变色"对话框中各对应项含义相同。利用此对话框，可以对已填充的图案进行诸如更改填充图案、填充比例及旋转角度等操作。

13.2 线型设置

线型是图样表达的关键要素之一，不同的线型表示了不同的含义。在工程制图和机械制图中线型的设置至关重要，因此灵活熟练掌握不同线型的使用方法变得十分重要。

线型设置操作演示

13.2.1 线型设置的启动和操作

1. 启动方法

（1）命令输入：linetype↙。
（2）格式菜单："格式"→"线型"。
（3）单击对象工具栏按钮 ———— ByLayer ▼。

2. 命令操作及说明

执行命令后，AutoCAD 会弹出"线型管理器"对话框，如图 13-5 所示。

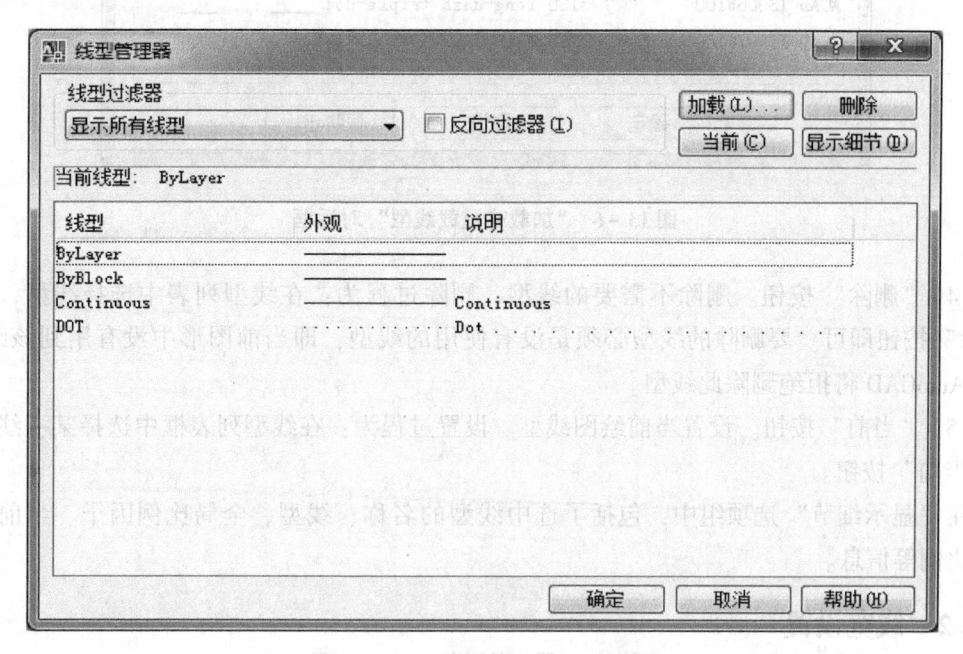

图 13-5 "线型管理器"对话框

（1）"线型过滤器"选项组。设置过滤条件，可通过下拉列表框在"显示所有线型""显示所有使用的线型"和"显示所有依赖于外部参数的线型"之间进行选择。设置过滤条件后，AutoCAD 在线型列表框中只显示满足条件的线型。

"线型过滤器"选项组中的"反向过滤器"复选框用于确定是否在线型列框中显示与过滤条件相反的线型。

(2)"线型"列表框。列表显示出满足过滤条件的线型，供用户选择。其中"线型"列显示线型的设置或线型名称，"外观"列显示各线型的外观形式，"说明"列显示各线型的说明。

(3)"加载"按钮。加载线型。如果线型列表框中没有列出所需要的线型，单击"加载"按钮，AutoCAD 会弹出如图 13 - 6 所示的"加载或重载线型"对话框。

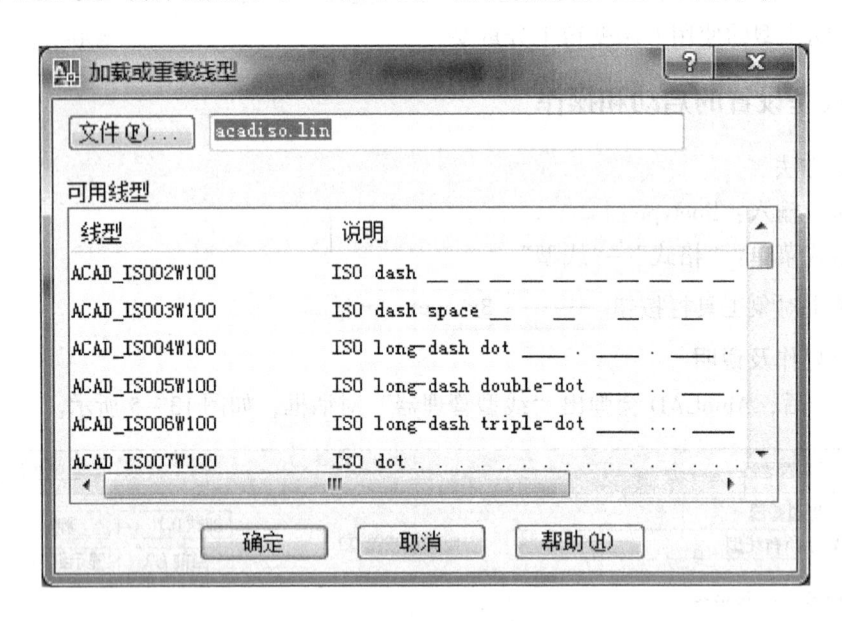

图 13 - 6 "加载或重载线型"对话框

(4)"删除"按钮。删除不需要的线型。删除过程为：在线型列表中选择线型，单击"删除"按钮即可。要删除的线型必须是没有使用的线型，即当前图形中没有用到该线型，否则 AutoCAD 将拒绝删除此线型。

(5)"当前"按钮。设置当前绘图线型。设置过程为：在线型列表框中选择某一线型单击"当前"按钮。

在"显示细节"选项组中，包括了选中线型的名称、线型、全局比例因子、当前对象缩放比例等信息。

13.2.2 线宽设置

1. 启动方法

(1) 命令输入：lweight ↵。

(2) 格式菜单："格式"→"线宽"。

(3) 单击对象工具栏按钮 ——— ByLayer ▼。

2. 命令操作及说明

执行命令后，AutoCAD 会弹出"线宽设置"对话框，如图 13-7 所示。

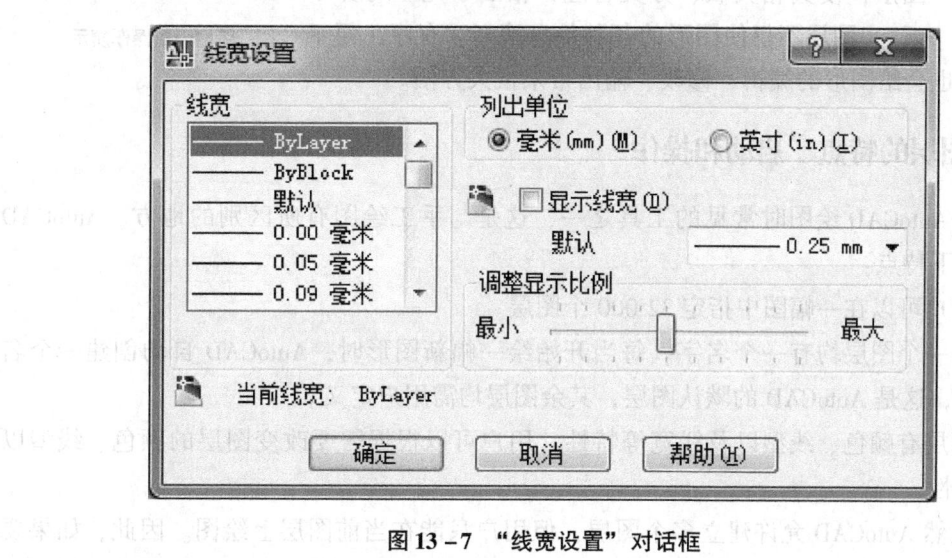

图 13-7 "线宽设置"对话框

(1) "线宽"列表框。设置线宽。列表框中列出了 AutoCAD 提供的 20 多种线宽，用户可以选择"ByLayer"或某一具体线宽。

(2) "列出单位"选项组。确定线宽的单位。AutoCAD 提供了毫米和英寸两种单位供用户选择。

(3) "显示线宽"复选框。确定是否按用户设置的线宽显示所绘图形。

(4) "默认"下拉列表框。设置 AutoCAD 的默认绘图线宽。

(5) "调整显示比例"滑块。确定线宽的显示比例，通过对应的滑块调整即可。

如果通过"线宽设置"对话框设置了某一具体线宽，那么在此之后所绘图形对象的线宽总是该值，与图层的实际线宽没有任何关系。

13.2.3 目标选择

在执行选取对象操作中一般有单选和窗选两种模式。

单选：执行编辑命令后，十字光标变成正方形小框，将拾取框移到目标上，单击鼠标即可选择目标。拾取框大小可调，可通过"工具"→"选项"→"选择"进行操作。

窗选：用鼠标拉出一个框将要编辑的对象框住即可。在窗选中又有窗口方式和交叉方式。窗口方式：只有全部包含在该选择框中的实体目标才会被选中。交叉方式：完全包含在选择框之内以及与选择框部分相交的实体会被选中。

13.3 图层

图层是用户组织和管理图形的强有力工具,将类型相似的对象指定给同一图层,使其相关联、分类管理,相当于完全对齐不同透明度的"纸",图层不仅使图形的各种信息清晰、有序,便于观察,而且也会给图形的编辑、修改、输出带来很大方便。

图层设置操作演示

13.3.1 图层的特点、启动和操作

图层是 AutoCAD 绘图时常见的工具之一,这是与手工绘图有所区别的地方。AutoCAD 的图层有以下特点:

(1) 用户可以在一幅图中指定 32 000 个图层。

(2) 每一个图层均有一个名字。每当开始绘一幅新图形时,AutoCAD 自动创建一个名为 0 的图层,这是 AutoCAD 的默认图层,其余图层均需用户定义。

(3) 图层有颜色、线型以及线宽等特性。用户可以根据需要改变图层的颜色、线型以及线宽等特性。

(4) 虽然 AutoCAD 允许建立多个图层,但用户只能在当前图层上绘图。因此,如果要在某一图层上绘图,必须将该图层置为当前图层。

(5) 各图层具有相同的坐标系、图形界限和缩放倍数。可以对位于多个同图层上的对象同时进行编辑操作(如移动、复制等)。

(6) 可以对各图层进行打开、关闭、冻结、解冻、锁定与解锁等操作,以决定各图层的可见性与可操作性。

1. 启动方法

(1) 命令输入:layer↵。

(2) 格式菜单:"格式"→"图层"。

(3) 图层工具栏:单击图标 。

2. 命令操作及说明

执行命令后,AutoCAD 会弹出"图层特性管理器"对话框,如图 13-8 所示。

13.3.2 新建图层

用户在使用"图层"功能时,首先要创建图层,然后再进行应用。在同一工程图样中可建立多个图层。创建"图层"的步骤如下:

(1) 单击"对象特征"工具栏中的"图层管理器"按钮,打开"图层特性管理器"对话框。

(2) 单击如图 13-8 所示的"新建图层"按钮。

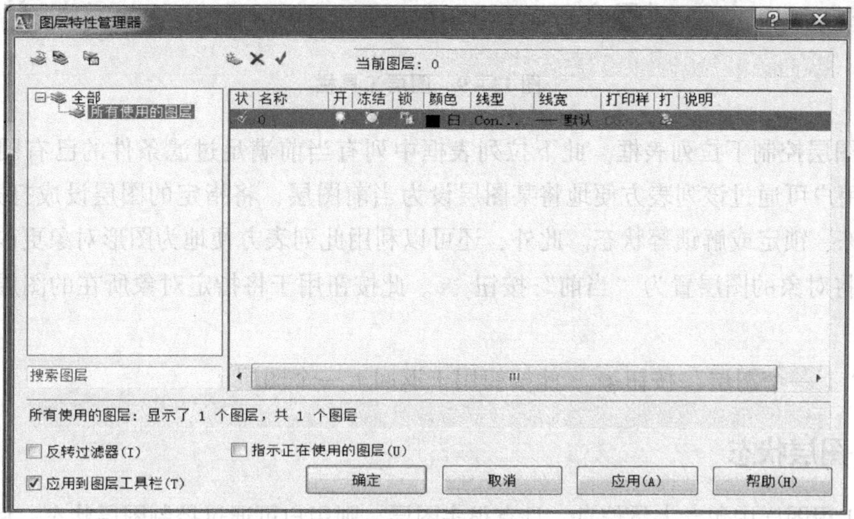

图 13-8 "图层特性管理器"对话框

(3) 系统将在新建图层列表中添加新图层,其默认名称为"图层 1",并且高亮显示,此时直接在名称栏中输入图层名称即可。

(图层名的命名可包含数字、字母,不包含标点。在当前图形文件中图层名是唯一的。新建图层继承上一次选中的图层的属性)

13.3.3 删除图层

在 AutoCAD 中,为了减少图形所占空间,可以删除不使用的图层。其具体操作步骤如下:

(1) 单击"对象特征"工具栏中的"图层管理器"按钮,打开"图层特性管理器"对话框。

(2) 在"图层特性管理器"对话框中选取要删除的图层,单击如图 13-8 所示的"删除图层"按钮 ✕,或按 Delete 键。

(3) 继续选择要删除的其他图层,选择完成后单击"应用",图层消失。

注意:系统默认的图层"0"、包含图形对象的层、当前图层以及使用外部参照的图层是不能被删除的。

13.3.4 图层工具栏

在 AutoCAD 中专门提供了用于管理图层的"图层工具栏",如图 13-9 所示。

(1) "图层特性管理器"按钮。此按钮用于打开"图层特性管理器"。

177

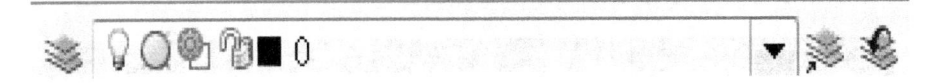

图 13-9　图层工具栏

（2）图层控制下拉列表框。此下拉列表框中列有当前满足过滤条件的已有图层及其图层状态，用户可通过该列表方便地将某图层设为当前图层，将指定的图层设成打开或关闭、冻结或解冻、锁定或解锁等状态。此外，还可以利用此列表方便地为图形对象更改图层。

（3）将对象的图层置为"当前"按钮。此按钮用于将指定对象所在的图层置为当前图层。

（4）"上一个图层"按钮。此按钮用于返回上一个图层。

13.3.5　图层状态

如果工程图样中包含大量信息，且有很多图层，则用户可通过控制图层状态，使编辑、绘制、观察等工作变得更方便一些。图层状态主要包括打开与关闭、冻结与解冻、锁定与解锁等。

1. 打开/关闭

处于打开状态的图层是可见的，而处于关闭状态的图层是不可见的，也不能被编辑和打印。当图形重新生成时，被关闭的图层将被一起生成。打开/关闭的方法有以下两种：

（1）利用"图层特性管理器"对话框。打开"图层特性管理器"对话框，在该对话框中单击图层前面的灯泡标志，当打开图层时灯泡亮起，当关闭此图层时灯泡熄灭。

（2）利用图层工具栏打开或关闭图层。单击"图层"工具栏中的图层列表，当弹出图层信息时，单击图层前面灯泡按钮，后续操作方法同上。

2. 冻结/解冻

冻结图层可以减少复杂图形重新生成的时间，并且可以加快一些绘图、缩放、编辑等命令的速度。处于冻结状态下的图层，其上图形对象将不能被显示、打印或重新生成。解冻图层将重新生成并显示该图层上的图形对象。冻结/解冻的方法有以下两种：

（1）利用"图层特性管理器"对话框。打开"图层特性管理器"对话框，在该对话框中单击图层前面的灯泡后的圆形标志，当显示为圆形时表示此图层解冻，单击以后变为雪花形时表示此图层被冻结。当前图层是不能被冻结的。

（2）利用图层工具栏。单击"图层"工具栏中的图层列表，当弹出图层信息时单击前面圆形或雪花形图标即可。

3. 锁定/解锁

通过锁定图层，使图层中的对象不能被编辑和选择。但被锁定的图层是可见的，并且可以查看、捕捉此图层上的对象，还可以在图层上绘制新的图形对象。解锁图形是将锁定图层恢复到可编辑状态。锁定/解锁的方法有以下两种：

（1）利用"图层特性管理器"对话框。打开"图层特性管理器"对话框，在该对话框中单击图层前面锁形按钮，当锁打开时处于解锁状态，当锁关闭时处于锁定状态。

（2）利用图层工具栏。单击"图层"工具栏中的图层列表，当弹出图层信息时单击前面锁形图标即可。

13.3.6 图层基本定义

AutoCAD 中图层的规则相对较多，此处就关于图层的一些使用方法和定义进行总结。

（1）图层特性管理器的打开方式有：①格式→图层；②图层工具栏；③命令：Layer。

（2）"0"图层：为系统默认图层，每个图形均有，不能删除或重命名，但可对其特性进行编辑；其作用是确保每个图形至少包括一个图层；提供与块中的控制颜色相关的特殊图层。

（3）当前图层：纸叠加在一起时，有且只有一张在最上面，所书写的内容也在最上面，绘图时，先确定当前图层。

（4）新建图层：系统对图层的数量和每一层的图形数量均没有限制；图层名可由汉字、数字、字母、¥、$ 等符号组成，但不能包含标点符号。

（5）开/关图层：不能显示、打印输出，但可编辑和参与运算，当前图层可关闭。

（6）冻结/解冻图层：不能显示、打印输出、编辑或修改，不参与运算及重生成。

（7）锁定/解锁：图形可显示、查询、捕捉等，不能被修改。可绘制新图。

（8）删除图层：只有未被参照的图层才能被删除。

本章小结

本章主要围绕 AutoCAD 中图案填充、图层和线型设置三个方面进行了详细讲解，通过本章学习用户可以很好地管理图层，并在图层基础上进行方便快捷的图案填充和线型设置。

以下结构图包含了本章的内容结构，读者可以利用以下流程对所学内容做一次简要回顾。

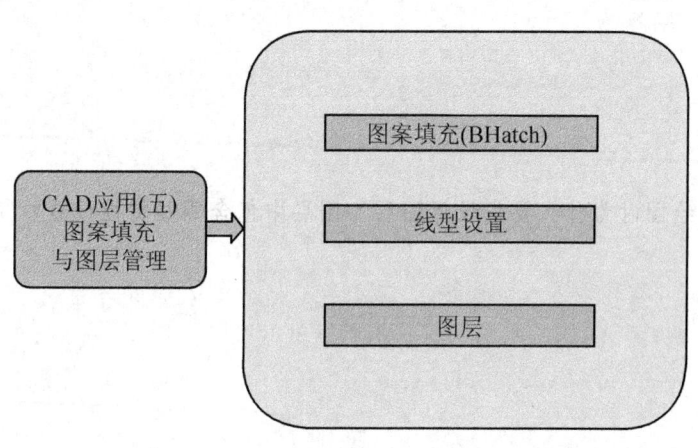

学习活动

应用所学知识绘制下图，并尝试标注尺寸。

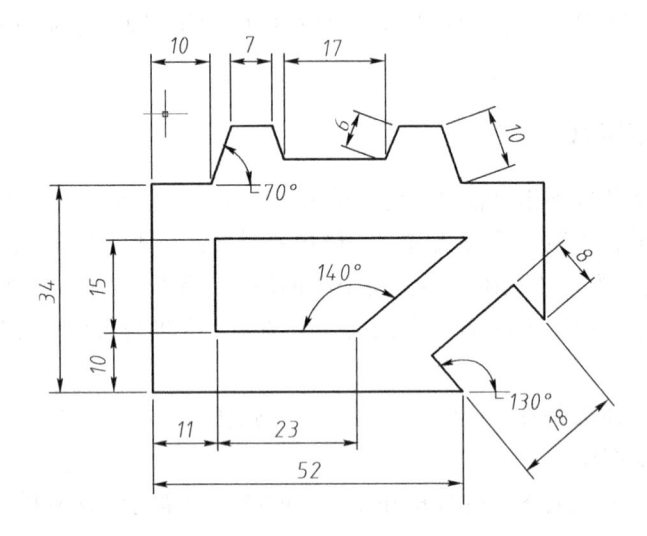

自测题

一、简答题

1. 图案填充的基本步骤是什么？

2. 如何选择填充图案？

3. AutoCAD 绘图时为什么要先设置图层？图层中包含哪些特性设置？

4. 冻结图层和关闭图层的区别是什么？如果希望某图层显示又不希望其被修改，如何操作？

5. 在目标选择时，如何进行窗选？如何进行单选？

二、作图题

1. 新建文件，运行 AutoCAD 软件，新建的模板文件。新建图层：中心线层，线型为 center，线型比例为 0.5，颜色为红色。

2. 新建图层，绘制不同线型比例的正方形、圆和三角形，并分别用不同的图案填充。

第 14 章 尺寸标注

导　言

标注是指向所绘图形中添加测量注释的过程，显示对象的测量值、对象之间的距离或角度，或者距指定原点的距离等。尺寸标注是用 AutoCAD 进行绘图设计的重要内容之一，所绘图形的真实大小及其相互位置只有经过尺寸标注才可以准确地反映。标注可以使用户清楚地知道几何图形的严格数字关系和约束条件，方便加工、制造和检验。人们是依工程图中的尺寸来进行施工和生产的，因此，准确的尺寸标注是工程图纸的关键所在。从某种意义上讲，标注尺寸的正确性更为重要。AutoCAD 提供了一套完整的尺寸标注命令和实用程序，满足用户完成制图所要求的尺寸标注。

学习目标

1. 了解尺寸标注规则、组成、类型。
2. 掌握尺寸标注创建方法。

在图形设计中，尺寸标注是绘图设计工作中的一项重要内容，因为绘制图形的根本目的是反映对象的形状，而图形中各个对象的真实大小和相互位置只有经过尺寸标注后才能确定。AutoCAD 2007 提供了一套完整的尺寸标注命令和实用程序，用户使用它们足以完成图纸中要求的尺寸标注。用户在使用之前必须先了解 AutoCAD 标注样式的创建和设置方法。

14.1　尺寸标注的规则

在 AutoCAD 2007 中，使用尺寸标注一般要遵循以下基本规则：

（1）物体的真实大小以标注尺寸为准，与图形的大小及绘图准确度无关。

（2）当图样尺寸单位为毫米时，不需要标注计量单位的代号或名称，如采用其他单位，则必须注明相应计量单位的代号或名称，如度、厘米或米等。

（3）图样中所标注的尺寸为该图样所表示物体的最后完工尺寸，否则应另加说明。

（4）一般物体的各结构部分只标注一次，并应标注在反映该结构最清晰的图形上。

14.2 尺寸标注的组成

工程图中一套完整的尺寸标注通常由尺寸界线、尺寸线、尺寸文本、箭头四部分组成，如图 14-1 所示。

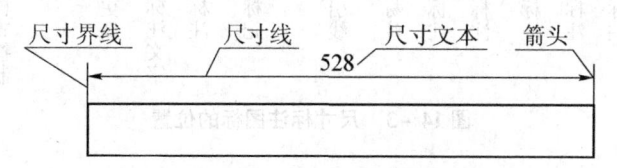

图 14-1 尺寸标注组成

（1）尺寸界线。
尺寸界线也称为投影线，从标注基点延伸到尺寸线并超过尺寸线。
（2）尺寸线。
尺寸线用于指示标注的方向和范围，对于角度标注，尺寸是一段圆弧。
（3）标注文本。
标注文本用于指示测量值的字符串，可包含前缀、后缀和公差等。
（4）箭头。
箭头也称为终止符号，显示在尺寸线的两端。

14.3 尺寸标注的类型

AutoCAD 中提供了十余种标注工具用以标注图形的对象，包括线性标注、对齐标注、弧长标注、坐标标注、半径标注、折弯标注、角度标注、基线标注、引线标注、圆心标记和快速标注，如图 14-2 所示。

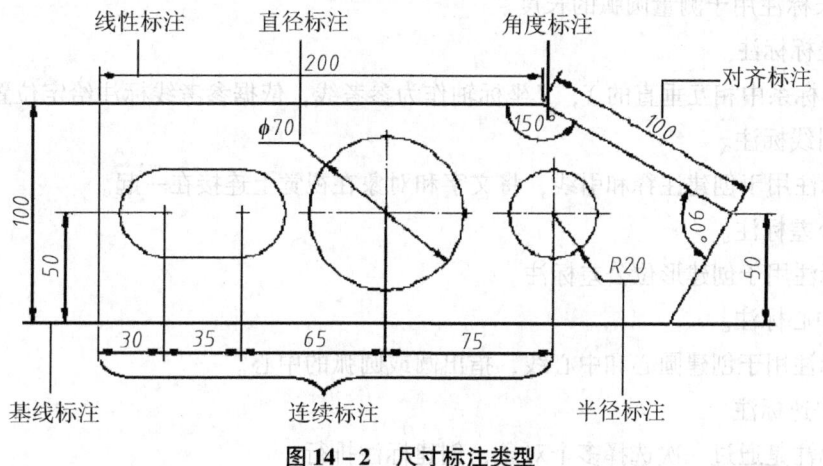

图 14-2 尺寸标注类型

尺寸标注图标的位置如图 14-3 所示。

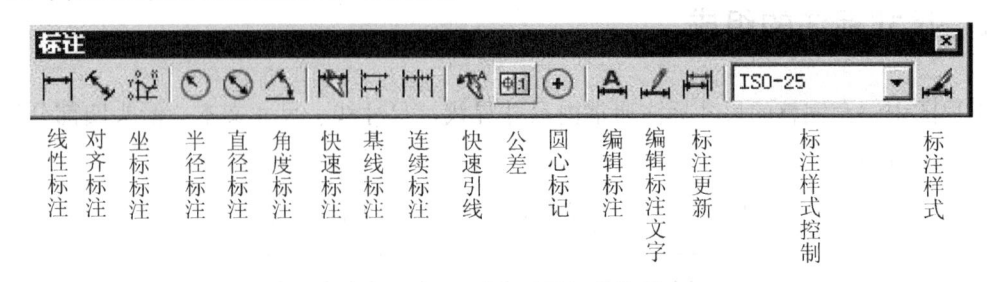

图 14-3　尺寸标注图标的位置

（1）直线标注。

直线标注包括线性标注、对齐标注、基线标注和连续标注。

① 线性标注是测量两点间的直线距离的标注。其按尺寸线的放置方式可分为水平标注、垂直标注和旋转标注三个基本类型。

② 对齐标注是创建尺寸线平行于尺寸界线起点的线性标注。

③ 基线标注是创建一系列连续的线性、对齐、角度或者坐标的标注，每个标注都可从相同原点测量出来。

④ 连续标注是创建一系列连续的线性、对齐、角度或者坐标的标注，每个标注都是从前一个或者最后一个选定的标注的第二尺寸界线处创建，共享公共的尺寸界线。

（2）角度标注。

角度标注用于测量角度。

（3）径向标注。

径向标注包括半径标注、直径标注和弧长标注。

① 半径标注用于测量圆弧和圆的半径。

② 直径标注用于测量圆弧和圆的直径。

③ 弧长标注用于测量圆弧的长度。

（4）坐标标注。

使用坐标系中相互垂直的 X，Y 坐标轴作为参考线，依据参考线标注给定位置的坐标。

（5）引线标注。

引线标注用于创建注释和引线，将文字和对象在视觉上连接在一起。

（6）公差标注。

公差标注用于创建形位公差标注。

（7）中心标注。

中心标注用于创建圆心和中心线，指出圆或圆弧的中心。

（8）快速标注。

快速标注是通过一次选择多个对象，创建标注排行。

14.4 创建尺寸标注的基本步骤

在 AutoCAD 2007 中，使用尺寸标注一般需要如下步骤：
(1) 创建尺寸标注图层，并置于当前图层。
(2) 设置标注样式。
(3) 使用对象捕捉和标注等功能，对图形中的元素进行标注。

14.5 标注样式的创建和设置

标注样式是标注设置的命名集合，可用来控制标注的外观，如箭头样式、文字位置和尺寸公差等。

1. 启动方法
(1) 命令输入：dimstyle/d ↙。
(2) 标注菜单："标注"→"标注样式项"。
(3) 标注工具栏：单击图标 ◢ 。

2. 命令操作及说明

执行上面操作后，AutoCAD 将会打开"标注样式管理器"对话框，如图 14-4 所示。

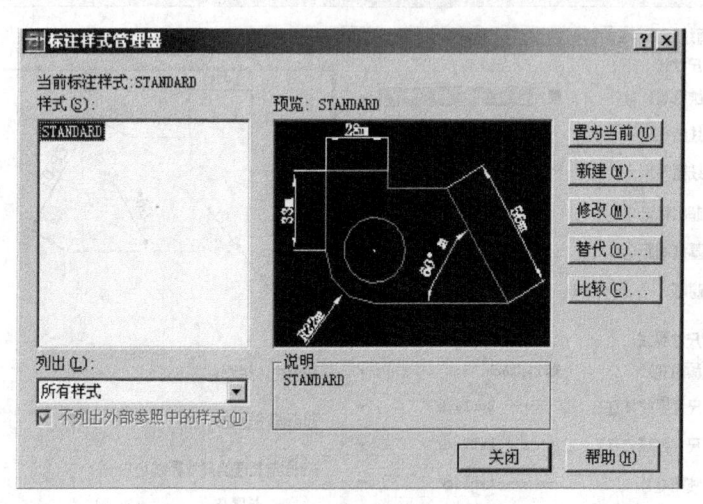

图 14-4 "标注样式管理器"对话框

注意：创建标注时，标注将使用当前标注样式中的设置；如果修改了标注样式中的设置，则图形中所有标注将自动使用更新后的样式。

创建新的标注样式时，可在如图 14-4 所示的对话框中单击"新建"，系统将弹出"创建新标注样式"对话框，如图 14-5 所示。

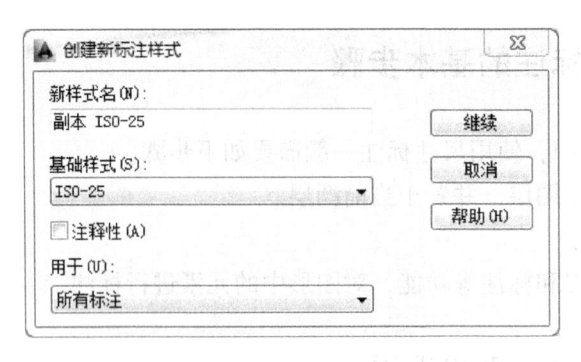

图 14-5 "创建新标注样式"对话框

（1）"新样式名"文本框。指定新的标注样式名。

（2）"基础样式"下拉列表框。选择新样式的基础样式，对于新样式，仅修改与基础不同的设置。

（3）"注释性"复选框。选择此样式是属于注释性标注样式。

（4）"用于"下拉列表框。创建一种适用于所有标注的样式或仅适用于特定标注类型的标注的样式。

选择完成后单击"继续"按钮，系统弹出"新建标注样式"对话框，如图 14-6 所示。

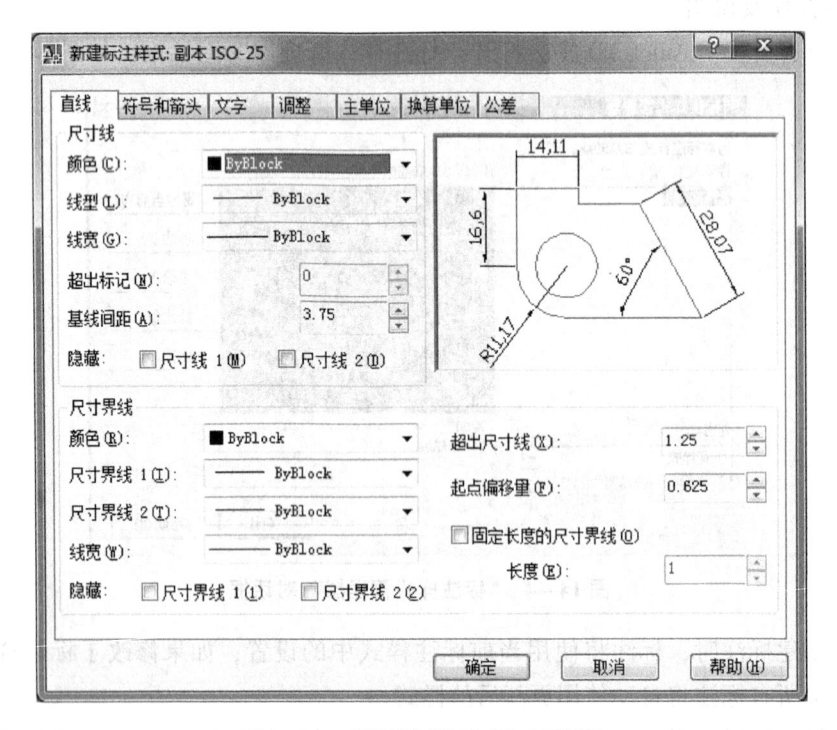

图 14-6 "新建标注样式"对话框

单击"确定"按钮，即可建立新的标注样式。

完成创建后，在"样式"列表内选中创建的新标注样式，单击"置为当前"按钮，即可将样式设置为当前使用的标注样式。

3. 标注样式的设置

创建标注完成后，还要进行相应的设置，"新建标注样式"对话框就是设置标注样式的对话框，如图 14-7 所示。对话框顶部包含 7 个选项卡。

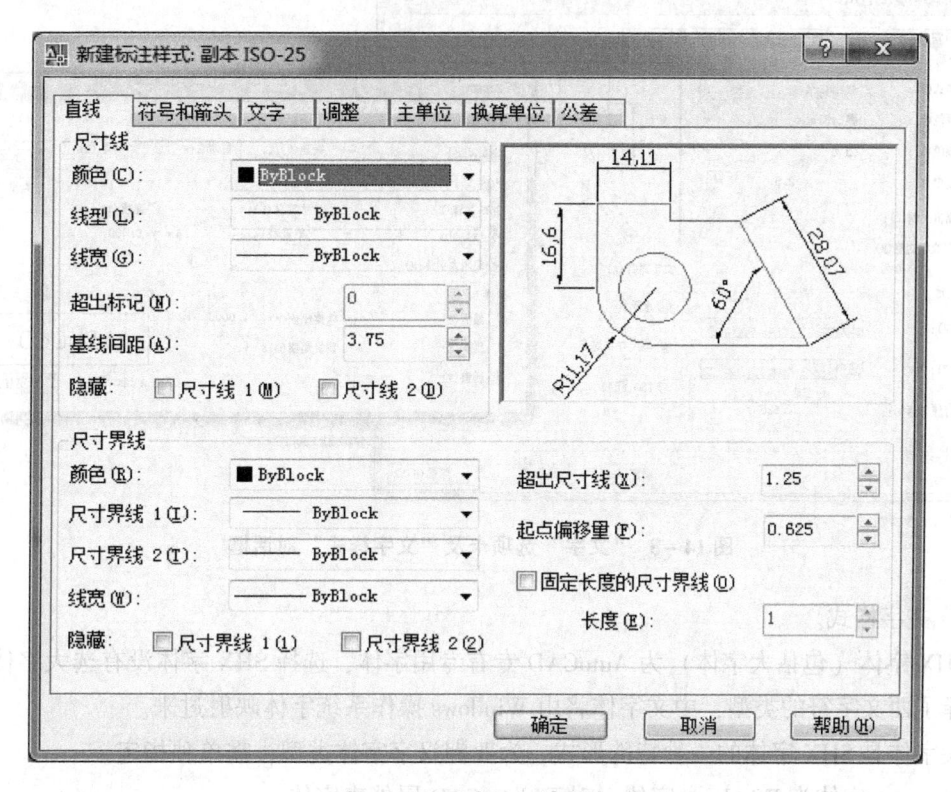

图 14-7 "直线"选项卡

（1）"直线"选项卡。

"直线"选项卡用于设置尺寸线、尺寸界线、箭头和圆心标记的格式和特性。

① 超出标记：尺寸线伸出尺寸界线的长度，仅用于使用箭头倾斜、建筑标记、积分标记或无箭头标记时。

② 基线间距：控制基线标注中连续尺寸线之间的间距。

③ 超出尺寸线：用于指定尺寸界线伸出尺寸线的长度。

④ 起点偏移量：用于图形中定义标志的点到尺寸界线的偏移距离。

⑤ 固定长度的尺寸界线：用于启用固定长度的尺寸界线。

（2）"符号和箭头"选项卡。

"符号和箭头"选项卡用于设置箭头、圆心标记、折断标记、弧长符号、半径折弯标注

187

的格式。

注：折弯半径标注是控制折弯（Z 字形）半径标注中尺寸线的横向线段的角度，折弯半径标注通常当中心点位于页面外部时创建。

（3）"文字"选项卡。

"文字"选项卡用于设置标注文字的外观、位置和对齐，如图 14-8 所示。

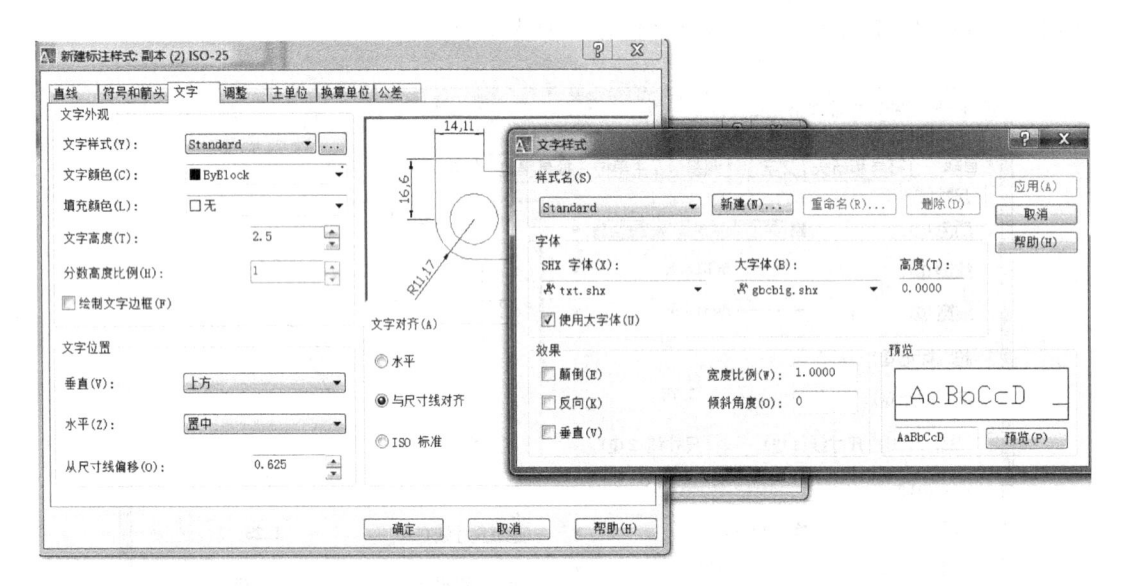

图 14-8 "文字"选项卡及"文字样式"对话框

① 文字样式。

SHX 字体（包括大字体）为 AutoCAD 专有专用字体，选择 SHX 字体没有选大字体，只是选择了西文字符的类型，中文字体将由 Windows 操作系统字体映射过来。

大字体是 SHX 字体的一种特殊形式，为亚洲汉字字体类型，需单独指定。

Turetype 字体为 Windows 字体，对于 AutoCAD 属外来字体。

AutoCAD 提供了符合标注要求的字体形文件：gbenor.shx 和 gbeitc.shx 文件分别用于标注直体和斜体字母与数字；gbcbig.shx 则用于标注中文。

如果将文字的高度设为 0，在使用 TEXT 命令标注文字时，命令行将显示"指定高度："提示，要求指定文字的高度，方便在使用过程中调整。如果在"高度"文本框中输入了文字高度，AutoCAD 将按此高度标注文字，而不再提示指定高度。

SHX 字体为线型字体，相对于 Turetype 字体具有以下特点：占用空间小，显示速度快；字体美观效果不够理想，但可满足工程需要。

② 分数高度比例。

分数高度比例用于设置标注分数相对于标注文字的高度。该数值乘以文字高度，为标注分数的高度。仅当"主单位""单位格式"为"分数"时可用。

③ 文字对齐。

ISO 标准：当文字在尺寸界线内时，文字与尺寸线对齐；否则文字水平排列。

（4）"调整"选项卡。

"调整"选项卡用于控制标注文字、箭头、引线和尺寸线的放置。

① 使用全局比例：为所有标注样式设置一个缩放比例，包括文字、箭头的大小、距离或间距，但不更改测量值。

② 将标注缩放到布局：根据当前模型空间视口和图纸空间之间的比例确定比例因子。

（5）"主单位"选项卡。

"主单位"选项卡用于设置主标注单位的格式和精度，并设置标注文字的前后缀。

① 舍入。为除"角度"之外的所有标注类型设置标注测量值的舍入规则。小数点后显示的位数取决于"精度"设置。

② 比例因子。设置测量值的缩放比例，实际标注值为测量值与该比例的乘积。

（6）"换算单位"选项卡。

"换算单位"选项卡用于标注测量值中换算单位的显示，并设置其精度和格式。通常显示英制标注与公制标注的换算，或公制标注的等效英制标注。如图 14-9 所示。

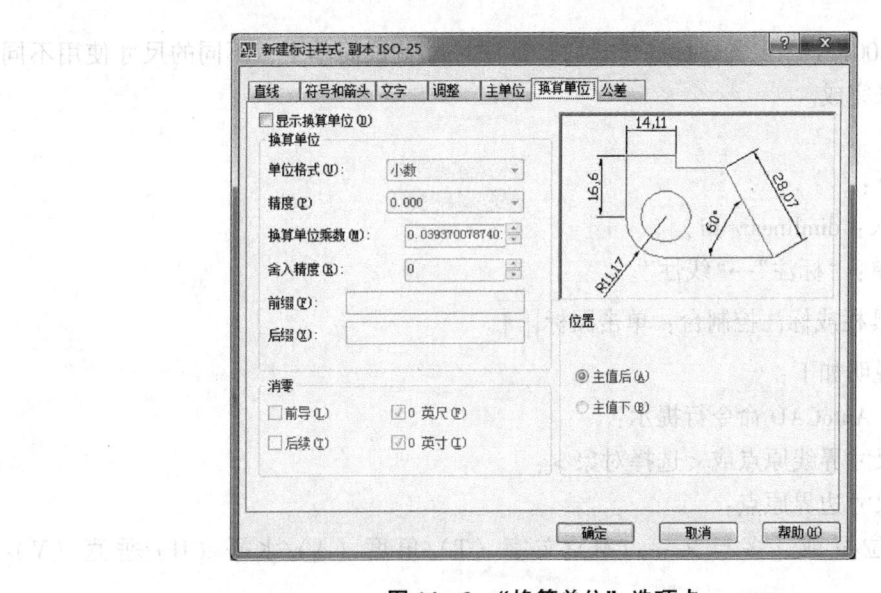

图 14-9 "换算单位"选项卡

（7）"公差"选项卡。

"公差"选项卡用于控制标注文字中公差的格式及显示（实际参数值的允许变动量），如图 14-10 所示。

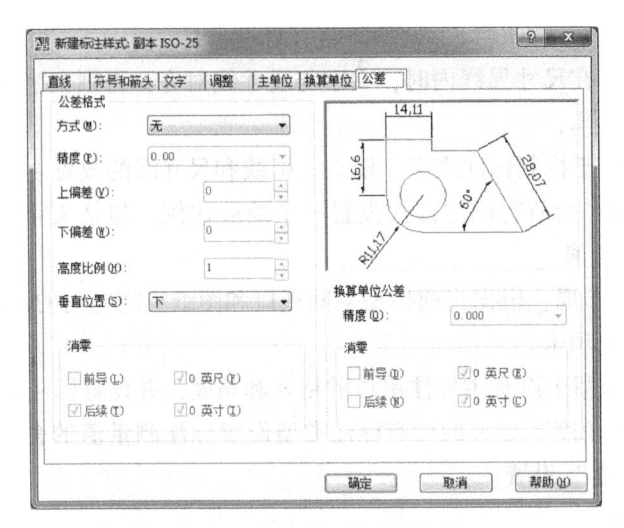

图 14-10 "公差"选项卡

14.6 标注尺寸

在 AutoCAD 2007 中，设置好标注样式后，标注尺寸就很简单了，不同的尺寸使用不同的尺寸标注命令来完成。

1. 线性标注

启动方法如下：

(1) 命令输入：dimlinear/dli ↵。

(2) 标注菜单："标注"→"线性"。

(3) 标注工具栏或标注控制台：单击图标 ├─┤。

命令操作及说明如下：

执行命令后，AutoCAD 命令行提示：

指定第一条尺寸界线原点或＜选择对象＞：

指定第二条尺寸边界原点：

指定尺寸线位置或 [多行文字（M）/文字（T）/角度（A）/水平（H）/垂直（V）/旋转（R）]：

2. 对齐标注

在 AutoCAD 中，使用对齐命令可以标出斜边的尺寸，标出来的尺寸线和斜线相互平行。

启动方法如下：

(1) 命令输入：dimaligned/dal ↵。

(2) 标注菜单："标注"→"对齐"。

(3) 标注工具栏或标注控制台：单击图标。

命令操作及说明如下：

执行命令后，AutoCAD 命令行提示：

指定第一条尺寸界线原点或＜选择对象＞：

指定第二条尺寸边界原点：

指定尺寸线位置或［多行文字（M）/文字（T）/角度（A）］：

3. 弧长标注

标注圆弧线段或多段线中圆弧线段部分的弧长。为区分该标注为弧长标注，会显示一个圆弧符号。

启动方法如下：

（1）命令输入：dimarc↵。

（2）标注菜单："标注"→"弧长"。

（3）标注工具栏或标注控制台：单击图标。

命令操作及说明如下：

执行命令后，AutoCAD 命令行提示：

选择弧线段或多线段弧线段：（选择所有标注的弧长即可，勿选择起始点）

指定弧长标注位置或 ［多行文字（M）/文字（T）/角度（A）/部分（P）/引线（L）］：选择你所需的二次命令，同线性标注一致。

弧长标注的尺寸界线可以正交或径向。仅当圆弧包含角度小于 90°时才能显示正交尺寸界线。

4. 坐标标注

坐标标注用于标注坐标值。

启动方法如下：

（1）命令输入：dimotdinate/dor↵。

（2）标注菜单："标注"→"坐标"。

（3）标注工具栏或标注控制台：单击图标。

命令操作及说明如下：

执行命令后，AutoCAD 命令行提示：

指定点坐标：

指定引线端点或［X 基准（x）/Y 基准（Y）/多行文字（M）/文字（T）/角度（A）］：

指定引线端点：使用点坐标和引线端点的坐标差可确定它是 X 坐标标注还是 Y 坐标标注。如果 Y 坐标的坐标差较大，则标注测量 X 坐标；否则，测量 Y 坐标。

5. 半径标注

半径标注用于标注圆和圆弧的半径，由一条指向圆或圆弧带箭头的半径尺寸线组成，显示半径符号。

启动方法如下：

191

(1) 命令输入：dimradius/dra ↵。

(2) 标注菜单："标注"→"半径"。

(3) 标注工具栏或标注控制台：单击图标 ⊙。

命令操作及说明如下：

执行命令后，AutoCAD 命令行提示：

选择圆弧或圆：（选择需要标注的圆或弧）

指定尺寸线位置或 [多行文字（M）/文字（T）/角度（A）]：

6. 折弯标注

当圆弧或圆的中心位于布局外并且无法显示在其实际位置时，可以使用该命令在更方便的位置指定标注的原点。与半径标注方法基本相同，但需要指定一个位置代替圆或圆弧的圆心。

启动方法如下：

(1) 命令输入：dimjogged ↵。

(2) 标注菜单："标注"→"折弯"。

(3) 标注工具栏或标注控制台：单击图标 ⌇。

命令操作及说明如下：

执行命令后，AutoCAD 命令行提示：

选择圆弧或圆：（选择需要标注的圆或弧）

指定图示中心位置：（选择标注的中心起点，除圆心外）

指定尺寸线位置或 [多行文字（M）/文字（T）/角度（A）]：

指定折弯位置：（选择中部折弯位置）

7. 直径标注

直径标注用于标注圆或大于180°圆弧的直径，并显示直径符号。

启动方法如下：

(1) 命令输入：dimdiameter/ddi ↵。

(2) 标注菜单："标注"→"直径"。

(3) 标注工具栏或标注控制台：单击图标 ⊘。

命令操作及说明如下：

执行命令后，AutoCAD 命令行提示：

选择圆弧或圆：（选择需要标注的圆或弧）

指定尺寸线位置或 [多行文字（M）/文字（T）/角度（A）]：

8. 角度标注

角度标注用于创建角度标注，并显示角度符号。

启动方法如下：

(1) 命令输入：dimangular/dan ↵。

（2）标注菜单："标注"→"角度"。

（3）标注工具栏或标注控制台：单击图标 △。

命令操作及说明如下：

执行命令后，AutoCAD 命令行提示：

选择圆弧、圆、直线或［指定顶点］：（选择所要标注的角度）

指定尺寸线位置或［多行文字（M）/文字（T）/角度（A）］：

9. 基线标注

基线标注用于从上一个标注或选定标注的基线处创建线性标注、角度标注或坐标标注。

启动方法如下：

（1）命令输入：dimbaseline/dba ↵。

（2）标注菜单："标注"→"基线"。

（3）标注工具栏或标注控制台：单击图标 ⊢。

命令操作及说明如下：

执行命令后，AutoCAD 命令行提示：

选择第二条尺寸界线原点或［放弃（u）/选择（s）］＜选择＞：

选择基准标准注：

10. 连续标注

连续标注用于从上一个标注或选定标注的第二条尺寸界线处创建线性标注、角度标注或坐标标注。

启动方法如下：

（1）命令输入：dimcontinue/dco ↵。

（2）标注菜单："标注"→"连续"。

（3）标注工具栏或标注控制台：单击图标 ⊢⊢。

命令操作及说明如下：

执行连续标注前，同基线标注一样，也要用户先标出一个尺寸（称之为连续标注基准），以便在连续标注时有一个共用的尺寸界线。

11. 引线标注

引线标注用于快速创建引线和引线注释。"引线设置"对话框如图 14-11 所示。

启动方法如下：

（1）命令输入：qleader/le ↵。

（2）标注菜单："标注"→"引线"。

（3）标注工具栏或标注控制台：单击图标 ✎。

命令操作及说明如下：

执行命令后，AutoCAD 命令行提示：

图 14-11 "引线设置"对话框

指定第一个引线点或 [设置 (s)]：

12. 公差标注

公差标注用于创建形位公差，定义图形中形状或轮廓、方向、位置和调整相对精确集合图形的最大允许误差，指定实现正确功能所要求的精确度，并与 AutoCAD 中所绘制的对象匹配。

启动方法如下：

（1）命令输入：tolerance ↵。

（2）标注菜单："标注"→"形位公差标注"。

（3）标注工具栏或标注控制台：单击图标 ▣。

命令操作及说明如下：

执行以上任意一种启动方法后，弹出"形位公差"对话框，如图 14-12 所示。利用对话框，用户可以设置公差的符号、值及基准等参数。

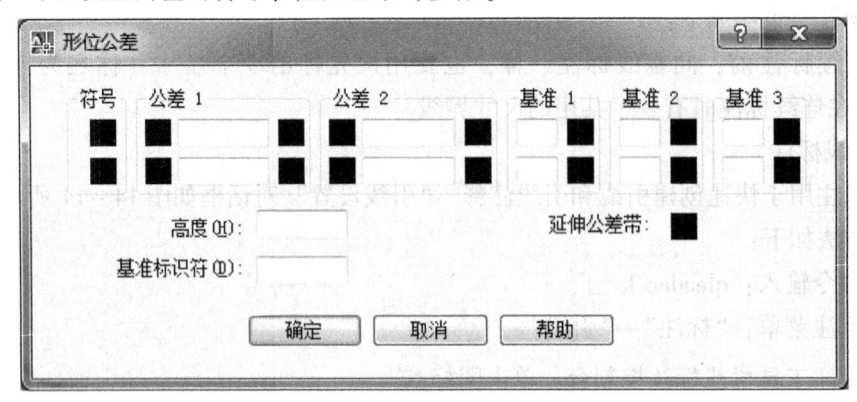

图 14-12 "形位公差"对话框

13. 圆心标注

圆心标注用于创建圆或圆弧的圆心标记或中心线，在标注样式中设置。

启动方法如下：

（1）命令输入：dimcenter/dce ↵。

（2）标注菜单："标注"→"圆心标注"。

（3）标注工具栏或标注控制台：单击图标 ⊙。

命令操作及说明如下：

执行命令后，AutoCAD 命令行提示：

选择圆弧或圆：

14. 快速标注

快速标注用于快速创建或编辑一系列标注，对创建系列基线标注、连续标注，或者为一系列圆或圆弧标注时特别有用。

启动方法如下：

（1）命令输入：qdim ↵。

（2）标注菜单："标注"→"快速标记"。

（3）标注工具栏或标注控制台：单击图标 ⊠。

命令操作及说明如下：

执行命令后，AutoCAD 命令行提示：

选择要标注的几何图形：（选择标注对象）

指定尺寸线位置或［连续（C）/并列（S）/基线（B）/坐标（O）/半径（R）/直径（D）基准点（P）/编辑（E）］<连续>：

14.7 编辑标注对象

在工程绘图时往往需要对已标注对象的文字、位置和样式等内容进行修改，而不必删除所标注的尺寸对象再重新进行标注。AutoCAD 2007 提供了相应的编辑尺寸标注的命令，方便用户进行编辑操作。

1. 编辑标注

创建标注后，可以编辑所标注的尺寸文字和尺寸界线。

启动方法如下：

（1）命令输入：dimedit ↵。

（2）标注菜单："标注"→"编辑标注"。

（3）标注工具栏：单击图标 A。

命令操作及说明如下：

执行命令后，AutoCAD 命令行提示：

输入标注编辑类型 [默认 (H)/新建 (N)/旋转 (R)/倾斜 (O)] <默认>：

在输入新建 (N) 后弹出的"文字格式"编辑框中编辑、修改标注文字。如图 14-13 所示。

图 14-13 "文字格式"编辑框

(1) 默认：将旋转标注文字移回默认位置。
(2) 新建：使用在位文字编辑器更改标注文字。
(3) 旋转：旋转标注文字。
(4) 倾斜：调整线性标注尺寸线的倾斜角度。

2. 编辑标注文字

创建标注后，用于移动和旋转标注文字。

启动方法如下：

(1) 命令输入：dimtedit ↵。
(2) 标注菜单："标注"→"对齐文字"。
(3) 标注工具栏：单击图标 。

命令操作及说明如下：

执行命令后，AutoCAD 命令行提示：

指定标注文字的新位置或 [左 (L)/右 (R)/中心 (C)/默认 (H)/角度 (A)]：

(1) 左 (L)。沿尺寸线左对正标注文字，本选项只适用于线性、直径和半径标注。
(2) 右 (R)。沿尺寸线右对正标注文字，本选项只适用于线性、直径和半径标注。
(3) 中心 (C)。将标注文字放在尺寸线中间。
(4) 默认 (H)。将标注文字移回到默认位置。
(5) 角度 (A)。修改标注文字的角度。

3. 使用"特性"编辑

"特性"是一个功能强大的综合编辑命令，可修改各种实体的各项属性，包括一般属性（对象的颜色、线型、图层、线宽等）和几何属性（对象的尺寸、位置等）。

"特性"窗口显示了当前选择集中对象的所有属性和属性值，当选择多个对象时，显示它们的共有属性。可先选择对象在打开"特性"选项板，或反向操作。

启动方法如下：

(1) 命令输入：properties/pr ↵。

（2）菜单栏："修改"→"特性"。

（3）双击标注对象。

命令操作及说明如下：

执行命令后，AutoCAD 将弹出"特性"对话框，如图 14-14 所示。

4. 使用"特性匹配"编辑

特性匹配就是所谓的"格式刷"，将一个图形对象（源对象）的属性完全继承给另外一个或多个图形对象（目标对象），使这些图形对象的部分或全部属性和源对象相同。

启动方法如下：

（1）命令输入：matchprop/ma ↵。

（2）菜单栏："修改"→"特性匹配"。

14.8 采矿图形尺寸标注标准

在不同的工程图样中，图形尺寸标注也有所不同，关于采矿图形尺寸标注有以下标准：

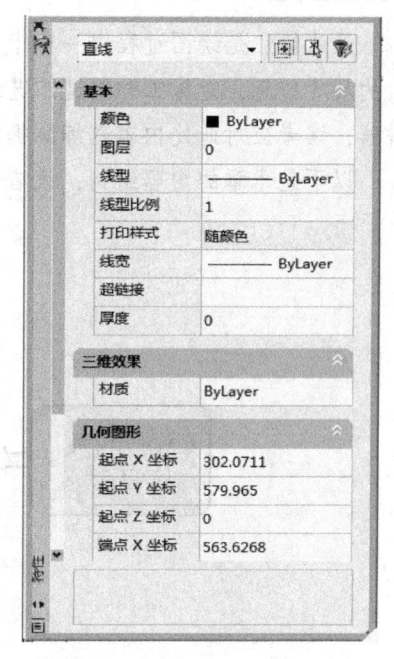

图 14-14 "特性"对话框

（1）采矿图形尺寸（规划图、开拓平面图、剖面图等）一般以米为单位，无需标注其计量单位符号；施工图（除高程外）以毫米为单位。

（2）尺寸线和尺寸界线应用最细实线绘制，宽度为 0.2 mm。

（3）尺寸线起止符号一般采用箭头（或 45°斜线）绘制，同一张图中，一般宜采用一种形式；当采用箭头位置不够时，可用圆点或斜线代替，但对于圆弧、圆或曲率半径必须用箭头表示。箭头长度为 3~5 mm，短斜线长度为 1~3 mm。

（4）尺寸界线应超出尺寸线 3~5 mm，并应保持一致。

（5）在标注线性尺寸时，尺寸线必须与所需标注的线段平行。尺寸界线应与尺寸线垂直；当尺寸界线过于贴近轮廓线时，允许倾斜画出。

（6）相互平行的尺寸线的间距，以及尺寸线至轮廓线、中心线、轴线的距离取 7~10 mm。

（7）一般尺寸数字采用 3.5 号或 5 号；尺寸数字不应被任何图线穿过，当不可避免时，必须把图线断开。

（8）标高一般应标注绝对标高；标高符号标注于水平线上；标注于倾斜线上，表示该线段上该点的高程；标注在某个区域空白处，则表示某区段内的高程。

（9）标高以米为单位，一般精确到小数点后三位；零点高程为 ±0.000。

（10）在平面图上标注倾斜巷道斜长时，应将尺寸数字加注括弧。

（11）倾斜巷道坡度标注，在剖面图中直接标注巷道坡度；在平面图中，在巷道旁标注

197

箭头，箭头指向巷道下坡方向，巷道倾角标注在箭头上方。

（12）图形的大小与标注的数值满足比例尺度要求。

本章小结

尺寸标注是绘图过程中一项十分重要的内容，标注图形中的数字和符号可以传达有关元素的尺寸信息，对施工和制造工艺进行注解。本章就有关尺寸标注的规则方法等进行了详细讲解，读者应对此处内容熟练掌握及应用。

以下是本章的内容结构，读者可以借以下流程图对所学内容做简要回顾。

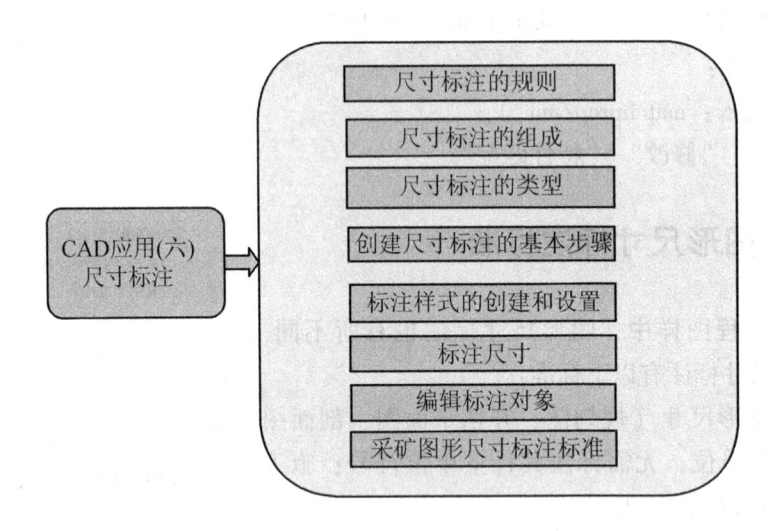

CAD应用(六) 尺寸标注 →
- 尺寸标注的规则
- 尺寸标注的组成
- 尺寸标注的类型
- 创建尺寸标注的基本步骤
- 标注样式的创建和设置
- 标注尺寸
- 编辑标注对象
- 采矿图形尺寸标注标准

学习活动

学习了本章知识后，对尺寸标注有了初步了解，但在很多情况下却不能灵活应用，在此介绍一种快捷标注相邻同方向标注长度的方法，具体操作如下。

（1）单击"标注"→"快速标注"。

（2）顺时针或者是逆时针连续单击一个方向上所有的需要标注的距离的端点，选中需要标识的点。

（3）选择完毕，单击回车键，这时候会显示所有的需要标记的先线，拖动鼠标，将标注线放到一个合适的位置即可。

（4）依次单击要标记的边，即可快速完成标记工作。

自测题

一、简答题

1. 标注尺寸时采用的字体和文字样式是否有关？

2. 在 AutoCAD 中，可以使用的标注类型有哪些？

3. 线性尺寸标注指的是哪些尺寸标注？

4. 怎样修改尺寸标注中的箭头大小及样式？

二、作图题

在 AutoCAD 2007 中画出下图，并标注相应尺寸（实际尺寸按 1∶1 比例绘制）。

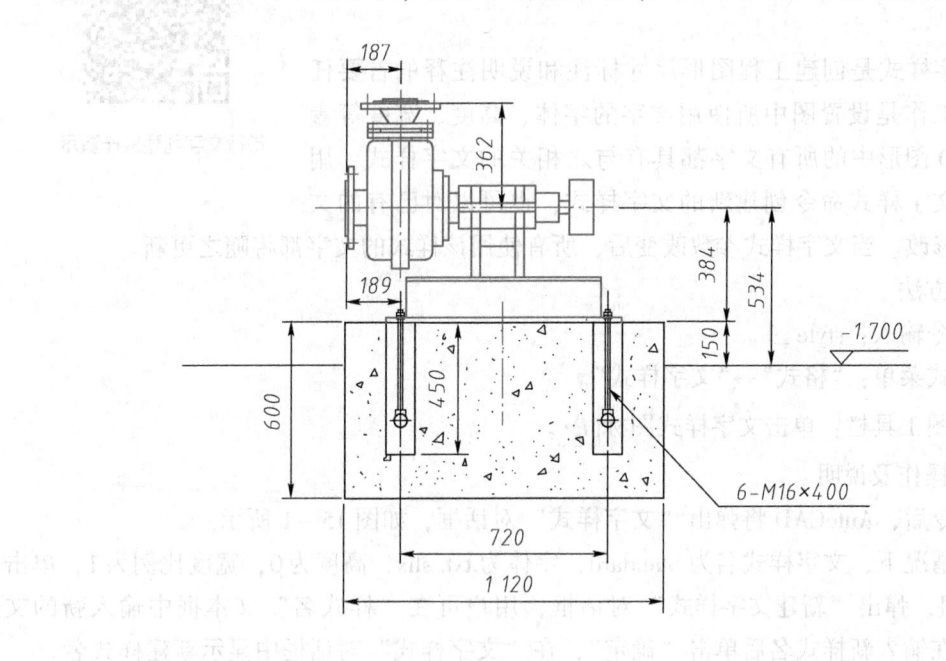

199

第15章　创建文字和表格

导　言

文字对象是 AutoCAD 图形中很重要的图形元素，是机械制图和工程制图中不可缺少的组成部分。在一个完整的图样中，通常都包含一些文字注释来标注图样中的一些非图形信息，如机械工程图形中的技术要求、装配说明，以及工程制图中的材料说明、施工要求等。另外，在 AutoCAD 2007 中，使用表格功能可以创建不同类型的表格，还可以在其他软件中复制表格，以简化制图操作。

学习目标

1. 掌握单行、多行文字样式的设置和创建方法。
2. 了解表格样式的设置和创建方法。

15.1　文字样式设置

设置文字样式是创建工程图形尺寸标注和说明注释的首要任务，其主要工作是设置图中所使用文字的字体、高度、宽度等参数。AutoCAD 图形中的所有文字都具有与之相关的文字样式，用户可以使用文字样式命令创建新的文字样式，也可以对已有的文字样式进行修改。当文字样式参数改变后，所有使用该样式的文字都将随之更新。

单行文字创建操作演示

1. 启动方法

（1）命令输入：style↵。

（2）格式菜单："格式"→"文字样式"。

（3）绘图工具栏：单击文字样式图标 A。

2. 命令操作及说明

执行命令后，AutoCAD 将弹出"文字样式"对话框，如图 15 – 1 所示。

在默认情况下，文字样式名为 Standard，字体为 txt. shx，高度为 0，宽度比例为 1，单击"新建"按钮，弹出"新建文字样式"对话框，用户可在"样式名"文本框中输入新的文字样式名。在输入新样式名后单击"确定"，在"文字样式"对话框中显示新建样式名。

① "样式名"选项组。

"样式名"选项组可显示已有文字样式的名称，可创建新的文字样式、为已有的文字样式重命名或删除文字样式。

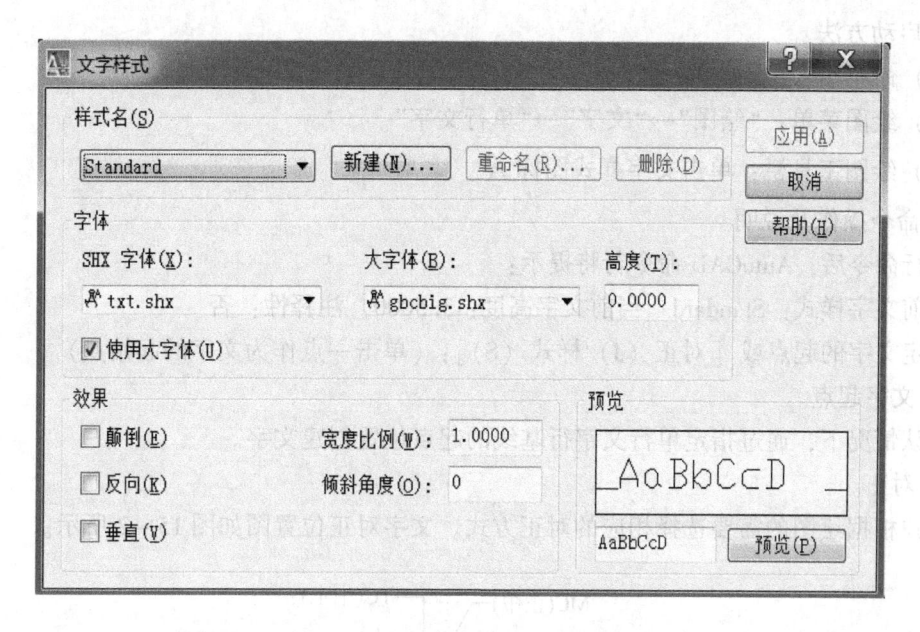

图 15-1 "文字样式"对话框

② "字体"选项组。

"字体"选项组用于设置文字样式使用的字体和字高等属性。

SHX 字体:(包括大字体)为 AutoCAD 专有专用字体,选择 SHX 字体没有选大字体,只是选择了西文字符的类型,中文字体将由 Windows 字体映射过来。

大字体:是 SHX 字体的一种特殊形式,为亚洲汉字字体类型,需单独指定。

Turetype 字体为 Windows 字体,对于 AutoCAD 属外来字体。

AutoCAD 提供了符合标注要求的字体形文件,gbenor.shx 和 gbeitc.shx 文件分别用于标注直体和斜体字母与数字;gbcbig.shx 则用于标注中文。

如果将文字的高度设为 0,在使用 TEXT 命令标注文字时,命令行将显示"指定高度:"提示,要求指定文字的高度,方便使用中调整。如果在"高度"文本框中输入了文字高度,AutoCAD 将按此高度标注文字,而不再提示指定高度。

③ "效果"选项组。

"效果"选项组可设置文字的显示效果。设置文字样式结束后,单击"应用"按钮实现文字样式的应用,然后单击"关闭",返回绘图界面。

15.2 单行文字创建

对于不需要多种字体或多行的简短项,可以创建单行文字。通过按 Enter 键结束每一行,每行文字都是独立对象,可以重新定位、调整格式或进行其他修改。

1. 启动方法

(1) 命令输入：text/dtext↵。

(2) 绘图菜单："绘图"→"文字"→"单行文字"。

(3) 绘图工具栏：单击文字样式图标 **A**。

2. 命令操作及说明

执行命令后，AutoCAD 命令行将提示：

当前文字样式：Standard　当前文字高度：3.5000　注释性：否

指定文字的起点或 [对正 (J)/样式 (S)]：(单击一点作为文字的起始点)

① 文字起点。

默认情况下，通过指定单行文字行基线的起点位置创建文字。

② 对正。

用户根据绘图的需要选择相应的对正方式。文字对正位置图如图 15-2 所示。

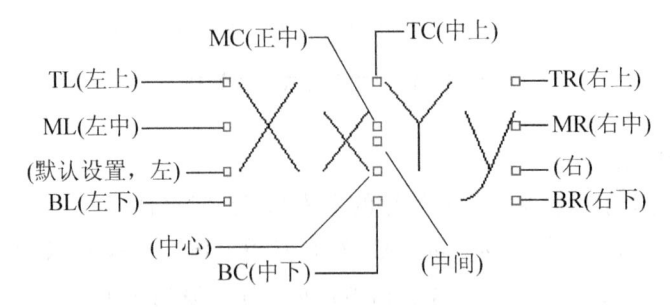

图 15-2　文字对正位置图

③ 文字高度。

如果将当前文字样式的高度设置为 0，系统将显示"指定高度："提示信息，要求指定文字高度，否则不显示该提示信息，而通过使用"文字样式"对话框设置的文字高度。

④ 旋转角度。

系统显示"指定文字的旋转角度 <0>："提示信息，要求指定文字的旋转角度。文字旋转角度是指文字行排列方向与水平线的夹角，默认角度为 0°。输入文字旋转角度，或按 Enter 键使用默认角度 0°，最后输入文字即可。也可以切换到 Windows 的中文输入方式下，输入中文文字。

⑤ 样式。

提示：输入样式名或 [？] <Standard>：

输入"？"后，在"AutoCAD 文本窗口"中显示当前图形已有的文字样式。

注：在输入文字的过程中，可随时通过改变光标的位置来改变文字的位置。

3. 单行文字编辑

单行文字可进行单独编辑。编辑单行文字包括编辑文字的内容、对正方式及缩放比例。

命令行包括"编辑"命令、"比例"命令、"对正"命令。

"编辑"命令（ddedit）：选择该命令后，在绘图窗口中单击需要编辑的单行文字，进入文字编辑状态，重新输入文本内容。

"比例"命令（scaletext）：选择该命令后，在绘图窗口中单击需要编辑的单行文字，此时需要输入缩放的基点以及指定新高度、匹配对象（m）或缩放比例（s）。

"对正"命令（justifytext）：选择该命令后，在绘图窗口中单击需要编辑的单行文字，此时可以重新设置文字的对正方式。

15.3 多行文字创建

多行文字又称为段落文字，是一种更易于管理的文字对象，可以由两行以上的文字组成，并且各行文字都是作为一个整体处理。

多行文字创建操作演示

1. 启动方法

（1）命令输入：mtext/mt↙。

（2）绘图菜单："绘图"→"文字"→"多行文字"。

（3）绘图工具栏：单击文字样式图标 A 。

2. 命令操作及说明

执行命令后，AutoCAD 命令行将提示：

当前文字样式：Standard　当前文字高度：2.5　注释性：否

指定第一角点：指定矩形框的第一个角点

指定对角点或［高度（H）/对正（J）/行距（L）/旋转（R）/样式（S）/宽度（W）/栏（C）］（指定矩形框的另一个角点）：

指定矩形框的另一个角点后，即可打开"文字格式"编辑框。如图 15－3 所示。

图 15－3　"文字格式"编辑框

（1）格式对话框 Standard 。

新样式应用后代替选中文字的字体、高度和粗体或斜体属性的字符格式，但堆叠、下划线和颜色属性将保留在应用了新样式的字符中。

（2）高度对话框 2.5 。

203

多行文字可以包含不同高度的字符。

(3) "加粗、斜体、下划线、放弃、重做" B I U ↶ ↷ ᵃ/ᵦ。

此处的选项与 Word 里功能保持一致。

(4) 堆叠。

如果选定文字包含堆叠字符,则创建堆叠文字。堆叠字符:正斜杠/转换为居中对正的分数值、磅符号#转换为被斜线分开的分数(高度与两个字符串相同)。

(5) 标尺。

拖动标尺末尾的箭头可更改多行文字对象的宽度。

(6) 选项。

多行文字编辑器快捷菜单,可以应用"选项"菜单进行编辑。

15.4 表格样式的创建和管理

表格使用行和列以一种简洁清晰的形式提供信息,常用于一些组件的图形中。表格是由在行、列中均包含数据对象的单元构成的矩形方阵,这些单元中包含注释(主要是文字,但也有块)。在采矿工程上大量使用表格,如劳动组织表、设备型号表、图例表、工作面技术参数表、标题栏等。

表格的创建操作演示

表格样式控制一个表格的外观,如网格线的显示,可定义和指定标题、列标题和数据行的格式(字体、颜色、高度和行距),指定表格单元中的文字样式等。用户可以使用默认的表格样式,也可以根据需要自定义表格样式。

1. 启动方法

(1) 命令输入:tablestyle ↵。

(2) 格式菜单:"格式"→"表格样式"。

(3) 单击表格控制台上的表格样式按钮。

2. 命令操作及说明

使用以上任意一种启动方法后,AutoCAD 会弹出"表格样式"对话框,如图 15 - 4 所示。

单击"表格样式"对话框中的"新建"按钮,弹出"创建新的表格样式"对话框如图 15 - 5 所示。

在"创建新的表格样式"对话框中填写完毕,单击"继续"按钮,系统自动弹出"新建表格样式"对话框,如图 15 - 6 所示。

在"新建表格样式"对话框中可对起始表格、基本表格方向、单元样式特征进行修改。

(1) 单元特性:修改文字样式及文字高度。

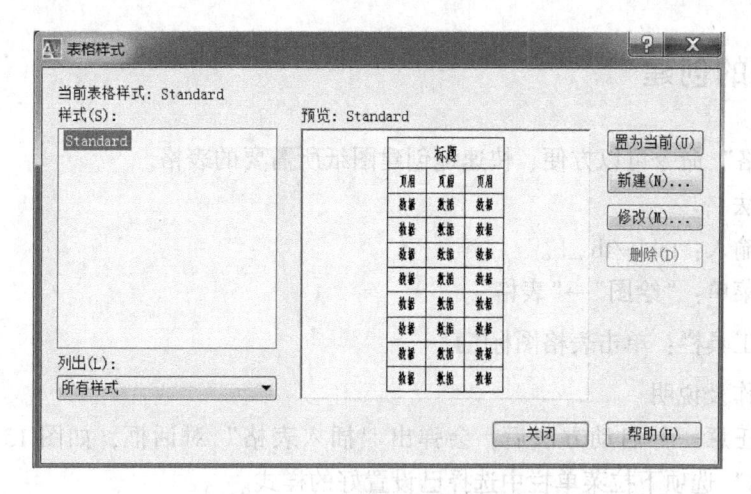

图 15-4 "表格样式"对话框

图 15-5 "创建新的表格样式"对话框

图 15-6 "新建表格样式"对话框

（2）边框特性：也就是表格的边界线。
（3）基本：设定表格的方向，有向下和向上两种。
（4）单元边距：设置单元格内容与边界线之间的距离。

205

15.5 表格的创建

利用"表格"命令可以方便、快速地创建图纸所需要的表格。

1. 启动方法

(1) 命令输入：table/tb ↵。

(2) 绘图菜单："绘图"→"表格"。

(3) 绘图工具栏：单击表格图标 ⊞。

2. 命令操作及说明

执行以上任意一种启动方法后，会弹出"插入表格"对话框，如图 15-7 所示。在"表格样式名称"选项下拉菜单栏中选择已设置好的样式。

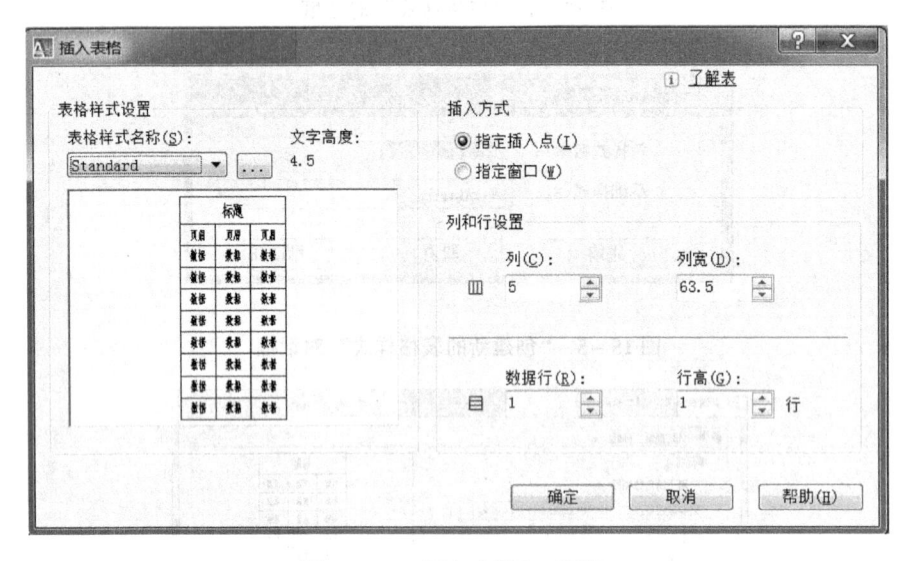

图 15-7 "插入表格"对话框

插入方式：

(1) 选择"指定插入点"单选按钮，可以在绘图窗口中的某点插入固定大小的表格。

(2) 选择"指定窗口"单选按钮，可以在绘图窗口中通过拖动表格边框来创建任意大小的表格。

在"列和行设置"选项组中，可以通过改变"列""列宽""数据行"和"行高"文本框中的数值来调整表格的外观大小。

15.6 表格的编辑

在表格的编辑中，可以通过调整表格的样式，对表格的特性进行编辑；对其中的文字进行编辑；通过夹点编辑，调整表格中行与列的大小。

1. 整个表格编辑

从表格的快捷菜单中可以对表格进行剪切、复制、删除、移动、缩放和旋转等简单操作，还可以均匀调整表格的行、列大小，删除所有特性替代。当选择"输出"命令时，还可以打开"输出数据"对话框，以.csv格式输出表格中的数据。

选中整个表格以后，在表的四周角点、标题栏下部边界线上将会显示 $n+5$ 个夹点，其中 n 为表格的列数，可以利用这些夹点编辑表格。

（1）左上——整体移动。

（2）右上——调整列宽，右增左减，上下不变。

（3）左下——调整行高，上减下增。

（4）右下——调整表格行高和列宽。

（5）标题栏下部边界线夹点——调整各相关列宽。

2. 表格单元编辑

夹点编辑：在单元内单击，此时，单元边框的中央将显示夹点，拖动夹点可以改变单元的大小。

右键快捷菜单：选中单元后，单击右键，使用快捷菜单上的选项来插入或删除行与列、合并相邻单元或进行其他修改。

本章小结

在 AutoCAD 设计绘制图形工作中，不仅需要相关的图形命令定义，还要用文字和表格表达设计者的意图。本章详细介绍了文字和表格的使用方法和编辑技巧，重点介绍了创建文字样式、创建单行文字和多行文字等内容。

以下结构图包含了本章内容结构，读者可以利用以下流程图对所学内容做一次简要回顾。

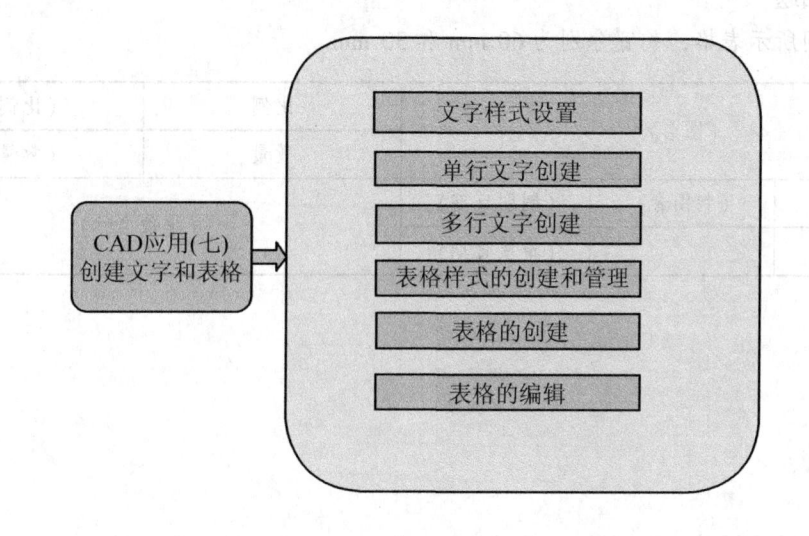

```
                          ┌──────────────────┐
                          │   文字样式设置    │
                          ├──────────────────┤
                          │   单行文字创建    │
┌──────────────┐          ├──────────────────┤
│ CAD应用(七)   │ ───────▶ │   多行文字创建    │
│ 创建文字和表格 │          ├──────────────────┤
└──────────────┘          │表格样式的创建和管理│
                          ├──────────────────┤
                          │    表格的创建     │
                          ├──────────────────┤
                          │    表格的编辑     │
                          └──────────────────┘
```

学习活动

扫一扫本章学习二维码，观看本章教学内容的演示并自己动手操作。

在 AutoCAD 上利用已有的矿区图，按比例重新绘制经纬网格，用文字标注坐标等信息，并按照已有图纸绘制表格和标签，标注自己的信息。

自 测 题

一、简答题

1. 在绘图窗口输入文字时，为什么有时会出现"?"字符？

2. 单行文字和多行文字输入时文字各有什么特点？

3. 怎样用多行文字输入特殊符号？怎样创建表格样式？怎样编辑表格中的文字内容？

二、作图题

绘制下图所示表格，长宽分别为 60 mm 和 30 mm。

（图名）		比例	（比例值）
		数量	（数量值）
制图	（制图者）	（制图日期）	（单位名称）
		（审核日期）	

第 16 章　块、属性块、动态块

导　言

在绘制图形时，如果图形中有大量相同或相似的内容，或者所绘制的图形与已有的图形文件相同，则可以把要重复绘制的图形创建成块（也称为图块），并根据需要为块创建属性，指定块的名称、用途及设计者等信息，以便在需要时直接插入它们，从而提高绘图效率。

当然，用户也可以把已有的图形文件以参照的形式插入到当前图形中（即外部参照），或是通过 AutoCAD 设计中心浏览、查找、预览、使用和管理 AutoCAD 图形、块、外部参照等不同的资源文件。

学习目标

1. 了解内部块、外部块的定义。
2. 掌握块的创建和插入方法。
3. 掌握块的属性的创建、应用和编辑。

16.1　概述

块是一个或多个对象组成的对象集合，常用于绘制复杂、重复的图形。一旦一组对象组合成块，就可作为一个整体进行处理，并可根据作图需要将它们插入到图中任意指定位置，而且还可以按不同的比例和旋转角度插入，也可以给图形中的块定义属性在插入时填写不同的信息。另外，也可以将块分解为一个个的单独对象并重新定义块。组成块的各个对象可以拥有自己的图层、线型和颜色等特性。

内部块与外部块操作演示

块的主要作用如下：

（1）建立图形库。

将经常重复出现的图形，通过创建块，在绘图过程中直接调用，避免大量的重复工作，提高绘图效率和质量。

（2）节省空间。

AutoCAD 仅记录块的插入点，而不记录组成块对象的类型、坐标、属性等各种信息，减少了图形文件大小，节省磁盘空间。块定义得越复杂、插入的次数越多，块的优越性就越明显。

（3）便于修改和重新定义。

块可以被分解成相互独立的对象，这些独立的对象可以被修改，也可以重新定义，并且图形中所有参照这个块的地方都会被自动更新。

（4）属性。

块还可以带有文字信息（属性），这些信息可在块插入时带入或者重新输入，可以设置其可见性，还能从图形中提取这些文字信息，传送给外部数据库进行管理。

16.2 定义内部块

内部块是指创建的块与当前图形保存在一起，而且在插入块时，内部块只能被当前图形调用，是当前图形的内容，在别的图形中无法被利用。

1. 启动方法

（1）命令输入：block/b↵。

（2）绘图菜单："绘图"→"块"→"创建"。

（3）绘图工具栏：单击图标 ￼。

2. 命令操作及说明

执行命令后，AutoCAD 将弹出"块定义"对话框，如图 16-1 所示。

图 16-1 "块定义"对话框

(1)"名称"组合框。指定块的名称。名称最多可以包含 255 个字符，该字符可以是字母、数字、空格，也可以是操作系统或程序未作他用的任何特殊字符。

(2)"基点"选项组。指定块的插入基点，默认值是（0，0，0）。单击"拾取点"按钮，到绘图区选择块的插入基点。也可以在"X""Y""Z"后面对应的文本框中输入基点的坐标值。

(3)"对象"选项组。指定新块中要包含的对象，以及创建块之后处理这些对象的方法。

(4)"设置"选项组。指定块的设置。

①"块单位"下拉列表框。指定块参照插入单位，默认单位"毫米"。

②"按统一比例缩放"复选框。指定是否阻止块参照不按统一比例缩放。

③"允许分解"复选框。指定块参照是否可以被分解。

④"说明"文本框。指定块的文字说明。

⑤"超链接"按钮。打开"插入超链接"对话框，可以使用该对话框将某个超链接与块定义相关联。

16.3 定义外部块

外部块是指将创建的块保留在磁盘中，为独立的图形文件，可以在任何一幅图形中被调用。

1. 启动方法

命令输入：wblock/w↵。

2. 命令操作及说明

启用外部块的方法只有命令启用一种，执行命令后，AutoCAD 将弹出"写块"对话框，如图 16-2 所示。

图 16-2 "写块"对话框

(1)"源"选项组。指定块和对象,将其保存为文件并指定插入点。

①"块"单选框。指定要保存为文件的现有块,从下拉列表中选择名称。

②"整个图形"单选框。选择当前图形作为一个块。

③"对象"单选框。用于指定要保存为块的对象,可以是块,也可以是图形。

(2)"目标"选项组。指定块文件名和存盘路径以及插入块时所用的测量单位。

①"文件名和路径"选项。在选项下面的文本框中可以指定块文件名和存盘路径。

②"插入单位"下拉列表框。指定插入块时所用的测量单位,如果希望插入块时不自动缩放图形,请选择"无单位"。

16.4 块的插入

用户可以在图形中插入块或其他图形,并且在插入块的同时还可以改变所插入块或图形的比例与旋转角度。

1. 启动方法

(1)命令输入：insert/i ↵。

(2)菜单："插入"→"块"。

(3)绘图工具栏：单击图标。

2. 命令操作及说明

执行命令后,AutoCAD 将弹出"插入"对话框,如图 16-3 所示。

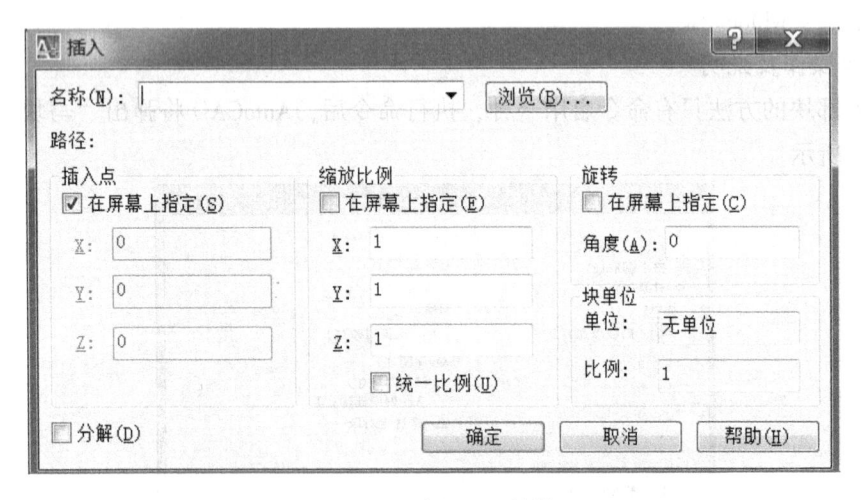

图 16-3 "插入"对话框

(1)名称。从下拉列表中选择要插入的块名,或单击"浏览"按钮,进行选择。

(2)插入点。可以在绘图窗口直接指定插入点,也可通过输入坐标值来设置插入点。

(3)缩放比例。可以设置插入块的缩放比例。如果指定负的 X/Y/Z 比例因子,则插入块的镜像图形；勾选"在屏幕上指定"复选框，可以用光标直接在屏幕上指定；勾选"统一比例"复选框，则在 X、Y、Z 这 3 个方向的比例都相向。

（4）旋转。设置插入块时的旋转角度。可以直接在文本框中输入旋转角度，也可以勾选"在屏幕上指定"复选框，用拉动的方法，在屏幕上动态确定旋转角度。

（5）分解。可以将插入的块分解成单独的基本图形对象。

16.5 编辑和管理块的属性

块属性是附属于块的文本信息，是块的一个组成部分，可包含在其定义中的文字对象。图块的属性可以增加图块的功能，其中的文字信息可以说明图块的类型、数目及图形所不能表达的内容。当用户插入一个块时，其属性也随之插入。在定义一个块时，属性必须先定义后选定。通常属性用于在块的插入过程中进行自动注释。

动态块与外部参照操作演示

1. 块的属性组成

块的属性由属性标记和属性值两部分组成。

当插入带有属性的块时，命令提示中将出现自行设置的属性提示，输入相应的属性值将定义好的属性连同相关图形一起，定义成块后即属性块。

2. 启动方法

（1）命令输入：attdef↵。

（2）菜单："绘图"→"块"→"定义属性"。

3. 命令操作及说明

执行命令后，AutoCAD 将弹出"属性定义"对话框，如图 16-4 所示。

（1）"模式"选项组。在图形中插入块时，设置与块关联的属性值选项。

（2）"属性"选项组。设置属性数据，最多可以选择 256 个字符。如果属性提示或默认值中需要以空格开始，必须在字符串前面加一个反斜杠"\"。若第一个字符为反斜杠，请在字符串前面加两个反斜杠。

（3）"插入点"选项组。指定属性位置。输入坐标值或者选择"在屏幕上指定"复选框，并根据与属性关联的对象指定属性的位置。

（4）"文字选项"选项组。设置属性文字的对正、文字样式、高度和旋转。

4. 编辑块属性

有时完成块后需要对块属性进行调整和改变，在此 AutoCAD 提供了三种编辑方法。

（1）"ddedit"命令。

修改属性定义可以用"ddedit"命令，也可以通过下拉菜单"修改"→"对象"→"文字"→"编辑"来完成。执行该命令后，在图形中选择要修改的属性定义，系统弹出"编辑属性定义"对话框，对其进行修改。

图 16-4 "属性定义"对话框

执行"ddedit"命令只能修改定义的"标记""提示""默认"项。

(2) "attedit"命令。

"attedit"命令可以通过下拉菜单"修改"→"对象"→"属性"→"单个"来完成。执行该命令后可打开"增强属性编辑器"对话框,如图 16-5 所示,它可以列出选定块实例中的属性,并显示每个属性的特性,同时也可以更改属性特性和属性值。

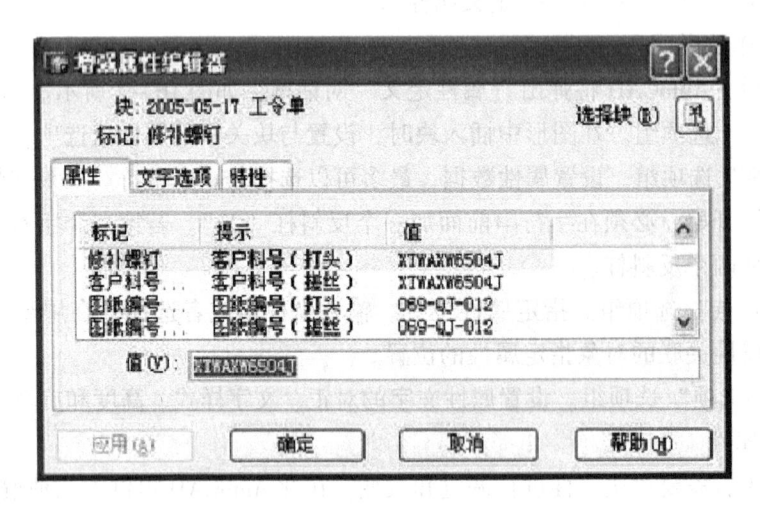

图 16-5 "增强属性编辑器"对话框

(3) 块属性管理器。

当图形中存在多种图块时,可以通过"块属性管理器"来管理图形中所有图块的属性。

打开方式有：①在命令行输入 Batman；②修改工具栏块属性编辑器按钮；③"修改"→"对象"→"属性"→"块属性编辑器"。

16.6 动态块

动态块是指将一般图块创建成可以自由调整其属性参数的图形，为解决形状相似，规格、尺寸略有不同的块的插入问题，可用于调整已有块，而无须重新定义该块或插入另一个块。例如，块是动态的，并且定义了可调整大小，就可以通过拖动自定义夹点来更改块的大小、角度、位置等参数。

要使块成为动态块，至少得定义一个参数以及一个与该参数关联的动作。

参数用于定义自定义特性，并为块中的几何图形制定了位置、距离和角度，而动作用于定义修改块时动态块参照的几何图形如何移动和改变，将动作添加到块中时，必须将它们与参数和几何图形关联。

块编辑器是专门用于创建块定义并添加动态行为的编写区域，提供为块增添动态行为的全部工具，可以通过使用"块编辑器"向块中添加参数和动作。创建动态块的一般步骤如下：

（1）规划动态块的内容，确定块中哪些对象更改或移动以及如何更改或移动。
（2）绘制几何图形。
（3）了解块元素如何共同作用。
（4）向动态块定义中添加参数和动作。
（5）定义动态块参照的操作方式。
（6）保存块后在图形中进行测试。

打开块编辑窗口启动方法如下：

（1）命令输入：bedit↵。
（2）菜单："工具"→"块编辑"，如图 16-6 所示。

① 参数：通过指定块中几何图形的位置、距离和角度来定义动态块的自定义特性。

② 动作：定义在图形中操作动态块参照时，该块参照中几何图形将如何移动或修改。向动态块定义中添加动作后，必须将这些动作与参数相关联。

16.7 外部参照

外部参照是指将一幅图形附加到当前图形作为参照，用户可以将附加的图形作为样图，以方便观察，使用外部参照

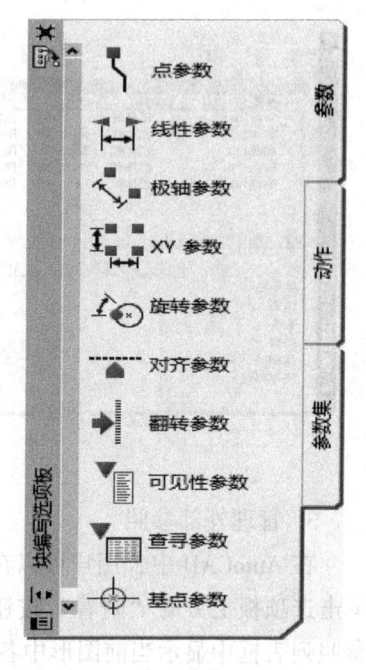

图 16-6 块编辑窗口

是一种资源共享的好方法。

1. 外部参照与块的区别

（1）在当前图形中插入块，则作为块的图形就成为当前图形的一部分；而外部参照不同，虽然在当前图形中可以查看引用的参照图形，但在当前图形中只保存了引用图形的位置和名称。

（2）在当前图形中插入块，用户可以对块进行分解操作；而附加外部参照，则用户不能对其进行分解，但可进行对象捕捉和控制附加图形的图层可见性等。

（3）在当前图形中插入块，块图形不会随着原图形的改变而改变；而附加外部参照，系统会自动重新调入，随时反映引用文件的变化。

（4）插入块，则该块所在的图层也被引用到当前图形中，当块与当前图形具有相同图层名时，采用当前图形中相同图层名的属性。而在当前图形中附加外部参照后，系统会自动在当前图层中未参照图形所有图层新建图层。

（5）由于外部参照的引用只是调用了参照图形的位置和名称，并没有调用图形文件本身，所以一幅图可被多幅图同时引用。

2. 附着外部参照

通过单击菜单栏"插入"→"外部参照"或输入命令 externalreference（xref），打开"外部参照"选项板。在选项板上单击"附着"按钮或在"参照"工具栏中单击"附着外部参照"按钮，都可以打开"选择参照文件"对话框。选择文件后，将打开"外部参照"对话框，如图 16-7 所示，利用对话框可以将图形文件以外部参照的形式插入到当前图形中。

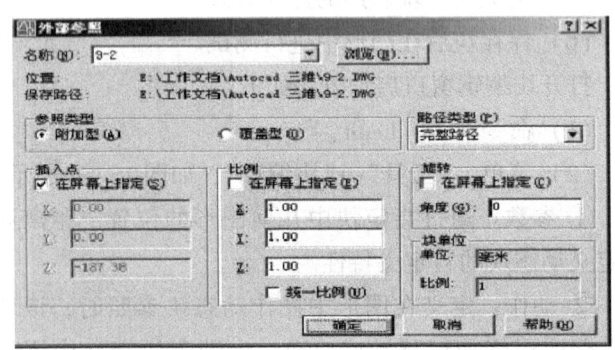

图 16-7 "外部参照"对话框

3. 管理外部参照

在 AutoCAD 中，用户可以在"外部参照"选项板中对外部参照进行编辑和管理。用户单击选项板上方的"附着"按钮可以添加不同格式的外部参照文件。在选项板下方的外部参照列表框中显示当前图形中各个外部参照文件名称。选择任意一个外部参照文件后，在下方"详细信息"选项组中显示该外部参照的名称、加载状态、文件大小、参照类型、参照日期及参照文件的存储路径等内容。如图 16-8 所示为管理外部参照对话框。

图 16-8 管理外部参照对话框

本 章 小 结

本章主要介绍了块、属性块、动态块。利用块可以简化绘图过程并可系统地组织任务。读者在学习完本章知识后应该对于 CAD 作图有了新的认识和了解，在绘图时能熟练应用块和外部参照快速成图。

以下结构图包含了本章的内容结构，读者可以借以下流程图对所学内容做一次简要回顾。

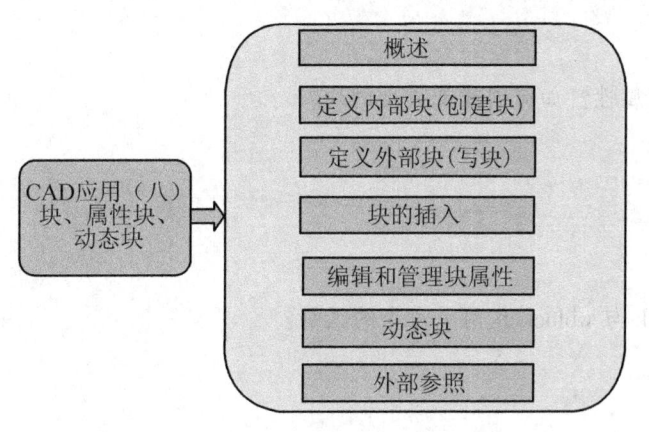

CAD应用（八）块、属性块、动态块 →
- 概述
- 定义内部块(创建块)
- 定义外部块(写块)
- 块的插入
- 编辑和管理块属性
- 动态块
- 外部参照

学习活动

通过前期学习，绘制如下图形，并编辑为块，尝试在其他位置进行插入并保存。

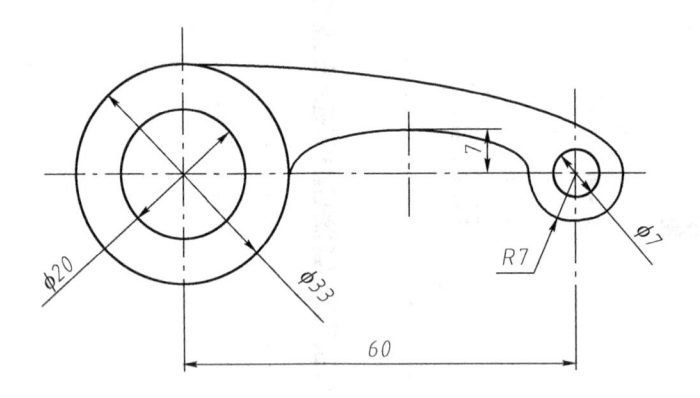

自 测 题

一、简答题

1. 什么是块？它的作用是什么？

2. 创建一个图块的步骤是什么？

3. 什么是块的属性？如何创建带属性的块？

4. 试说明 block 与 wblock 这两个命令的区别？

5. 简述图层与图块的关系。

二、作图题

将下图所示标题栏定义成带有属性的块。

要求：1. 标题栏中带括号的文本定义为属性，不带括号的文本用 Dtext 命令注定。
　　　2. 定义成块后，新建一个图形文件，插入这个块，并输入属性值。

				比例	（比例值）
		（图名）		数量	（数量值）
制图		（制图者）	（制图日期）	（单位名称）	
			（审核日期）		

第 17 章 图形输出

导　言

AutoCAD 2007 提供了图形输入与输出接口。通过接口，不仅可以将其他应用程序中处理好的数据传送给 AutoCAD，以显示其图形，还可以将在 AutoCAD 中绘制好的图形打印出来，或者把它们的信息传送给其他应用程序。

此外，为适应互联网的快速发展，使用户能够借助这些接口快速有效地共享设计信息，AutoCAD 2007 强化了其 Internet 功能，使其与互联网相关的操作更加方便、高效，可以创建 Web 格式的文件（DWF），以及发布 AutoCAD 图形文件到 Web 页面。

学 习 目 标

1. 掌握打印页面设置，能对图形进行合理设置。
2. 掌握图形的输出打印方法。

17.1　输出打印

AutoCAD 2007 除了可以打开和保存 DWG 格式的图形文件外，还可以导入或导出其他格式的图形。

1. 导入图形

图形输出操作演示

在 AutoCAD 2007 的"插入点"工具栏中单击"输入"按钮，将打开"输入文件"对话框。在其中的"文件类型"下拉列表框中可以看到，系统允许输入"图元文件"、ACIS 及 3D Studio 图形格式的文件。

AutoCAD 2007 的菜单命令中没有"输入"命令，但是可以使用"插入"→3D Studio 命令、"插入"→"ACIS 文件"命令或"插入"→"Windows 图元文件"命令，分别输入上述 3 种格式的图形文件。如图 17 - 1 所示为 3D Studio 文件输入对话框。

2. 插入 OLE 对象

选择"插入"→"OLE 对象"命令，打开"插入对象"对话框，如图 17 - 2 所示。通过该对话框可以插入对象链接或者嵌入对象。

3. 输出图形

选择"文件"→"输出"命令，打开"输出数据"对话框。可以在"保存于"下拉列表框中设置文件输出的路径，在"文件"文本框中输入文件名称，在"文件类型"下拉列表框中选择文件的输出类型，如图元文件、ACIS、平版印刷、封装 PS、DXX 提取、位图、3D

图 17-1 "3D Studio 文件输入"对话框

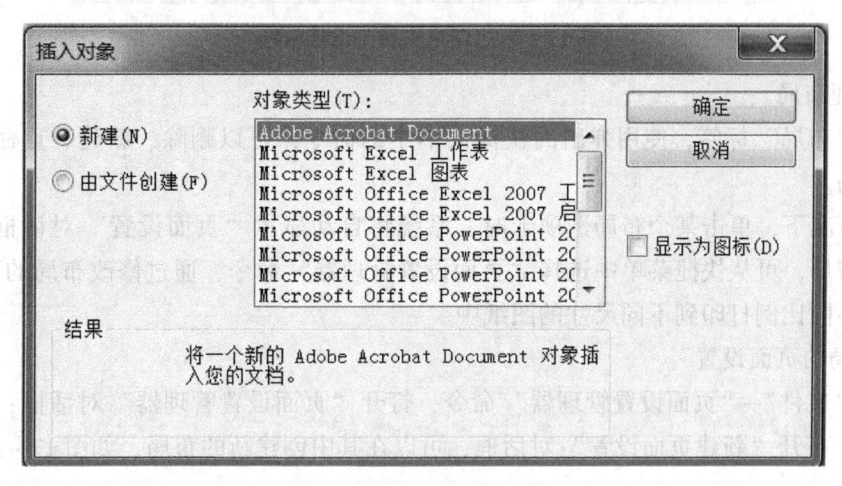

17-2 "插入对象"对话框

Studio 及块等。

设置了文件的输出路径、名称及文件类型后,单击对话框中的"保存"按钮,将切换到绘图窗口中,按需要选择格式保存对象。

17.2 创建和管理布局

在 AutoCAD 2007 中,可以创建多种布局,每个布局都代表一张单独的打印输出图纸。创建新布局后就可以在其中创建浮动视口。视口中的各个视图可以使用不同的打印比例,并能够控制视口中图层的可见性。

1. 使用布局向导创建布局

选择"工具"→"向导"→"创建布局"命令,打开"创建布局"向导,如图 17-3 所示,可以指定打印设备、确定相应的图纸尺寸和图形的打印方向、选择布局中使用的标题栏或确定视口设置。

221

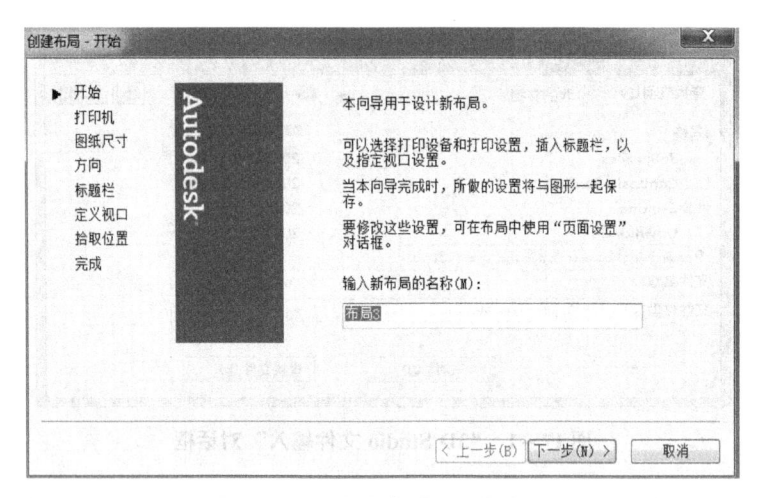

图 17 – 3 "创建布局"设置向导

2. 管理布局

右击"布局"标签，使用弹出的快捷菜单中的命令，可以删除、新建、重命名、移动或复制布局。

默认情况下，单击某个布局选项卡时，系统将自动显示"页面设置"对话框。如果要修改页面布局，可从快捷菜单中选择"页面设置管理器"命令，通过修改布局的页面设置，将图形按不同比例打印到不同尺寸的图纸中。

3. 布局的页面设置

选择"文件"→"页面设置管理器"命令，打开"页面设置管理器"对话框；单击"新建"按钮，打开"新建页面设置"对话框，可以在其中创建新的布局，如图 17 – 4 所示。

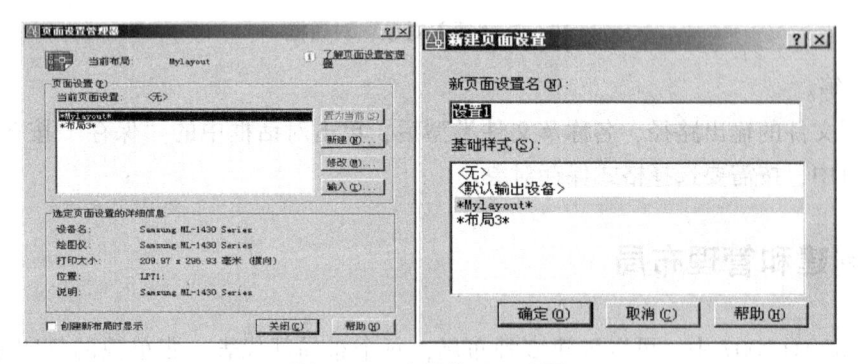

图 17 – 4 布局的页面设置

17.3 使用浮动视口

在构造布局图时，可以将浮动视口作为图纸空间的图形对象，并对其进行移动和调整。

浮动视口可以相互重叠或分离。在图纸空间中无法编辑模型空间中的对象，如果要编辑模型，必须激活浮动视口，进入浮动模型空间。激活浮动视口的方法有多种，如可执行 MSPACE 命令、单击状态栏上的"图纸"按钮或双击浮动视口区域中的任意位置。

17.3.1　相对图纸空间比例缩放视图

如果布局图中使用了多个浮动视口，就可以为这些视口中的视图建立相同的缩放比例。这时可选择要修改其缩放比例的浮动视口，在"特性"选项板的"标准比例"下拉列表框中选择某一比例，然后对其他的所有浮动视口执行同样的操作，就可以设置一个相同的比例值。如图 17-5 所示为相对图纸空间比例缩放视图示例。

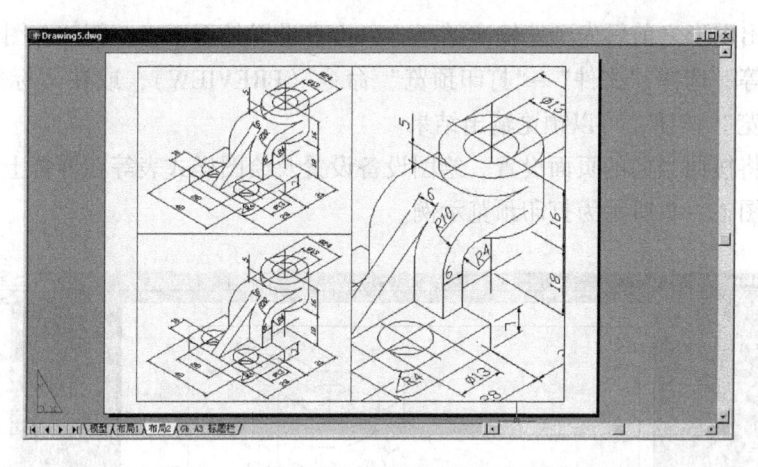

图 17-5　相对图纸空间比例缩放视图示例

17.3.2　在浮动视口中旋转视图

在浮动视口中，执行 mvsetup 命令可以旋转整个视图。该功能与 rotate 命令不同，rotate 命令只能旋转单个对象。如图 17-6 所示为浮动视窗旋转视图示例。

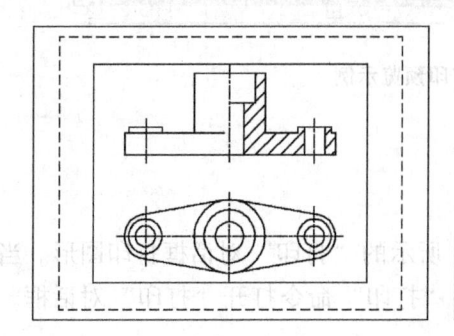

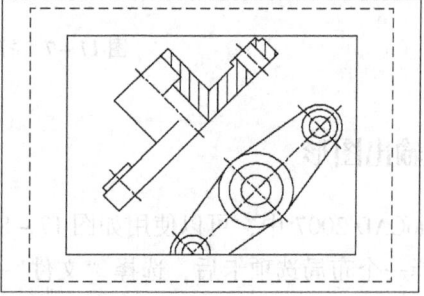

图 17-6　浮动视窗旋转视图示例

17.4 打印图形

图形创建完成后,通常要将其打印到图纸上,或生成一份电子图纸,以便通过互联网对其进行访问。打印的图形可以包含图形的单一视图,或者更为复杂的视图排列。根据不同的需要,可以打印一个或多个视口,或设置选项以决定打印的内容和图像在图纸上的布置。

17.4.1 打印预览

在打印输出图形之前可先预览输出结果,以检查设置是否正确。例如,图形是否都在有效输出区域内等。选择"文件"→"打印预览"命令(PREVIEW),或在"标准"工具栏中单击"打印预览"按钮,可以预览输出结果。

AutoCAD 将按照当前的页面设置、绘图设备设置及绘图样式表等在屏幕上绘制最终要输出的图纸。如图 17-7 所示为打印预览示例。

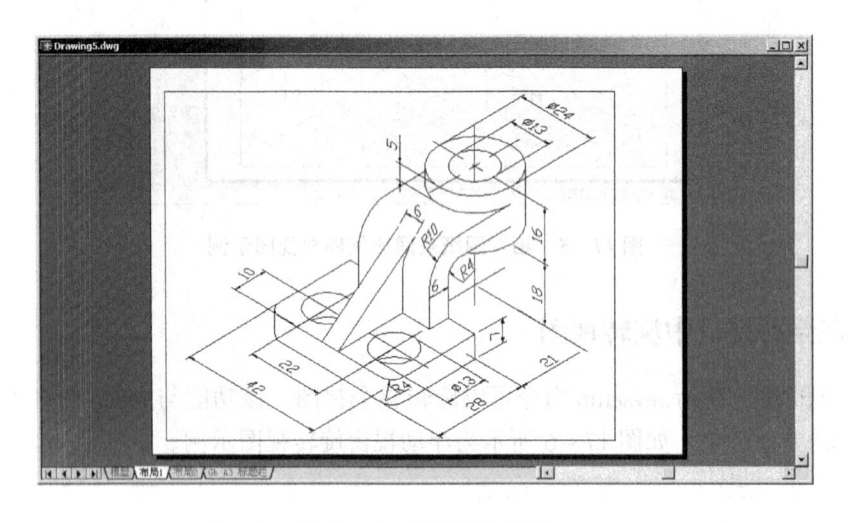

图 17-7 打印预览示例

17.4.2 输出图形

在 AutoCAD 2007 中,可以使用如图 17-8 所示的"打印"对话框打印图形。当在绘图窗口中选择一个布局选项卡后,选择"文件"→"打印"命令打开"打印"对话框。设置完成后单击"确定"按钮即可输出图形。

第17章　图形输出

图17-8　"打印"对话框

本章小结

在 AutoCAD 作图后，最后一步工作就是图形输出，本章就详细介绍了 AutoCAD 2007 打印输出的设置和输出，帮助读者输出美观大方的 CAD 图形。

以下结构图包含了本章的内容结构，读者可以借以下概括图对所学内容做一次简要回顾。

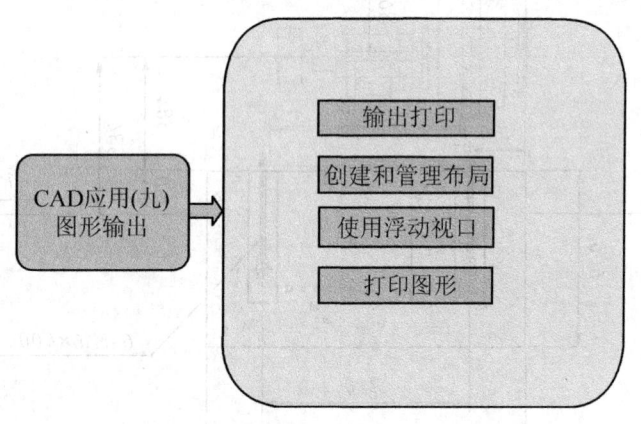

```
                    ┌─ 输出打印
CAD应用(九)          ├─ 创建和管理布局
图形输出     ───→    ├─ 使用浮动视口
                    └─ 打印图形
```

学习活动

在 CAD 制图中，常常需要对图纸比例、纸张、板式设置进行打印。现在给大家分享两种打印方法：模型空间打印和布局空间打印。

(1) 模型空间打印——就是对每一个独立的图形进行插入图框，然后根据大小进行缩放图框打印，这种打印速度较慢。

(2) 布局空间打印——则是实现批量打印。这样可以加快打印图纸的速度（进行页面设置、删掉原图、插入 1∶1 的图框、视图视口"原图"定义比例）。

225

自 测 题

一、简答题

1. 如何对绘制完成的图纸进行页面设置?

2. 在"页面设置"对话框中,怎样理解图形界限、窗口、显示选项的意义?

二、作图题

绘制完成下图,并打印输出。

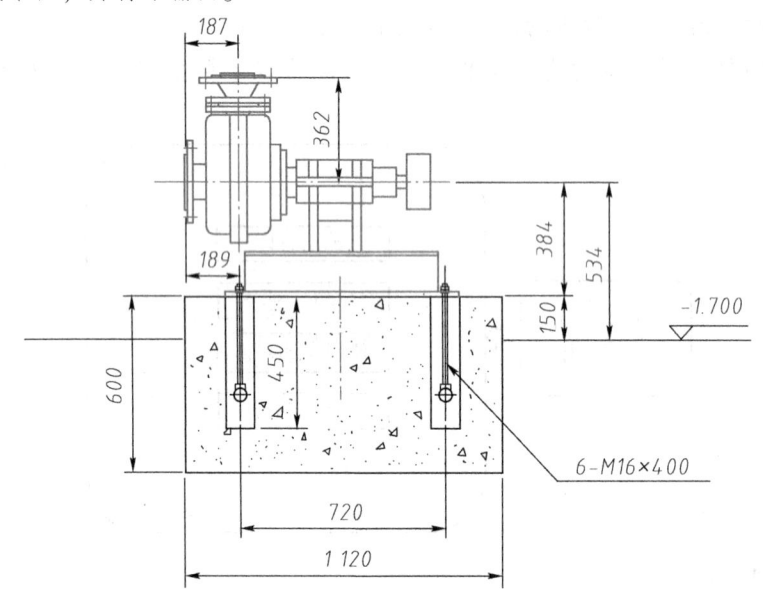

第18章 工程绘图

导　言

通过对以上基础篇的学习，已经掌握了 AutoCAD 2007 的基本功能，为能更全面和更熟练地把所学内容应用到实际中，本章以矿山常用的三类图纸为例，详细讲解绘制过程，提高用户的实践操作能力。

学习目标

1. 掌握矿山工程图纸绘制的基本知识。
2. 培养 CAD 命令的综合应用能力。

18.1 采掘工程平面图绘制实例

采掘工程平面图是煤矿日常生产中使用最频繁的图纸之一，本节选择以较为简单的某小型矿井采掘工程平面图为例，说明其绘制的基本过程。

采掘工程平面图主要步骤操作演示

18.1.1 图形组成分析

图形包括图框、图签、经纬网格及坐标、等高线、标高值、指北针、井田边界线、煤柱线、图例、井筒、巷道、通风设施等。

18.1.2 绘图顺序

新建采掘工程平面图文件，设置绘图环境，建立所需图层，设置文字样式，绘制图框图签、经纬网格及坐标，插入光栅图像并编辑，绘制等高线、井田边界线，标注标高值，绘制井筒、巷道、通风设施并标注文字。

18.1.3 绘图步骤

1. 新建文件

新建一个文件，并命名为"采掘工程平面图"。

2. 设置绘图环境

设置图形界限为 900 mm×900 mm。

3. 建立图层

执行"图层"命令，打开图层特性管理器，按照表 18-1 新建图层及特性。

表 18-1　新建的图层及特性

序号	图层名称	颜色	线　　型	线宽	说　　明
1	经纬网格	黑色	continuous	默认	绘制经纬网格及经纬坐标
2	图框	黑色	continuous	默认	绘制图框及标题栏
3	井田边界线	红色	井田边界线	默认	自定义线型
4	煤柱线	蓝色	煤柱线	默认	自定义线型
5	等高线	黑红	continuous	默认	绘制等高线及标高值
6	采空区	蓝色	continuous	默认	绘制采空区边界
7	煤层巷道	绿色	continuous	默认	煤层巷道
8	岩石巷道	绿色	dashed	默认	岩石巷道
9	通风设施	青色	continuous	默认	绘制风门、风桥、风窗等
10	文字	品红	continuous	默认	巷道名称、图例文字等
11	标注	品红	continuous	默认	用于各种名称标注线
12	填充	黑色	continuous	默认	填充采空区
13	图例	绿色	continuous	默认	绘制图例表格

建立图层时尽可能详细，对于以后图形的修改非常重要。线宽在图层特性里统一设置为默认值，出图时可以利用颜色整体控制线宽，后续内容设置同此。

4. 设置文字样式

执行"文字样式"令，按照表 18-2 创建文字样式。

表 18-2　文字样式

序号	样式名	字体	字高	宽度比例	应用对象
1	经纬坐标	Times New Roman	3	1	经纬坐标
2	巷道标注	宋体	4	0.8	图中的名称标注
3	表格文字	仿宋	0	1	字高根据需要自定义

5. 绘制图框图签

根据实际图纸大小绘制图框，尽量采用标准图框，具体绘制方法已经讲过，这里不再详述，本例题的图框大小为 841 mm × 800 mm。图签大小有具体规定，内容一般没有固定格式，可按图 18-1 所示尺寸绘制图签，并在表格内填写文字，全部完成后将整个图签写块，最后将其移动到图框右下角即可。

6. 绘制经纬网格，标注坐标

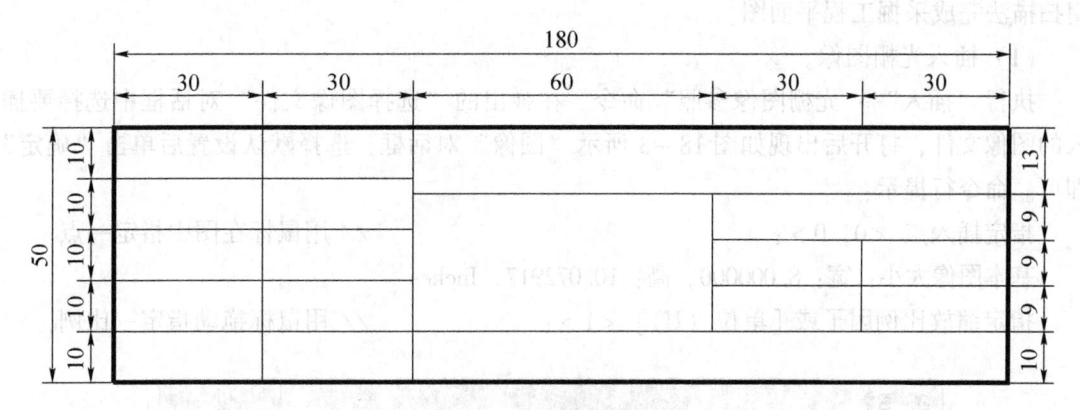

图 18-1 图签尺寸

参照采掘工程平面图的经纬网格和坐标情况，在所绘的图框内选择合适位置绘制最下边第一条经线和最左边第一条纬线，然后分别向上和向右偏移经线和纬线，偏移距离为 100 mm，得到全部经纬线。利用"单行文字"命令标注第一条经线坐标值，之后将其复制到每条经线上，使用"ddedit"命令依次修改坐标值，得到左边全部的经线坐标，最后复制全部坐标到右边。使用同样的方法标注上边框和下边框的纬线坐标值，结果如图 18-2 所示。

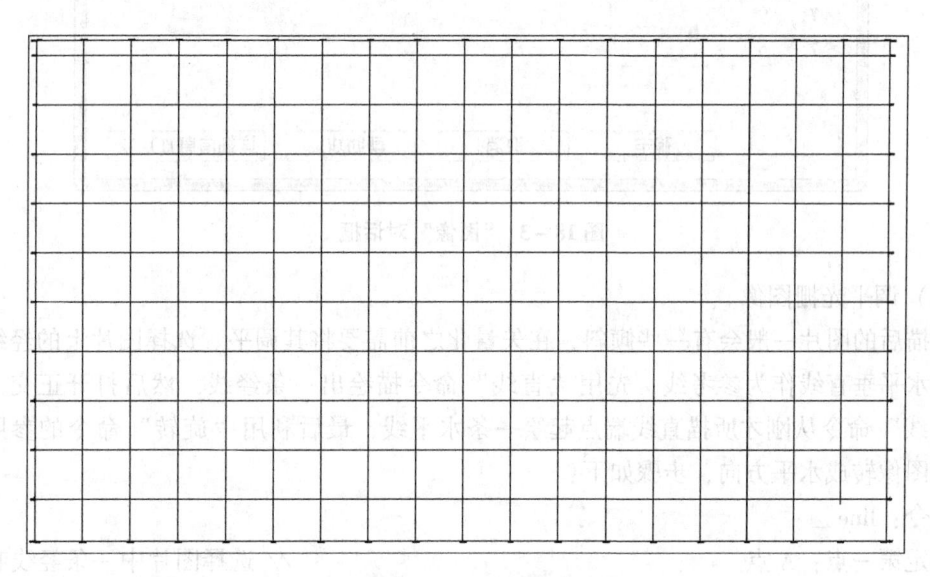

图 18-2 经纬网格

7. 插入光栅图像并编辑

矿山工程图纸转变为 AutoCAD 可以编辑的矢量图常用两种方法：跟踪描绘法和扫描法。跟踪描绘法是用数字化仪跟踪描绘手工图纸并直接转为图形格式，扫描法是将图纸扫描成光栅图像文件，然后将文件插入到 AutoCAD 2007 中，再对图像上的线条跟踪描绘。本例题采用扫描法完成采掘工程平面图。

(1) 插入光栅图像。

执行"插入"→"光栅图像参照"命令,在弹出的"选择图像文件"对话框中选择要插入的图像文件,打开后出现如图 18-3 所示"图像"对话框,选择默认设置后单击"确定"即可。命令行提示:

指定插入点 <0, 0>:　　　　　　　　　　　　// 用鼠标在图中指定一点
基本图像大小:宽:8.000000,高:10.072917, Inches
指定缩放比例因子或 [单位 (U)] <1>:　　　　// 用鼠标拖动指定一比例

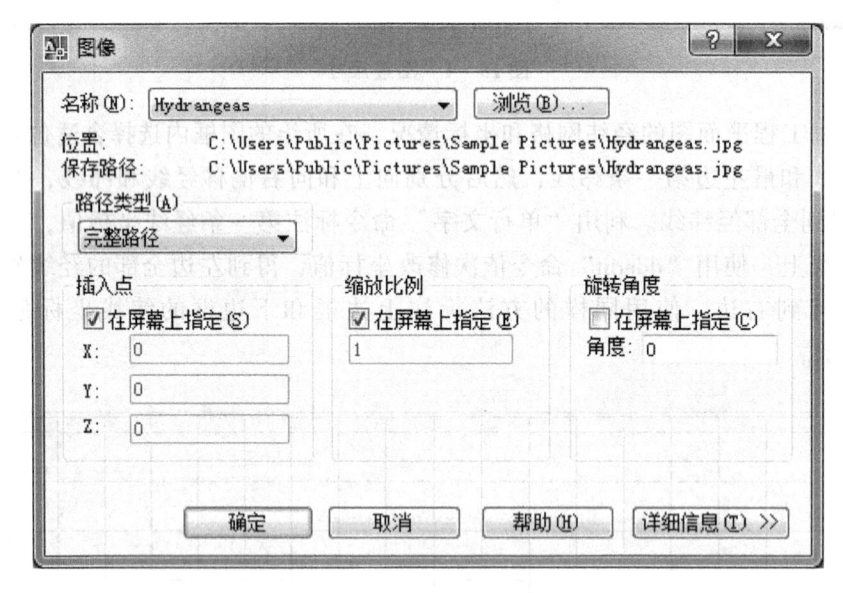

图 18-3　"图像"对话框

(2) 调平光栅图像。

扫描后的图片一般会有一些倾斜,在矢量化之前需要将其调平。选择图片上的经纬线或者其他水平垂直线作为参考线,先用"直线"命令描绘出一条经线,然后打开正交,再使用"直线"命令从刚才所描直线端点起绘一条水平线,最后利用"旋转"命令的参照功能将光栅图像转成水平方向,步骤如下:

命令:line ↵
指定第一点:A 点　　　　　　　　　　　　　// 选择图片中一条经线起点
指定下一点或 [放弃 (U)]:B 点　　　　　　　// 选择图片中该条经线终点
指定下一点或 [放弃 (U)]:　　　　　　　　　// 回车结束
命令:line ↵
指定第一点:<对象捕捉 开> A 点　　　　　　// 捕捉经线起点
指定下一点或 [放弃 (U)]:<正交 开> C 点　　// 画一条水平线

指定下一点或 [放弃 (U)]： // 回车结束
结果如图 18-4 所示。
命令：rotate ↵
选择对象： // 选择图片
指定基点：<对象捕捉 开> A 点
指定旋转角度，或 [复制 (C)/参照 (R)] <0>：R
指定参照角 <0>：指定第二点：B 点
指定新角度或 [点 (P)] <0>：C 点

(3) 缩放光栅图像。

调平后的图像需经过缩放才能与实际图纸尺寸相吻合。绘制经线 AB 和 CD，如图 18-5 所示，利用"缩放"命令的参照功能将光栅图像缩放为原始尺寸大小，步骤如下：

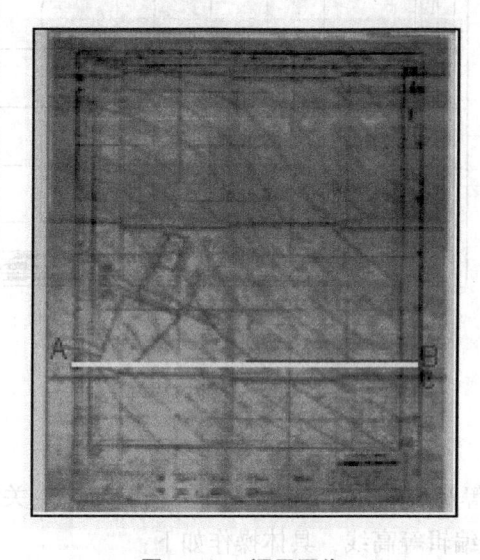

图 18-4　调平图像　　　　　　　图 18-5　缩放图像

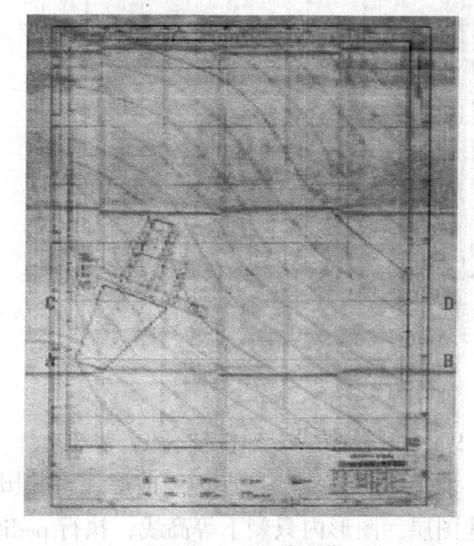

命令：scale ↵
选择对象：将图片、直线 AB 和 CD 全部选中
指定基点：A 点
指定比例因子或 [复制 (C)/参照 (R)] <1.0000>：r
指定参照长度 <1.0000>： // 直线 AB 上任一点
指定参照长度 <1.0000>：指定第二点： // 直线 CD 上垂足点
指定新的长度或 [点 (P)] <1.0000>：100 // 经纬线间距

(4) 移至图框中。

寻找图像和新建经纬网格的对应点，然后将图像移至经纬网格内。一般先在新建的经纬网格内选一经纬线交点 O、O，然后对应在图像内找到这一交点 O，并以 O 点为基点将图像

移动到图框内,执行"工具"→"绘图顺序"→"后置"命令将图像显示在图框之下,结果如图 18-6 所示。

8. 绘制井田边界线,煤柱线

将"井田边界线"图层设置为当前层,根据井田边界坐标,利用"偏移"命令找到每一个边界点,并将每个点用"多段线"命令连起来。井田边界煤柱为 20 m,将井田边界线向内偏移 10 个图形单位,生成井田边界煤柱,将其转换至"煤柱线"图层内,结果如图 18-7 所示。

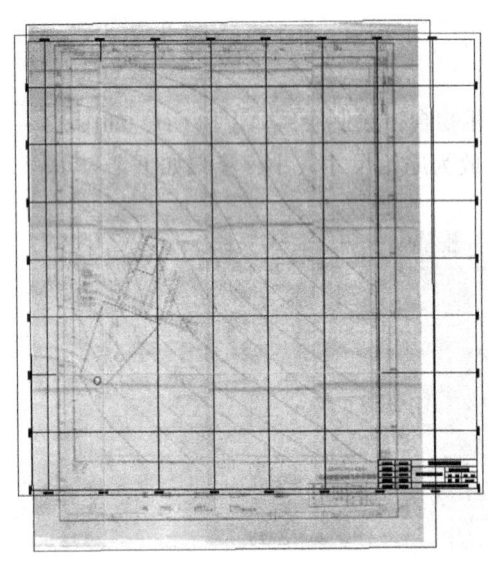

图 18-6 移动图像　　　　　　　　　图 18-7 井田边界

9. 绘制等高线,标注标高值

设置"等高线"图层为当前层,将井田内的等高线利用 pline 命令一一描绘出来,关闭其他图层,图形内只剩下等高线,执行 pedit 命令编辑等高线,具体操作如下:

命令:pedit↵   // 多段线编辑
选择多段线或 [多条 (M)]:m   // 选择选项 m
选择对象: // 框选全部等高线
输入选项 [闭合 (C)/打开 (O)/合并 (J)/宽度 (W)/拟合 (F)/样条曲线 (S)/非曲线化 (D)/线型生成 (L)/放弃 (U)]:f   // 将等高线拟合
命令:dtext↵   // 标注等高线值
当前文字样式:Standard　当前文字高度:3.0000
指定文字的起点或 [对正 (J)/样式 (S)]:   // 指定等高线上一点
指定高度 <3.0000>:   // 回车默认
指定文字的旋转角度 <0>:   // 回车默认

依次输入各条等高线的等高线值后,将每个等高线值旋转与等高线保持平行,并将等高线打断，结果如图18-8所示。

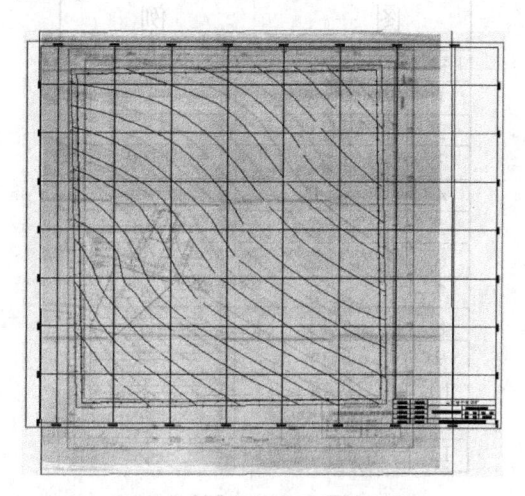

图18-8　等高线及等高线值

10. 绘制井筒、巷道、通风设施等

对于采矿绘图经常用到的斜井、风门、风桥、风窗等专业符号，可以一次性做成图块，在日常绘图时只需插入所需图块，根据需要复制、调整角度即可。如图18-9所示为煤矿常用的几个简单专业符号。

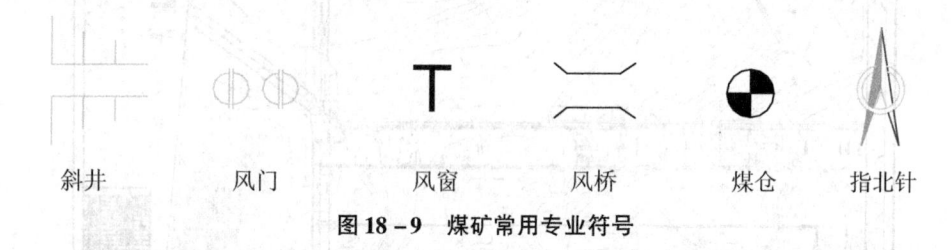

斜井　　　风门　　　风窗　　　风桥　　　煤仓　　　指北针

图18-9　煤矿常用专业符号

绘制巷道时先使用"多线"命令进行描绘，在比例尺为1∶2 000的图中巷道宽度规定为2 mm，所以需要将多线的比例设置为2，然后使用"多线编辑（mledit）"命令修改巷道交叉口。

11. 填充采空区

在"采空区"图层内，利用"多段线"命令将采空区边界描绘出来，标注"采空区"文字，最后对采空区进行填充，填充图案为ANSI31，填充比例和角度自调。

12. 绘制图例、标注文字

对于每一幅采矿图纸来说"图例"是必不可少的内容，它主要是对图中各个线型、符号等作专门的说明。在"图例"图层内绘制表格，如图18-10所示，并说明各线型、符号所代表的含义。最后，标注巷道名称、井口坐标等文字。

13. 保存图形

采掘工程平面图全部完成结果如图18-11所示，图形绘制完以后，将图像文件删除，并检查存盘。

图		例
序号	名称	符号
1	井界边界线	—┼—
2	煤柱线	—○—
3	煤层等高线	⌒1460⌒
4	斜井	
5	煤层巷道	══
6	岩石巷道	┅┅
7	密闭	══■══
8	风门	══)))══
9	风桥	══⋇══
10	风窗	══┬══
11	采区编号	①
12	工作面推进方向	⇨

图 18-10　图例

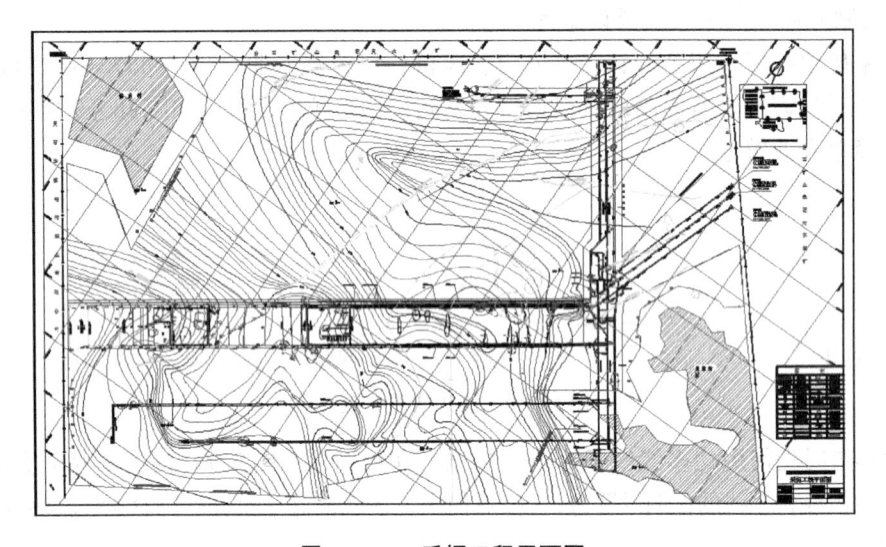

图 18-11　采掘工程平面图

18.2　巷道断面图绘制实例

本节以某矿井的双轨运输大巷为例,绘制巷道断面图,断面形状为半圆拱形,采用锚喷支护。

18.2.1　图形组成分析

图形包括边框、断面轮廓、电机车轮廓、架线弓子、轨道、

巷道断面图主要步骤操作演示

锚杆、图形标注、表格及文字。

18.2.2 绘图顺序

新建巷道断面文件,设置绘图环境,建立所需图层,绘制图元,并标注尺寸,创建表格并填写文字。

18.2.3 绘图步骤

1. 新建文件

新建一个文件,命名为"双轨运输大巷断面"并保存。

2. 设置绘图环境

(1) 设置图形界限。

命令:limits↵　　　　　　　　　　　　　　　　// 执行图形界限命令

重新设置模型空间界限:

指定左下角点或 [开 (ON)/关 (OFF)] <0.0000, 0.0000>:　// 回车去默认值

指定右上角点 <420.0000, 297.0000>:210, 297　　// 输入右上角值并回车

(2) 设置单位。

执行"格式"→"单位"。长度的类型选择小数型,精度为小数点后 3 位精度;角度的类型选择十进制类型,精度为小数点后 1 位精度。方向取默认值。

初次绘图时需要设置单位,后续内容设置同此,不再重复叙述。

3. 建立图层

执行"图层"命令,打开图层特性管理器,新建如表 18 - 3 所示的图层。

表 18 - 3　新建的图层及特性

序号	图层名称	颜色	线型	线宽	用途说明
1	轮廓	黄色	continuous	0.4	绘制巷道内边
2	设备	绿色	continuous	0.25	巷道外边、设备等
3	中心线	红色	center	0.2	巷道、轨道中心线
4	标注	品红	continuous	0.2	尺寸标注
5	表格	黑色	continuous	0.25	表格及文字
6	填充	青色	continuous	0.2	填充图案
7	锚杆	绿色	continuous	0.25	绘制锚杆
8	图框	黑色	continuous	0.25	内外边框及标题栏

4. 绘制图元

(1) 绘制边框。

设置图层"图框"为当前层。

命令: rectang ↵　　　　　　　　　　　　　　// 执行矩形命令

指定第一个角点或 [倒角 (C)/标高 (E)/圆角 (F)/厚度 (T)/宽度 (W)]:

　　　　　　　　　　　　　　　　　　　　　// 指定任一点

另一个角点或 [面积 (A)/尺寸 (D)/旋转 (R)]: @210, 297

　　　　　　　　　　　　　　　　　　　　　// 使用相对坐标绘制结果如
　　　　　　　　　　　　　　　　　　　　　　图 18 - 12 (a) 所示。

命令: explode ↵　　　　　　　　　　　　　　// 分解矩形

选择对象: 找到 1 个　　　　　　　　　　　　// 选择矩形

指定偏移距离或 [通过 (T)/删除 (E)/图层 (L)] <16.0000>: 5

选择要偏移的对象, 或 [退出 (E)/放弃 (U)] <退出>:

指定要偏移的那一侧上的点, 或 [退出 (E)/多个 (M)/放弃 (U)] <退出>:

　　　　　　　　　　　　　　　　　　　　　// 指向内侧将上、下、右三
　　　　　　　　　　　　　　　　　　　　　　边分别偏移5个单位距离。

指定偏移距离或 [通过 (T)/删除 (E)/图层 (L)] <5.0000>: 25

选择要偏移的对象, 或 [退出 (E)/放弃 (U)] <退出>:　// 选择左边

指定要偏移的那一侧上的点, 或 [退出 (E)/多个 (M)/放弃 (U)] <退出>:

结果如图 18 - 12 (b) 所示。

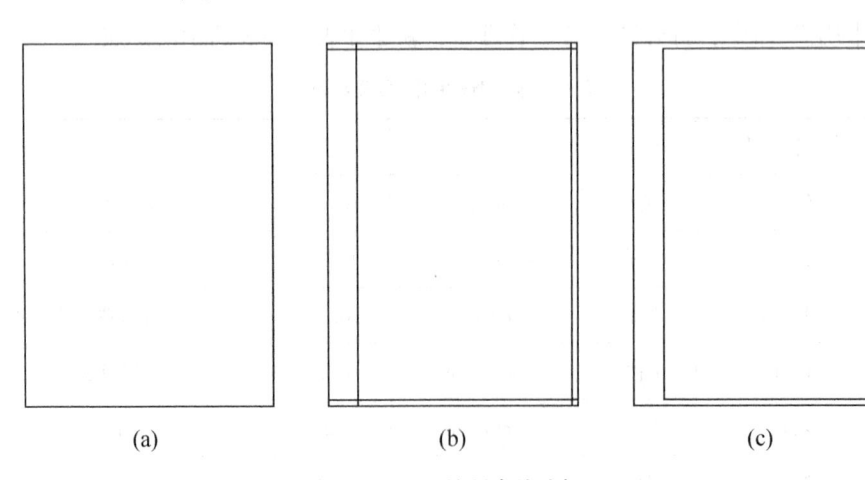

　　　(a)　　　　　　　　　(b)　　　　　　　　　(c)

图 18 - 12　绘制内外边框

命令: trim ↵　　　　　　　　　　　　　　　// 执行修剪命令

选择剪切边…

选择对象或 <全部选择>:　　　　　　　　　　// 选择偏移后的四边

选择要修剪的对象 // 将内边框超出部分修剪掉

结果如图 18-12（c）所示。

（2）绘制断面轮廓。

设置图层"中心线"为当前层。

命令：line↵ // 执行直线命令

line 指定第一点： // 在图框内指定一点

定下一点或 [放弃（U）]：@100,0 // 水平线

重复 line 命令

line 指定第一点： // 在水平线中点上方指定

指定下一点或 [放弃（U）]：@0,100 或打开正交鼠标指向下输入距离 100

// 垂直线

设置图层"轮廓"为当前层

命令：clrcle↵ // 执行画圆命令

指定圆的圆心或 [三点（3P）/两点（2P）/相切、相切、半径（T）]：

// 选择中心线交点

指定圆的半径或 [直径（D）]：45（按比例换算后） // 输入半径

命令：trim↵

当前设置：投影＝UCS，边＝无

选择剪切边...

选择对象或 ＜全部选择＞： // 选择水平中心线

选择要修剪的对象，或按住 Shift 键选择要延伸的对象，或 [栏选（F）/窗交（C）/投影（P）/边（E）/删除（R）/放弃（U）]： // 选择圆的下半部分

命令：line↵ // 执行直线命令

line 指定第一点： // 捕捉半圆左端点

指定下一点或 [放弃（U）]：打开正交鼠标指向下输入距离 36

// 画巷道左壁

重复 line 命令：

line 指定第一点： // 捕捉半圆左端点

指定下一点或 [放弃（U）]：打开正交鼠标指向下输入距离 40

// 画巷道右壁

结果如图 18-13（a）所示。

命令：offset↵ // 偏移生成巷道毛边

指定偏移距离或 [通过（T）/删除（E）/图层（L）] ＜16.0000＞：2

选择要偏移的对象，或 [退出（E）/放弃（U）] ＜退出＞：

// 选择半圆拱和巷道壁

指定要偏移的那一侧上的点，或［退出（E）/多个（M）/放弃（U）］＜退出＞：
　　　　　　　　　　　　　　　　　　　　　　　　　// 指向外侧

执行 line 命令画左右墙角，并将巷道毛边和墙角置于"细线"层内。

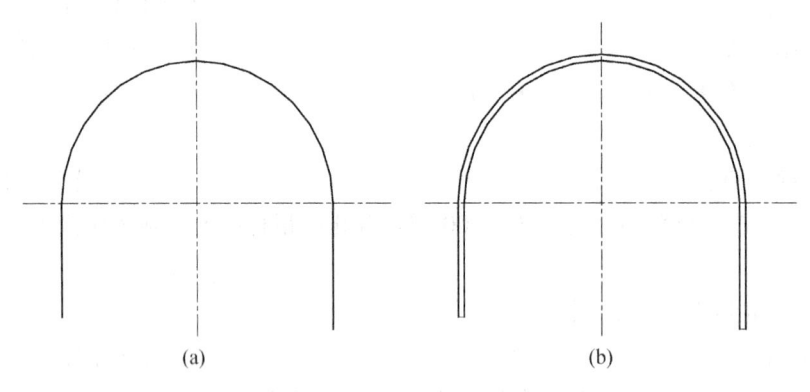

结果如图 18 – 13（b）所示。

图 18 – 13　绘制巷道断面轮廓

（3）绘制设备。

设置图层"设备"为当前层，按照如图 18 – 14 所示尺寸按比例绘制各设备。完成后，根据煤矿安全规程的要求，将各设备摆放在合理位置：电机车外边缘距巷道左壁 560 mm，距巷道右壁 1 300 mm，两电机车内边缘之间距离为 520 mm，电机车高度为 1 600 mm，架线弓距轨面距离为 2 000 mm，架线弓、电机车轮廓、轨枕的中心在一条线上，结果如图 18 – 15 所示。

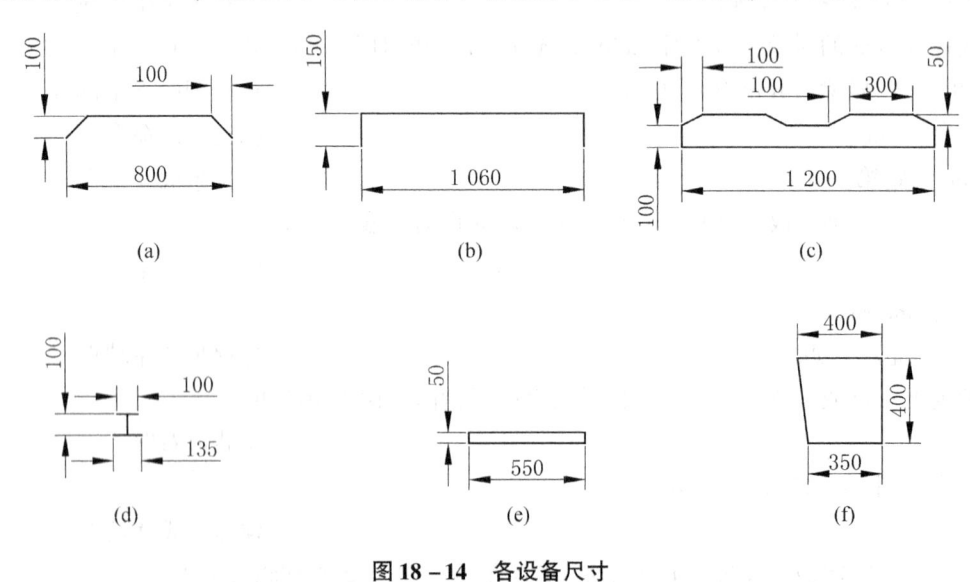

图 18 – 14　各设备尺寸

（a）架线弓；（b）电机车轮廓；（c）轨枕；（d）轨道；（e）水沟盖板；（f）水沟

图 18–15 巷道成形

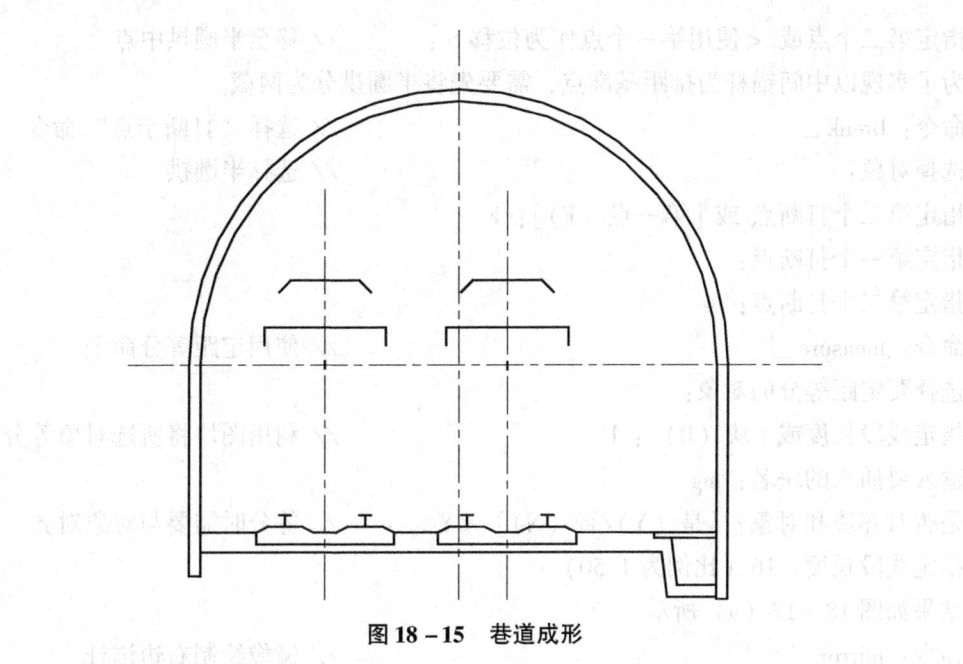

(4) 填充。

设置图层"填充"为当前层,执行"图案填充"命令,在对话框中选择 AR – CONC 图案,用点选方式填充巷道内外壁之间及轨枕与底板之间,如果填充时命令行提示"无法对边界进行图案填充",则需要调整填充比例重新填充。

(5) 绘制锚杆。

设置图层"锚杆"为当前层,首先按如图 18–16 所示尺寸绘制单个锚杆,再将其定义成图块,名称为"MG",选择托盘与杆体的交点为图块基点。

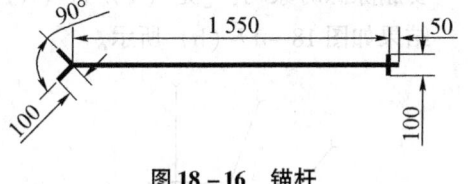

图 18–16 锚杆

半圆拱的锚杆支护要求:拱顶中间打一根锚杆,间排距为 800 mm × 800 mm,如果用阵列命令不易控制锚杆间距,所以需要用"绘图"→"点"→"定距等分"命令实现锚杆间距,具体操作如下:

命令:insert ↵　　　　　　　　　　　　// 插入"MG"图块

在"插入"对话框中选择"MG"图块,插入比例为 1∶1

指定插入点或 [基点 (B)/比例 (S)/X/Y/Z/旋转 (R)/预览比例 (PS)/PX/PY/PZ/预览旋转 (PR)]:

　　　　　　　　　　　　　　　　　　// 用鼠标在半圆拱内单击一点

命令:move ↵　　　　　　　　　　　　// 绘制拱顶中间锚杆

选择对象:　　　　　　　　　　　　　// 选择已插入的"MG"图块

指定基点或 [位移 (D)] <位移>:　　　// 选择图块基点

指定第二个点或 <使用第一个点作为位移>：　　// 移至半圆拱中点
为了实现以中间锚杆为排距基准点，需要先将半圆拱分为两截。

命令：break ↵　　　　　　　　　　　　　　// 选择"打断于点"命令
选择对象：　　　　　　　　　　　　　　　　// 选择半圆拱
指定第二个打断点 或 [第一点（F）]：F
指定第一个打断点：
指定第二个打断点：@

命令：measure ↵　　　　　　　　　　　　　// 使用定距等分命令
选择要定距等分的对象：
指定线段长度或 [块（B）]：b　　　　　　　 // 利用图块将所选对象等分
输入要插入的块名：mg
是否对齐块和对象？[是（Y）/否（N）]<Y>： // 等分时需要与对象对齐
指定线段长度：16（比例为1∶50）
结果如图18-17（a）所示。

命令：mirror ↵　　　　　　　　　　　　　　// 镜像绘制右边锚杆
选择对象：
指定镜像线的第一点：指定镜像线的第二点：　// 选择中心线
要删除源对象吗？[是（Y）/否（N）]<N>：   // 源对象保留
结果如图18-17（b）所示。

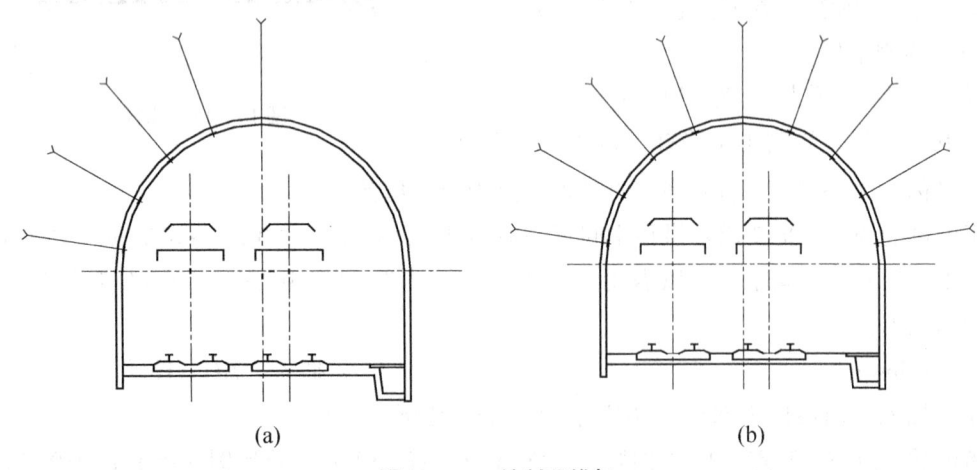

(a)　　　　　　　　　　　　　(b)

图18-17　绘制顶锚杆

最后复制锚杆，绘制左右两帮锚杆。

5. 标注尺寸

在标注尺寸前首先需要创建"标注样式"，执行"标注"→"标注样式"，新建"1∶50"样式，在"标注样式管理器"中按如表18-4所示设置标注样式参数。

表 18-4 标注样式参数

序 号	选项卡名称	选项参数	内 容	备 注
1	直线	超出尺寸线	1.5	颜色随层
		起点偏移量	0.3	
2	符号和箭头	箭头样式	实心闭合	
		箭头大小	2.5	
3	文字	文字样式	STANDARD	颜色随层 STANDARD 文字样式 为宋体
		文字高度	2.5	
		文字位置（垂直）	上方	
		文字位置（水平）	置中	
		从尺寸线偏移	0.5	
		文字对齐	与尺寸线对齐	
4	主单位	精度	0	
		比例因子	50	

设置图层"标注"为当前层，分别利用"线性标注"和"连续标注"命令标注各个尺寸。标注后的断面如图 18-18 所示。

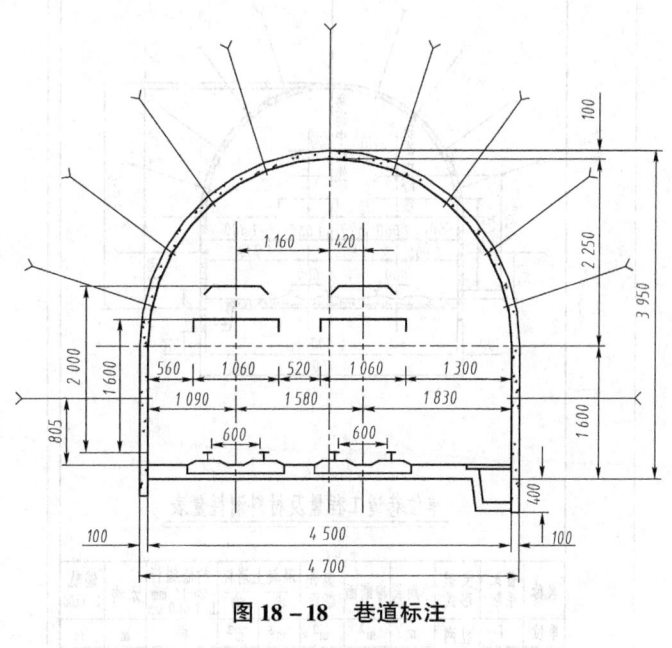

图 18-18 巷道标注

6. 创建表格

AutoCAD 2007 虽具有"插入表格"功能，但其使用不够灵活，利用 CAD 的命令组合：

"直线""偏移""延伸""修剪"来绘制表格其实非常方便。在"表格"图层下，按照如图 18-19 所示尺寸绘制表格。

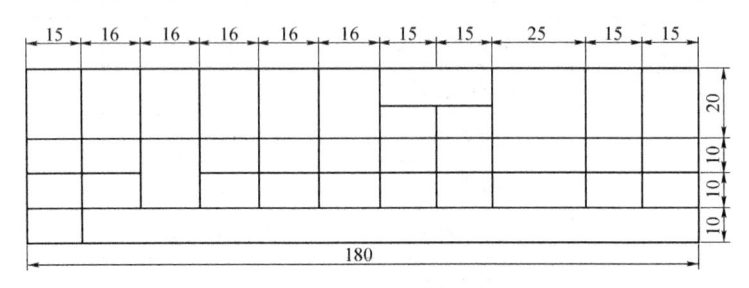

图 18-19 表格尺寸

7. 标注文字

新建文字样式，一般图中有几种字形，就建立几种文字样式。标注表格内文字和其他所需文字。

8. 保存图形

全部绘制完后，检查并保存，最终结果如图 18-20 所示。

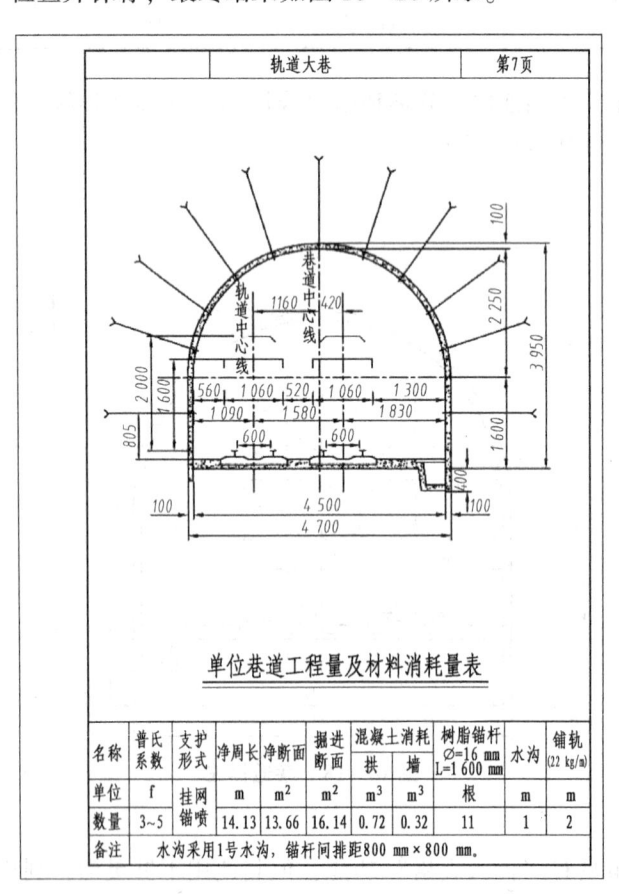

图 18-20 绘制完成的轨道

18.3 回采工作面详图绘制实例

回采工作面详图是用于说明工作面回采工艺方式、工序安排、支护设施、设备布置以及各项经济指标等的图纸。本节以某矿某综采工作面为例，介绍回采工作面的绘图步骤，相应的配套设备如下：

采煤机：AM - 500　　转载机：SZZ - 764/160

液压支架：ZY - 35

可伸缩皮带输送机：SSJ1000/2 × 90

可弯曲刮板输送机：SGZ - 764/400

18.3.1 图形组成分析

图形包括图框、图签、回采工作面、运输顺槽、轨道顺槽、控顶距图、顺槽断面、工作面劳动组织表、工作面循环图标和工作面技术经济指标表。

18.3.2 绘图顺序

新建回采工艺图文件，设置绘图环境，建立所需图层，绘制图框图签，绘制工作面及顺槽、工作面设备及顺槽设备、控顶距图、顺槽断面，绘制工作面劳动组织表、工作面循环图标和工作面技术经济指标表并填写文字。

18.3.3 绘图步骤

1. 新建文件

新建一个文件，命名为"回采工作面详图"。

2. 设置绘图环境

设置图形界限为 841 mm × 594 mm。

对象捕捉和正交状态栏设置根据绘图需要临时设置。

3. 建立图层

执行"图层"命令，打开图层特性管理器，按照如表 18 - 5 所示新建图层。

表 18 - 5　新建的图层及特性

序　号	图层名称	颜　色	线　型	线　宽	说　明
1	图框	黑色	continuous	默认	绘制图框及标题栏
2	顺槽设备	绿色	continuous	默认	顺槽各类设备
3	梁柱	绿色	continuous	默认	顶梁、支柱
4	采煤机	红色	continuous	默认	采煤机

续表

序 号	图层名称	颜 色	线 型	线 宽	说 明
5	液压支架	绿色	continuous	默认	液压支架
6	刮板运输机	蓝色	dashed	默认	刮板运输机
7	工作面	蓝色	continuous	默认	工作面、巷道煤壁
8	采空区	青色	continuous	默认	采空区
9	填充	黑色	continuous	默认	各种图案填充
10	剖面线	红色	continuous	默认	剖面、断开线
11	文字	品红	continuous	默认	图中文字
12	标注	品红	continuous	默认	用于各种名称标注线
13	表格	黑色	continuous	默认	绘制三个表格
14	循环	青色	continuous	默认	绘制循环图表内各工序
15	中心线	黑色	center	默认	绘制巷道、断面中心

在后面的具体图元绘制时，首先需将相应图层设置为当前层，这里统一说明。

4. 设置文字样式

执行"文字样式"命令，按照如表 18-6 所示创建文字样式。

5. 绘制图框图签

本例题的图框大小为标准 1 号图纸，841 mm × 594 mm。将"图签"图块插入，修改图纸名称即可。

6. 绘制回采工作面及顺槽

在图框内绘制工作面和顺槽，工作面长度为 150 m，运输顺槽和回风顺槽均为 4 m，绘制比例为 1∶100。利用 PLINE、OFFSET、TRIM 等命令绘制和编辑工作面和顺槽框线，工作面煤壁分为两部分，前后相差一个采煤机截深 600 mm，结果如图 18-21 所示。

表 18-6 文字样式

序 号	样 式 名	字 体	字 高	宽度比例	应用对象
1	名称标注	宋体	4	0.8	图中的名称标注
2	表格文字	仿宋	0	1	字高根据需要自定义

7. 绘制工作面设备

工作面设备主要有液压支架、采煤机和刮板运输机。

（1）液压支架。外形尺寸为 3 575 mm × 1 428 mm，工作面长度 150 m，顺槽宽 4 m，支架中心距 1.5 m，端面距 300 mm，采煤机截深 600 mm，端头支护采用中间支架支护，故工作面共需 105 架液压支架。首先绘制单个液压支架并做成块，然后利用阵列方法绘制

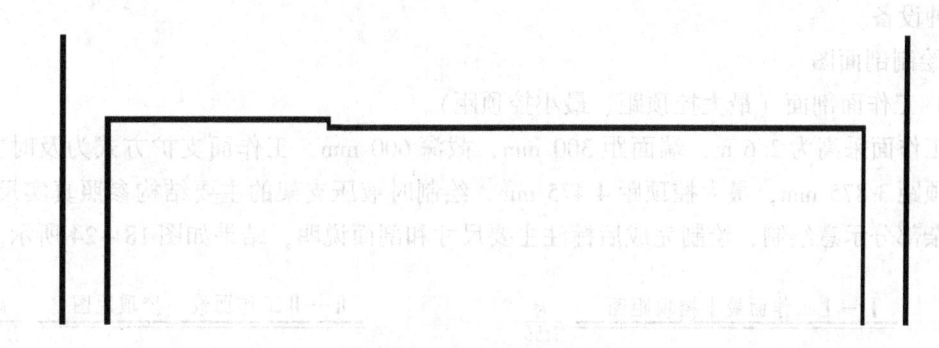

图 18 – 21　工作面和顺槽框线

整个工作面支架,注意因工作面不是按实际长度绘制,所以需视断开线的位置确定阵列个数。阵列完毕后,将刮板运输机弯曲段后的支架向前移动 600 mm,并绘制断开线,结果如图 18 – 22 所示。

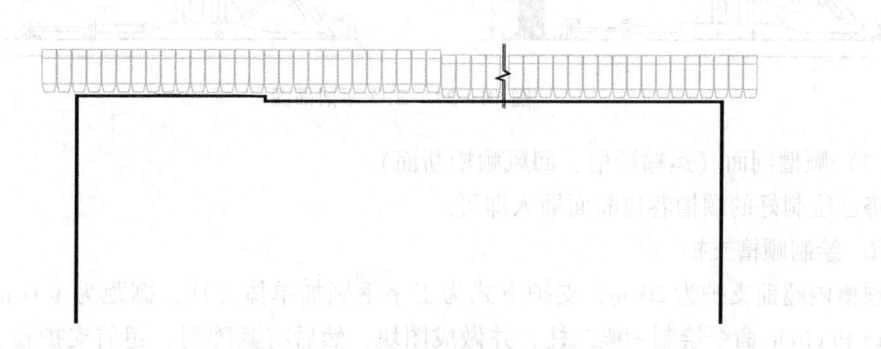

图 18 – 22　工作面液压支架布置

(2) 采煤机。根据采煤机的外形结构和尺寸,按比例绘制采煤机的机身和滚筒,滚筒直径 1 800 mm,截深 600 mm,其他示意绘制,绘制完成后做成块,结果如图 18 – 23 所示。

图 18 – 23　采煤机示意图

(3) 刮板运输机。刮板运输机中部槽宽 764 mm,与煤壁间距为 500 mm,绘制时刮板运输机以虚线表示,弯曲段长度按 10 m 考虑,刮板运输机机头中心线与转载机机头中心线对齐,绘制完成后将其做成块。

8. 绘制顺槽设备

顺槽设备主要有转载机、破碎机、可伸缩皮带输送机、设备列车以及轨道等。

绘制方法同工作面设备,根据设备结构和主要尺寸,在运输顺槽和回风顺槽内分别示意

245

绘制各种设备。

9. 绘制剖面图

（1）工作面剖面（最大控顶距、最小控顶距）。

该工作面采高为 2.6 m，端面距 300 mm，截深 600 mm，工作面支护方式为及时支护，最小控顶距 3 875 mm，最大控顶距 4 475 mm，绘制时液压支架的主要结构参照真实尺寸绘制，复杂部分示意绘制，绘制完成后标注主要尺寸和剖面说明，结果如图 18-24 所示。

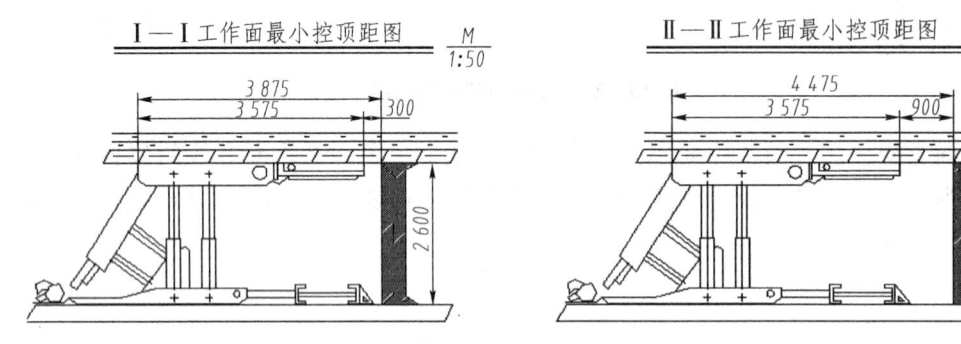

图 18-24 工作面剖面图

（2）顺槽剖面（运输顺槽、回风顺槽断面）。

将已绘制好的顺槽巷道断面插入即可。

10. 绘制顺槽支护

顺槽内超前支护为 20 m，支护方式为工字钢棚加单体支柱，棚距为 1.0 m，首先利用 rectang 和 circle 命令绘制一梁二柱，并做成图块，然后将其阵列，超前支护在 20 m 范围内每个顶梁下面再加根单体柱子，最后标注超前支护距离。

11. 绘制工作面劳动组织表和技术经济指标表并填写文字

劳动组织表和技术经济指标表是反映工作面人员组成和工作面技术经参数的表格。利用系统提供的表格功能或简单的偏移、修剪功能均可完成表格的绘制，表格完成后根据计算结果填入数据。

12. 绘制工作面循环图表

工作面循环作业图标反映整个生产过程中具体的工艺过程，包括割煤、移架、推溜等过程。本矿采用三八制作业方式，两班生产，一班准备。首先绘制循环图的表格，将表格内的横线划分为一天 24 小时，纵线按 150 m 等分为 15 等份，并将采煤机的进刀长度 30 m 基准线绘出，在图例一栏中绘制各个工艺符号，最后将各个工序画出，如图 18-25 所示。

13. 保存图形

全部绘制完毕后检查并存盘，最终结果如图 18-26 所示。

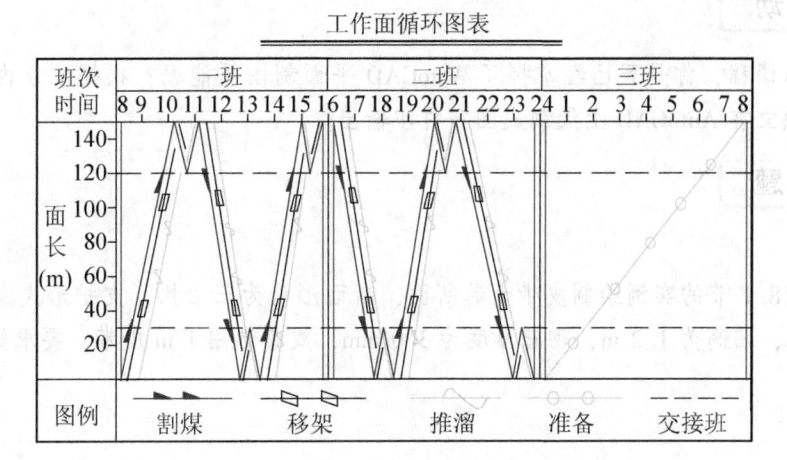

图 18-25　工作面循环图表

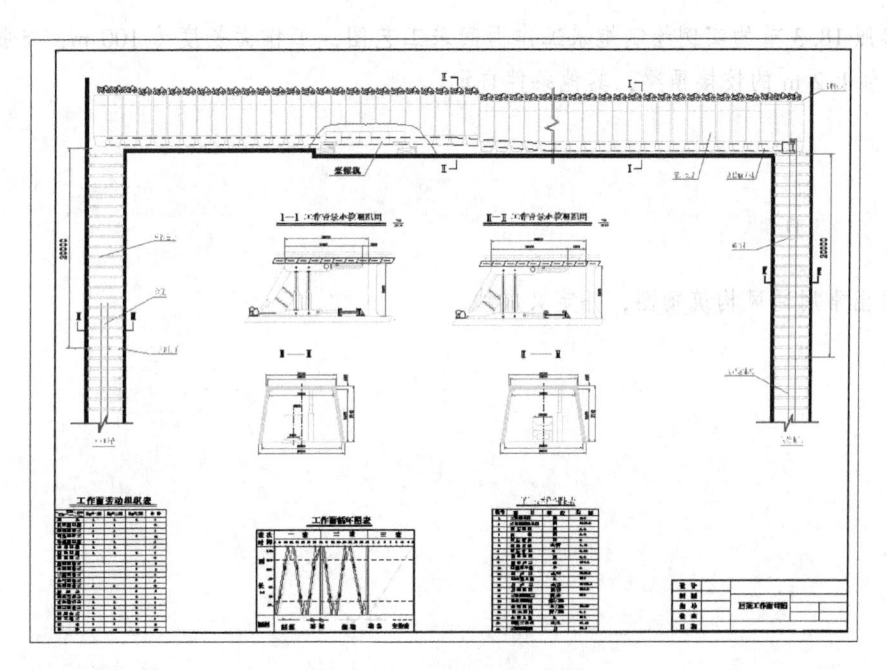

图 18-26　回采工作面详图

本 章 小 结

本章主要结合矿山工程实例，综合应用各种命令，说明绘制矿山工程图纸的方法和步骤。要迅速、准确无误地绘制这些图纸必须养成良好的绘图习惯，图层的建立对于以后图纸的修改非常关键，对于经常使用的符号或者标准图例尽量使用图块功能。

学习活动

学习完本课程,你是否已经掌握了 AutoCAD 平面制图技能呢?根据本章内容,选取至少一张图,独立在 AutoCAD 上绘制成图并打印输出。

自 测 题

作图题

1. 参照 18.1 节的实例绘制皮带大巷断面,断面形状为三心拱,支护形式为砌碹,巷道净宽为 4.5 m,墙高为 1.2 m,砌碹厚度为 300 mm,皮带选用 1 m 皮带,要求标注尺寸。

2. 参照 18.3 节的实例绘制炮采工作面回采工艺图,工作面长度为 100 m,支护方式为单体支柱加 1.2 m 的铰接顶梁,其他条件自定。

3. 画出常用通风构筑物图,并定义成块。

参 考 文 献

[1] 陶昆,姬婧. 矿图. 徐州:中国矿业大学出版社,2007.
[2] 张海波,刘广超. 采矿 CAD. 北京:煤炭工业出版社,2010.
[3] 熊崇山,简军峰. 采矿 CAD. 北京:煤炭工业出版社,2004.
[4] 冯耀挺,闫光准. 矿图. 北京:煤炭工业出版社,2005.
[5] 周立吾,张国良,林家聪. 矿山测量学(第一分册)生产矿井测量. 徐州:中国矿业学院出版社,1987.
[6] 李学忠,贾蓓. 矿山工程 CAD. 徐州:中国矿业大学出版社,2008.
[7] 邹光华,吴健斌. 矿山设计 CAD. 北京:煤炭工业出版社,2007.
[8] 周冠军. 矿图. 北京:煤炭工业出版社,1993.
[9] 陈炎光,王玉浚. 中国煤矿开拓系统图集. 徐州:中国矿业大学出版社,1992.
[10] 徐永圻. 中国采煤方法图集. 徐州:中国矿业大学出版社,1990.
[11] 李伟,李宝富,王开. 采矿 CAD 绘图实用教程. 徐州:中国矿业大学出版社,2013.
[12] 张国良. 矿山测量学. 2 版. 徐州:中国矿业大学出版社. 2006.
[13] 郭国政. 煤矿安全技术与管理. 北京:冶金工业出版社. 2006.
[14] 卢义玉,王克全,李晓红. 矿井通风与安全. 重庆:重庆大学出版社. 2006.